中央高校基本科研业务费专项资金资助（B230204025）
江苏省"十四五"时期重点出版物出版专项规划项目
常州市大运河文化带建设研究院2024年度专项课题（重大）2024CZDYH002

江苏水闸文化史

严波◎著

CULTURAL HISTORY OF JIANGSU SLUICE

河海大学出版社
HOHAI UNIVERSITY PRESS
·南京·

图书在版编目（CIP）数据

江苏水闸文化史/严波著. -- 南京：河海大学出版社, 2024. 12. -- ISBN 978-7-5630-9378-6

Ⅰ．TV66-092

中国国家版本馆 CIP 数据核字第 2024YB2456 号

书　　名	江苏水闸文化史
	JIANGSU SHUIZHA WENHUASHI
书　　号	ISBN 978-7-5630-9378-6
责任编辑	彭志诚
文字编辑	李梦婷
特约校对	薛艳萍
装帧设计	林云松风
出版发行	河海大学出版社
地　　址	南京市西康路 1 号（邮编：210098）
电　　话	（025）83737852（总编室）　（025）83787769（编辑室）
	（025）83722833（营销部）
经　　销	江苏省新华发行集团有限公司
印　　刷	广东虎彩云印刷有限公司
开　　本	718 毫米×1000 毫米　1/16
印　　张	16.25
字　　数	260 千字
版　　次	2024 年 12 月第 1 版
印　　次	2024 年 12 月第 1 次印刷
定　　价	79.00 元

序言

江苏地处长江下游地区，长江、大运河、太湖等大江大河大湖以及无数的中小型河流湖泊孕育了江苏地区独特的水利文化。江苏水利文化是江苏先民在除水害、兴水利的历史实践活动过程中所创造的物质文化和精神文化的总和，是江苏先民认识水、治理水、开发水、利用水、保护水、欣赏水的产物。在江苏长期的治水实践中，留下了大量弥足珍贵的包括水闸设施在内的水利工程遗产。这些水利工程遗产是江苏古代科学治水理念和方法的传承，也是江苏地区各个历史时期水利建设成果的展现，它与当时的政治、社会、经济、文化等方面存在着密切联系，是江苏水利文明进程的见证者。

这里首先要区分一下水利工程遗产、水利文化遗产和水文化遗产。水利工程遗产是指人类在各个历史时期，为了利用水资源、改造自然环境而建造的包括堤防、运河、水库、水闸等在内的水利工程设施及其相关文化遗存，具有明确的工程性价值，同时也具有历史、文化、科技等多方面的价值。水利文化遗产是一个相对宽泛的概念，它不仅包括了水利工程遗产，还涵盖了与水利相关的文化现象、知识体系、文化活动、管理制度等非工程性内容，其强调的是水利活动在历史、文化、艺术、科学等多个方面的综合体现。水文化遗产是一个更为广泛的概念，它涵盖了所有与水相关的文化遗存和人类活动所留下的物质和非物质遗产。

国家和社会对水文化遗产价值重要性的认识也是逐步形成的。由于一开始对包含水闸设施在内的水利工程遗产价值的认知不足，导致很多传承久远的水利工程遗产缺乏系统性的有效保护，处于自生自灭、逐渐消失的状态。因此，水利遗产的保护和管理迫在眉睫。近些年，水利工程的主管单位水利部开始加大对水利工程遗产的保护力度，如从2008年起，水利部就积极参与并配合国家文物局主持的中国大运河世界文化遗产保护与申报工作；2009年水利部委托中国水利水电科学研究院进行在用古代水利工程与水利遗调查；2011年，水利部在全国范围内进行了相关水利文化遗产调查，颁布了《水文化建设规划纲要（2011—2020年）》，明确把"水文化遗产保护与利用"作为水文化建设的重点目标。2012年，水利部再次开展全国范围内的水文化遗产的调查活动，发现中国古代遗留下来的包括江苏水闸在内的很多水利工程仍在持续发挥工程效益。2014年，水利部积极推荐国内水利工程遗产申报"世界灌溉工程遗产"的评定，这是包括中国在内的世界水利行业首次开展的水利遗产名录评选活动，这将有利于提升我国古代水利工程遗产的国际认知度。与此同时，近年来文物保护部门也很重视涉水文化遗产的保护工作，2007年开始的第三次全国文物普查工作和2023年开始的第四次全国文物普查工作中，都把水文化遗产普查列为重要内容之一。

在这种背景下，江苏也持续开展了各种层面的水文化遗产保护工作，如遴选出一批遗产主体保存状况良好、水利特色鲜明、水文化价值突出的水利工程遗产遗存，形成省水利遗产名录和省不可移动文物名录，以此作为保护好、传承好、利用好江苏水文化遗产的重要抓手。

在众多的江苏水文化遗产中，水闸设施是重要水利工程遗产。水闸被称为"水之门关"，是从古至今重要的水利基础设施之一。与其他地方的水闸相比，江苏水闸有一些自身的特点，如江苏水闸穿堤涵闸多、圩口闸多、挡潮闸多；江苏的节制闸大多是低水头、大流量、小比降；江苏沿江沿海的挡潮闸是双向水头，需要频繁启闭；江苏的圩口闸通常是闸站结合、引排结合；江苏水闸的结构设计需采用多孔，单孔净宽较小；江苏地基松软，水闸建闸需要特别重视地基的处理；等等。经过数千年的不断建设、损毁和重建，江苏地区留下了大量具有较高科技、历史、文化和艺术价值的水闸遗存和遗址，孕育了深厚的江苏水闸文化。江苏水闸遗存和遗址是江苏水文化遗产的实证宝库，是江苏地区在农田治水、运河航运、城市水利等方面成就的历史见证者。

建于各个历史时期的江苏水闸及遗址，很多至今仍在承担着灌溉、防洪、排涝、通航、引水等功能。近些年来，随着水文化遗产日益得到重视，水利工程遗产的概念被越来越多的人接受，水闸遗存和遗址作为水利工程遗产的一部分，既有水文化遗产的共性价值，也有其特有的工程个性价值。对于一些具有重要科技、历史、文化和艺术价值的江苏水闸遗存和遗址，不仅需要按照"修旧如旧"的原则进行科学维修，还要在保护利用的同时彰显水闸文化遗产的科技、历史、文化和艺术价值，这需要对江苏水闸的发展演变过程有充分的认知，只有在了解江苏水闸遗存和遗址的特征和价值研究基础上，才能发挥其宣传和教育价值，使之成为江苏水文化展示和教育的阵地。

总之，研究和保护包括江苏水闸遗存和遗址在内的水利工程遗产，对于江苏水文化遗产的研究、水环境生态保护等方面都具有重要意义。因此，希望本书的研究可以抛砖引玉，引起全社会对江苏水文化遗产的重视，自觉地加强对江苏水文化遗产的保护和传承。

目录

第一章　水闸概论　/1
第一节　水利遗产的概念和内涵　/1
第二节　水闸的概念　/2
一、古代水闸的名称　/2
二、水闸的分类　/5
第三节　水闸建筑结构　/9
一、传统水闸结构　/9
二、现代水闸结构　/12

第二章　先秦时期的江苏水闸　/14
第一节　夏、商、西周时期的江苏水闸　/14
第二节　东周时期的江苏水闸　/15

第三章　秦汉、魏晋南北朝时期的江苏水闸　/17
第一节　秦汉时期的江苏水闸　/17
第二节　魏晋南北朝时期的江苏水闸　/18
一、太湖地区的屯田开发和水利建设　/18

  二、丹阳湖地区的屯田开发和水利建设 /20

  三、宁镇地区的屯田开发和水利建设 /20

  四、淮汉地区的屯田开发和水利建设 /21

 第三节 秦汉、魏晋南北朝时期的江苏水闸管理行政体系 /22

第四章 隋唐五代时期的江苏水闸 /26

 第一节 隋唐五代时期的江苏水闸 /27

  一、隋唐时期运河通航水闸 /27

  二、隋唐五代时期农田治水闸 /32

 第二节 隋唐时期的水闸管理行政体系和制度 /39

  一、行政体系 /39

  二、管理制度 /42

第五章 宋元时期的江苏水闸 /45

 第一节 宋元时期的江苏水闸 /45

  一、宋元时期运河通航闸 /45

  二、宋元时期农田治水闸 /60

  三、宋元时期城市水关闸 /64

 第二节 宋元时期的水闸管理行政体系和制度 /73

  一、行政体系 /73

  二、运河船闸管理制度 /79

第六章 明清时期的江苏水闸 /83

 第一节 明代的江苏水闸 /83

  一、明代运河通航闸 /83

  二、明代农田治水闸 /94

  三、明代城市水闸 /97

第二节　清代的江苏水闸　　　　　　　　　　　　　　　　/100
　　一、清代运河通航闸　　　　　　　　　　　　　　　　　/100
　　二、清代农田治水闸　　　　　　　　　　　　　　　　　/106
　　三、清代城市水闸　　　　　　　　　　　　　　　　　　/111
第三节　明清时期江苏水闸的修建和管理　　　　　　　　　/113
　　一、中央层面　　　　　　　　　　　　　　　　　　　　/113
　　二、地方层面　　　　　　　　　　　　　　　　　　　　/117

第七章　民国时期的江苏水闸　　　　　　　　　　　　　　/119
第一节　民国时期的江苏水闸　　　　　　　　　　　　　　/119
　　一、民国运河通航水闸　　　　　　　　　　　　　　　　/119
　　二、民国农田治水闸　　　　　　　　　　　　　　　　　/128
　　三、民国城市水闸　　　　　　　　　　　　　　　　　　/141
第二节　民国时期江苏水闸的修建和管理　　　　　　　　　/142
　　一、民国时期水闸修建和管理的行政体系　　　　　　　　/142
　　二、民国时期的江苏水闸建设资金　　　　　　　　　　　/147

第八章　新中国的江苏水闸　　　　　　　　　　　　　　　/148
第一节　新中国的江苏水闸　　　　　　　　　　　　　　　/149
　　一、新中国运河通航水闸　　　　　　　　　　　　　　　/149
　　二、新中国的灌溉、防洪、排涝水闸　　　　　　　　　　/152
　　三、新中国江苏城市水闸　　　　　　　　　　　　　　　/176
第二节　新中国江苏地区水闸的规划、布局、设计、施工和管理　/177
　　一、新中国江苏水闸的规划　　　　　　　　　　　　　　/179
　　二、新中国江苏水闸的总体布局　　　　　　　　　　　　/180
　　三、新中国江苏水闸的设计　　　　　　　　　　　　　　/182
　　四、新中国江苏水闸的施工　　　　　　　　　　　　　　/186

五、新中国江苏水闸的管理 /188

第九章　江苏水闸文化的塑造和实践 /190

第一节　江苏盐城射阳河闸文化的塑造和实践 /191
一、江苏射阳河闸建设发展史 /191
二、江苏射阳河闸文化的建设目标和具体实践 /192

第二节　江苏淮安三河闸文化的塑造和实践 /195
一、江苏三河闸建设发展史 /195
二、江苏三河闸文化的建设目标和具体实践 /197

第三节　江苏连云港善后闸文化的塑造和实践 /200
一、江苏善后闸建设发展史 /200
二、江苏善后闸文化的建设目标和具体实践 /202

第四节　江苏宿迁沭阳闸文化的塑造和实践 /203
一、江苏沭阳闸建设发展史 /203
二、江苏沭阳闸文化的建设目标和具体实践 /205

第十章　闸官制度的历史演变 /207

第一节　运河闸官制度的历史演变 /207
一、宋代之前的运河闸官制度 /207
二、宋元时期的运河闸官制度 /208
三、明清时期的运河闸官制度 /209

第二节　运河闸官的职责 /214
一、启闭闸门 /214
二、催趱漕船 /216
三、疏浚运道 /217
四、维护闸座 /217
五、管理闸夫 /218

第十一章　江苏水闸题字　　　　　　　　　　　　　/220

第一节　汉字的发展演变和文字改革　　　　　　　/220
　　一、汉字的演变历史　　　　　　　　　　　　　/220
　　二、新中国成立前后的汉字改革　　　　　　　　/221

第二节　江苏水闸设施上的题字　　　　　　　　　/226
　　一、新中国成立之前的江苏水闸工程题字　　　　/228
　　二、新中国成立至20世纪60年代中期的江苏水闸工程题字　　/229
　　三、20世纪60年代中期至改革开放前的江苏水闸工程题字　　/237

附录　　　　　　　　　　　　　　　　　　　　　/243
　　江苏省首批省级水利遗产中的水闸名录　　　　　/243
　　江苏省不可移动文物中的水闸名录　　　　　　　/245

第一章 水闸概论

在古代，水闸的设置基本上与治水和通运有关，所以江苏水闸史其实就是一部江苏治水通运史。江苏在治水通运历史过程中留下了众多水利遗产，水闸遗产是水利遗产的重要组成部分。在介绍水闸之前，先简单阐述水利遗产的概念和内涵。

第一节 水利遗产的概念和内涵

古代文献中，"水利"一词出现不多，而且含义也与现代"水利"的概念存在较大不同，反而是"河渠"的表述与现代"水利"概念比较接近，因此公元前1世纪左右成书的《史记·河渠书》可以称得上是中国第一部水利通史。该书记述了从上古大禹治水开始，至西汉元封二年（前109）中国各地区大兴水利、开渠引灌等历史事件，其中就包含流经江苏的长江、淮河等河流的治水情况。

民国时期，当时的中国水利工程学会为规范全国水利行政，首次对"水利"概念做出了明确的界定："水利范围应包括防洪、排水、灌溉、水力、水道、给水、污渠、港工八种工程在内。"[1]在这八种不同的水利工程中，大部分能看到水闸的身影。

20世纪80年代开始，"水利文化"研究兴起，"水文化"的概念也被

---

[1] 赵广和：《中国水利百科全书 综合分册》，中国水利水电出版社2004年版，第3页。

更多的研究学者所接受。一开始"水利文化"和"水文化"属于并行发展的两支研究方向，后来"水利文化"被逐渐归入"水文化"的范畴之中，成为一个分支。

随着"水利文化"或"水文化"研究的深入，"水利遗产"的概念和内涵也逐渐清晰。总体而言，"水利遗产"是指在各个历史时期与人类的水事活动相关联的所有物质和非物质的统一体。因此，江苏的"水利遗产"是指江苏先民在基于某种需要进行的水利活动中创造出来的具有经济、科技、历史、人文和生态价值的水利文化遗存，具体包含水闸设施等水工建筑物及遗址、水利器具和水运设施，与水利相关的管理制度和法律规章，以及与水利相关的各种民俗文化等。

总之，随着2000年都江堰水利工程被列入《世界遗产名录》，以及2014年大运河被列入《世界遗产名录》，社会各界对古代水利工程所具备的遗产价值和遗产特征的认知得到了显著的提高，越来越多的学者加入古代水利工程遗产的价值和内涵的研究队伍，"水利遗产""水文化遗产"等相关概念和内涵成为研究热点。水闸文化遗产作为水利遗产的重要组成部分，其研究自然也成为水利遗产价值研究的重要内容。

第二节 水闸的概念

水闸属于水利设施的一种，是水利遗产的重要组成部分。水闸的"闸"字是形声字，从"门"，"甲"声。"闸"在东汉许慎《说文》中解释为"开门"和"合门"的装置，而《集韵》对"闸"的解释是"一曰以版有所蔽"，即用木板把口门挡住，后来引申为控制河道水流蓄泄的装置。还有一个"牐"字，指将竹制物插入水中以挡水，后同"闸"。因此中国古代早期把水闸称为水门、斗门、陡门、牐等，唐代以后才有"水闸"的正式称谓。

一、古代水闸的名称

在文献中出现的水门、陡门、斗门、水闸等不同名称，均指古代水闸。对水闸的称呼因不同地区或者不同历史时期而有所不同，但没有明显的规律。

（一）水门

水门在古汉语里有水闸、临水城门等多重含义，其最早记载是《汉书》：

"其水门，但用木与土耳，今据坚地作石堤，势必完安……旱则开东方下水门，溉冀州；水则开西方高门，分河流。"①这里的"开""水门"，是"开挖"的意思。水自西向东流，西方高门为"上游"，东方下水门为"下游"，因此，洪涝时在上游开挖水门以分泄水流，类似后世的减水河；干旱时在下游开挖水门，用于引水灌溉，类似后世的农田灌溉水闸。《江苏省志·水利志》中记载江苏地区最早的农业灌溉用水的水门是曹魏正始二年（241），魏国尚书郎邓艾在广陵太守陈登筑捍淮堰、陂塘的基础上修建的白水塘水闸，"西与盱眙县破釜塘相连，开八水门，邓艾立屯田一万二千顷。"②

水门后来更多指的是水路城门，这是一种带有城防作用和城市水利用途的特殊类型的水闸。江苏文献记载最早的水门是周敬王六年（前514），伍子胥建造苏州城，采用象天法地原则设置的八陆门、八水门，这是江苏地区最早的具有城防和城市水利用途的城市水闸记载③。

（二）陡门

陡门，又称"斗门"，是古代具有类似水闸性质的早期水利工程形式之一。因为通常设置在水流陡急的地方，所以江浙一些地方文献称之为"陡门"，如南京高淳的永定陡门。

陡门和水闸的构造其实没有多大区别，但在一些地方文献，如浙江地方文献中为了区分陡门和水闸，把抵挡海水的闸称为"陡门"，而节制河水的称为"闸"。如清光绪《玉环厅志》记载："秋字大塘，在小古顺。置闸南山之麓，水通永安塘，建御咸陡门。……各塘均设闸启闭，以备旱潦，仍由北山外陡门下海。"④

如果真要区分陡门和水闸，只能说陡门的功能和作用没有水闸全面，"沿海之地大半因塘而设闸，则闸实附丽于塘，故取塘为水利首，而以闸次之，连类而及，陡门又次之"⑤。由此可见，陡门的首要功能是开口排涝，因此

---

① 班固：《汉书》卷二九《沟洫志》第九，《钦定四库全书》，清乾隆文渊阁本，第19页。
② 王象之：《舆地纪胜》卷三九《淮南东路·楚州》，中华书局1992年版，第1722页。
③ 王发堂，张增云：《先秦时期城市形态研究》，《华中建筑》，2024年第2期，第144页。
④ 杜冠英：《玉环厅志》卷五《水利》，清光绪六年版，第3页。
⑤ 喻长霖，等：《台州府志》卷四八《水利略上》，中华民国二十五年版，第1页。

古代称为"开陡门",而不称"建陡门"。这些陡门处由于水流湍急,一般不具备通舟的功能,因此陡门的功能和作用都是不如水闸的,故陡门的称呼逐渐被水闸所代替。

(三)斗门

斗门,也称"斜门",也是具有类似水闸功能的一种水利设施,其主要功能是灌溉和排涝,规模及作用一般比水闸小。如清康熙《江南通志》记载:"永泰中,转运使刘晏开丹阳之练湖作斗门,以通灌溉。"[①]《读史方舆纪要》对练湖也有类似记载:"南唐升元中亦浚治之,复作斗门,以通灌溉。宋绍圣中重浚,又易置斗门,以便潴泄……泰定初,浚漕渠,由江口程公坝抵浦河口百二十里,又浚湖、筑堤,治斗门及石硪、石函以蓄泄启闭,练湖复治。"[②]《宋史》中一段对闸和斗门的记载可以看出闸和斗门的区别:"是年(政和六年),诏曰:'闻平江三十六浦内,自昔置闸,随潮启闭,岁久堙塞,致积水为患。其令守臣庄徽专委户曹赵霖讲究利害,导归江海,依旧置闸。'于是,发运副使应安道言:'凡港浦非要切者,皆可徐议,惟当先开昆山县界茜泾塘等六所。秀之华亭县,欲并循古法,尽去诸堰,各置小斗门,常州、镇江府、望亭镇,仍旧置闸'。"[③]由此可以看出,港浦上的小型水门称为"斗门",而在流经常州、镇江府、望亭镇的运河上建造的较大型水门才称为"闸"。当然随着时间的推移,斗门的称呼也逐渐被水闸所替代。

(四)水闸

水闸起源于水门,但功能比水门更加全面,不仅具有通水断水功能,江浙一带的水闸还有蓄水灌溉和航运交通的功能。如《宋史》中记载:"(东钱湖)中有四闸七堰,凡遇旱涸,开闸放水,溉田五十万亩。"[④]水闸对于古代漕运,同样具有不可替代的作用。《江苏省志·水利志》中记载江苏地

---

① 赵宏恩,等监修:《江南通志》卷一四《水利》,清康熙二十三年版,第3页。
② 顾祖禹:《读史方舆纪要》,中华书局2005年版,第1261—1262页。
③ 脱脱,等:《宋史》卷九六《河渠志第四十九·河渠六》,《钦定四库全书》,清乾隆文渊阁本,第20页。
④ 脱脱,等:《宋史》卷九七《河渠志第五十·河渠七》,《钦定四库全书》,清乾隆文渊阁本,第13页。

区最早的具有航运用途的水闸是宋绍圣元年（1094）修建的"江南运河第一闸"——京口闸。在《宋史·河渠七》中有这类航运用途水闸的更加详细的记载："（乾道）六年三月，又命两浙运副刘敏士、浙西提举芮辉于……杨家港东开河（今属苏州市张家港市杨舍镇）置闸，通行盐船。……五月，又以两浙转运司并常州守臣言，填筑五泻（今锡澄运河）上、下两闸，及修筑闸里堤岸……委无锡知县主掌钥匣，遇水深六尺，方许开闸，通放客舟。"[1]

总之，水门是简易水闸或水路城门的一种称呼。陡门是在水流陡急处安门，所以通急水而不通航。斗门多用在平原地区，是设置在堤岸上的蓄泄水门，用于灌溉的斗门通常规模不大，而排涝斗门规模较大。水闸因为功能更全面，不仅具备断水和通水等各种控制水流的功能，而且还能用于通航，所以最终取代其他称呼。

二、水闸的分类

水闸可以按照用途或建筑材料进行分类。

（一）按用途分类

按照使用区域的不同，水闸大致可以分为河道水闸、农田水闸和城市水闸。这里的河道水闸主要指的是在人工运河和较大型的天然河道上建造的水闸。按照使用功能划分，可以分为用于通航的船闸和集防洪排涝、蓄水灌溉、减水分洪等一种或几种功能于一体的河道节制闸。农田水闸相对简单，其实就是在陂塘堤坝、灌区垦区等处设置的用于农田灌溉的中小型引水和排水节制闸。城市水闸有两种，一种是普通的控制城市水量的节制闸，还有一种是结合城防功能的城市水关闸。

下面介绍几种常见的水闸类型。

1. 船闸

河道上用于蓄水通航的水闸称为船闸。船闸是一种通航建筑物，主要用于保证船舶能够顺利通过具有集中水位落差的航道。它通过闸门、闸室等结构，利用灌水或泄水来调整闸室中的水位，使船舶能够在上下游水位之间垂

---

[1] 脱脱：《宋史》卷九七《河渠志第五〇·河渠七》，《钦定四库全书》，清乾隆文渊阁本，第20页。

直升降，从而克服航道上的水位差，实现通航。船闸广泛应用于天然河流、运河等需要调节水位以实现通航的场景。

2. 拦河和顺河节制闸

节制闸主要通过闸门的启闭来调节上游水位和控制下泄水流的流量，它广泛应用于各种水利工程中，以满足防洪、灌溉等需求。节制闸根据设置地点的不同，分为拦河布置的控制河道水深的水闸和顺河布置的节制河道水量的水闸，这些节制闸因为功能和位置不同，所以有各种不同的名称，如进水闸、排水闸、减水闸、分洪闸、泄洪闸等，统称为节制闸。

拦河节制闸，又称拦河闸，是建于天然和人工河道上用以调节上游水位和控制下泄水流流量的重要水工建筑物。拦河节制闸在枯水期会关闭闸门以抬高上游水位，满足航运、灌溉等多种需求，而在洪水期会开闸泄洪，使上游水位不超过防洪限制水位，同时控制下泄流量，确保不超过下游河道的安全泄量。拦河闸如果建造在江河入海口附近，除了正常的拦河闸功能，还起到防止海潮倒灌的作用，具有双向挡水的特点，所以又称为挡潮闸或潮闸。

拦河和顺河是相对的概念，顺河节制闸通常建造在主干河道岸边一侧的支河或支渠的入口处，相对于主干河道，它属于顺河节制闸，但对于支河或支渠来说，这个闸其实就是一座用于从主干河道进水或者取水的拦河节制闸，所以称"进水闸"或"取水闸"。因此它经常位于支河或支渠的渠首，所以又称为"渠首闸"。

分水闸与进水闸作用类似，区别只在于闸所处的位置不同。进水闸主要建在水库、河流或湖泊的岸边，作为引水工程的起点，而分水闸通常建在灌溉渠道的分岔处，用于分配水量到不同的下级渠道。根据分水闸所在位置的不同，其还有一些俗称，如在斗、农、毛等渠道的进水口，分别称为斗门、农门、毛门等。与分水闸功能类似的还有减水闸、泄水闸、排水闸、退水闸或分洪闸，这些闸主要是将需要排泄的积水或者洪水通过减水河、排水渠或分洪道排入分洪区、蓄洪区或滞洪区。

3. 城市水关闸

城市水闸是一种通过闸门来控制和调节城市河道水流和水位的低水头水工建筑物，兼具挡水和泄水的双重作用，主要用于城市防洪、排涝、供给生活用水、航运等。本文所介绍的城市水闸主要指的是水关闸，它是城市普通水闸功能和城防功能的结合，可以说是一种特殊类型的城市水闸。

（二）按建筑材料分类

江苏地区的水闸按照建筑材料可以分为木闸、石闸和钢筋混凝土闸。

1. 木闸

木闸是指以木材为主要材料修筑的水闸。江苏木闸起源较早，从春秋战国开始，江苏水闸就开始采用木材修筑，虽然隋唐以后坚固耐用的石闸成为主流，并逐渐取代木闸，但木闸并没有完全消失，而是一直延续到混凝土水闸普及之前。江苏水闸之所以在漫长的历史中一直存在木构形式，主要是因为木构水闸存在取材方便、对地质条件要求不高、修建速度快且造价低等优点，虽然同时也存在易被水浸腐从而导致漏水，而且耐久性不强等缺点，但相比石闸，其整体性价比高，所以木构水闸形式还是一直存在，甚至到明代，江苏运河水闸中一些水闸仍然以木闸形式存在。如意大利天主教耶稣会传教士利玛窦曾于明万历二十六年（1598）、二十八年（1600）两次自南京乘船由人运河北上进京，在此过程中，他描述了明代大运河上用来节制水流的木闸："运河之上，船只拥挤。特别是在水浅之时，经常导致运输延误，为了解决此问题，在固定的地点设置木闸来节制水流，木闸还可以作为桥来使用。当河水在闸后升到最高度时，就开放木闸，船只就借所产生的流力运行。"[①] 利玛窦的这段见闻录说明直至明代，木闸还大量存在。

各个历史时期木闸的结构形式基本一致，后世石闸的结构形式也是仿照木闸的形式构建，只是一些构件的名称不同。中国工程院院士、著名建筑历史学家傅熹年先生根据《河防通议》等一些文献记载绘制了宋代木构水闸的示意图（如图1），图中用文字标记出了11种主要构件的名称和相应位置。图中的木闸四周采用如"厢板八十片、底板四十片、四摆手板、排槎木柱二十条"等各种规格的木材进行表面铺设的建筑特征与宋人胡宿在《真州水闸记》中所描写的真州水闸的建筑特征"横木周施"[②]十分符合。从这张木闸示意图可以看出，宋代木闸与后世发现的石闸结构大致相似，但由于材料

[①] 利玛窦，金尼阁：《利玛窦中国札记》，中华书局2010年版，第325页。

[②] 胡宿：《真州水闸记》，《丛书集成初编》第1889册，中华书局1985年版，第420页。

发生了变化，所以结构名称也相应地发生了变化。如石闸中的"上下裹头"在木闸中称"截河板"、"上下雁翅石壁"称为"四摆手板"、"闸门柱"称为"金口柱"、"万年石枋"称为"过水地栿"、"海墁底石"称为"底板"，等等。

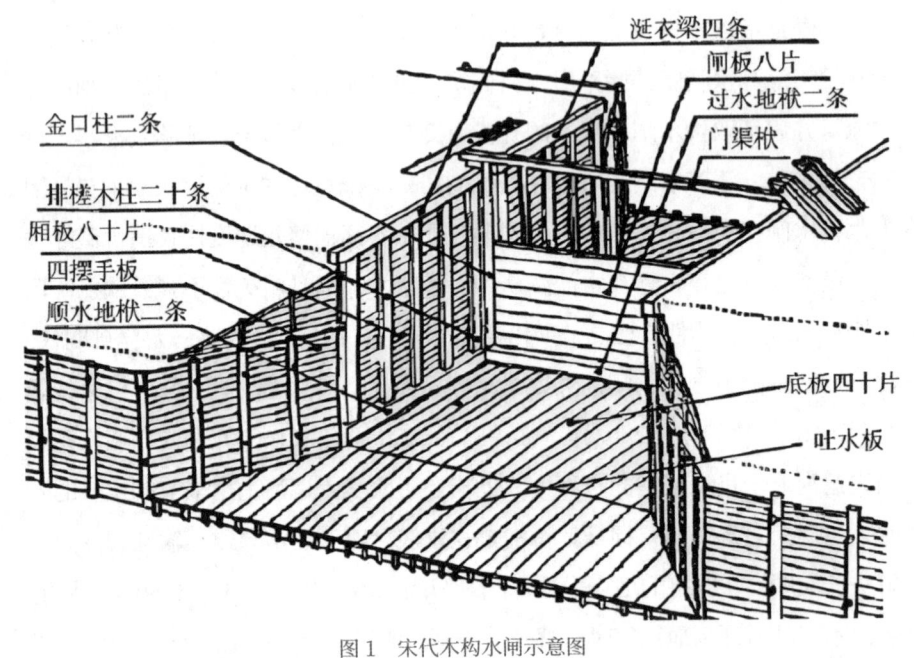

图1 宋代木构水闸示意图
（来源：傅熹年《唐长安大明宫玄武门及重玄门复原研究》）

2. 石闸

石闸是指以石材为主要材料砌筑而成的水闸。江苏石闸至迟在汉代已出现。隋唐以后，坚固耐用的石闸逐渐成为主流。石闸的优点是比木闸坚固耐用，能抗水流冲击；缺点是工艺复杂，建筑成本较高。后来即使是混凝土闸普及，大量代替石闸，但在一些石矿资源丰富的地区，如徐州地区，直到20世纪70年代，很多水闸依然采用当时性价比较高的石材建造。

3. 钢筋混凝土闸

钢筋混凝土闸是指用钢筋混凝土浇筑而成的水闸，钢筋混凝土材质是现代水闸的标志。晚清，随着西方水工技术和新型水泥材料的引入，钢筋混凝土现代水闸逐渐取代了传统的木构和石构水闸。钢筋混凝土闸的优点是可以将闸体灌注成为一个整体，成形后的混凝土闸体抗震性、耐久性和耐火性优于传统的木构和石构水闸，但其缺点是施工工序较复杂、周期较长，而且一开始材料需要进口，造价高，同时混凝土抗拉强度低，容易出现裂缝，修复比较困难，所以混凝土水闸取代传统的木构和石构水闸并不是一蹴而就的，而是随着混凝土的国产化、建造技术的成熟和建造成本的降低，才全面代替传统的木构和石构水闸。

第三节　水闸建筑结构

不同历史时期的水闸随着建造材料的变化，其结构形式、规模大小和结构名称都会发生相应的变化，特别是开始使用混凝土建造的现代水闸和采用木、石材料建造的传统水闸有较大的差异，下面分开描述。

一、传统水闸结构

传统水闸结构大体分为闸门、闸墙和基础三个部分。

（一）闸门

传统水闸的闸门，又称"龙门""金门""闸口""金口"。传统水闸闸门按照形制划分，可分为两种：第一种是最常见的叠梁式闸门，这种闸门由置于闸门槽中、横跨闸门叠放的多块木板组成，可以根据需要放置闸板的块数。开闸的时候也可以根据需要吊起不同数量的闸板，以控制过闸水量。它的优点是启闭时要求不高，可以通过人力增减闸板，操作简单灵活。虽然存在闸板缝隙漏水、启闭速度较慢、无法有效冲刷闸前淤沙等缺点，但方便维修和管理，因此传统水闸大多采用叠梁式闸门。这种叠梁式闸门水闸形制如元代王祯《农书》和明代徐光启《农政全书》中所示（如图2）。在使用时，首先是由两根绳子的一端各自系住闸板两侧的板环，通过绳子将闸板顺着开在木头或者石块内的垂直门槽随意放下或拉起。两根绳子的另外一端由闸夫通过闸口两岸的绞石架，控制闸板的吊起和放下。对于重量较大的闸板，需要借助畜力通过绞盘拉拽。

这种叠梁式闸门构造简单，但具有很强的实用性，以至于到了清代，依然保持这种传统闸门的形制，这从清代乾隆年间担任英国驻华副使的乔治·斯当东在其中国访记《英使谒见乾隆纪实》中对运河水闸的记载中可以获悉。乔治·斯当东对这种叠梁式闸门这样记载："构造非常简单，只是将几块

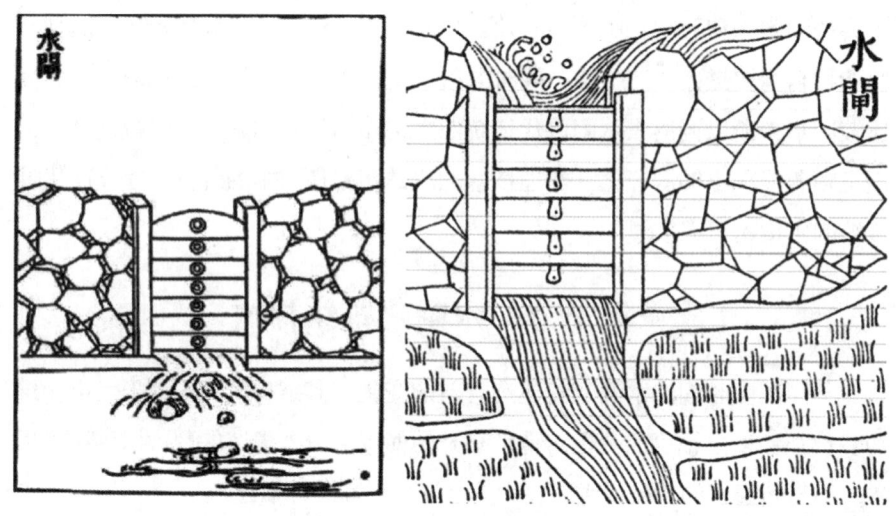

图 2　元代王祯《农书》（左）和明代徐光启《农政全书》（右）中的叠梁式闸门水闸形制图

大木板上下相接，安在桥砘或石堤的两侧沟槽里，中间留出开口以便船只航行""船只通行时需要交一点通行税，这项税费专门用来修理维护水闸和河堤"[1]。同行的使团主计员约翰·巴罗同样在他的访记《中国行纪》中记载了这种闸门构造："这些水闸仅仅是靠凹槽滑动的木板开启，凹槽是从两侧墩柱上开凿的……没有真正的闸门，除上述木板外，往下600英里的航道再无别的障碍。"[2]由此可见，叠梁式闸门以其实用性成为古代传统水闸的主流闸门形制。

第二种是木质平板的整体升降式闸门。这种闸门的优点是闸门开启时可将闸门前的淤沙冲走，缺点是设计施工相对复杂，且闸门需要经常修理更换。整体升降式闸门和叠梁式闸门开启方式差不多，也是通过闸板在门槽里升高或降低来开启闸门[3]。

无论是哪种形制的闸门，通常都包括门槽、闸槛、闸板、绞关石和板桥

---

[1] 乔治·斯当东：《英使谒见乾隆纪实》，电子工业出版社2016年版，第312、318页。
[2] 乔治·马戛尔尼，约翰·巴罗：《中国行纪》，《马戛尔尼使团使华观感》，商务印书馆2019年版，第320页。
[3] 李约瑟：《中国科学技术史》第四卷《物理学及相关技术》第三分册《土木工程与航海技术》，科学出版社2008年版，第399—400页。

几个部分，如图3所示。门槽又称"掐口"，是在条木或条石上形成凹槽，用以安置闸板。闸槛又称"万年枋"，是用整块条木或条石钉在或砌于闸底板上，凸出底板以贴合下落的闸板。绞关石又称"闸耳石"，通常使用1尺×2尺的条石，呈45度斜置于闸口的上方两岸，每侧两块绞关石，共四块，并在绞关石的顶端凿孔穿轴，用以缠绕绞绳以控制闸板上下。轴如果是木质，称"绞关木"或"千金木"，如果是铁质，称"铁千金"。板桥是闸口上用木板建造的工作桥，供闸夫往来，以及存放闸板。

图3 传统水闸闸门结构

（二）闸墙

闸墙又称"金刚墙""金墙"。闸墙可具体分为由身、上迎水雁翅、下分水雁尾、上裹头和下裹头几个部位。由身又称"正身"，现代水闸称"胸墙"，即闸口中间又直又长的一段。上迎水雁翅就是闸前呈八字形的迎水墙，作用是引导水流，减少水流对水闸基础的冲刷。下分水雁尾又称"顺水雁尾""跌水雁尾""出水雁尾""束水"，其作用同样是有效地引导水流，使水流在通过水闸后能够按照预定的方向和路径流动，有助于减少水流对河岸或下游的冲刷，保护河道和水闸结构的安全。上裹头称"迎水裹头"，下裹头称"顺水裹头",是雁翅垂直连接河床的部分,是对水流湍急的易被冲刷部位采取的一种防冲保护措施。

(三) 基础

传统水闸的基础,包括闸底、槽底、桩工等部分。石质水闸的闸底是铺砌的一层条石底石,靠外口立有一路"牙石",而木构水闸的闸底是铺设的一层条木闸底。槽底是闸底下方一层厚约0.5米的三合土层。桩工则是用桩木打的"地丁桩",又称"地丁"。江苏大部分地区都是软土地基,传统水闸的基础需要通过密植地丁来予以加固。

二、现代水闸结构

现代意义上的水闸,是指修建在河道或渠道上的门形低水头钢筋混凝土水工建筑物,具有主要依靠电动装置启闭闸门以调节水位和控制水流的功能。通过开启闸门,可以泄洪、排涝、冲沙、调节下游水量以满足农田灌溉用水等需要;关闭闸门可以实现挡潮、拦洪或蓄水,以满足上游通航或生态改善等需要。现代水闸结构与采用木砖石结构的传统水闸相比有较大的差异,其主要由闸室和上、下游连接段三部分组成。

(一) 闸室

闸室是现代水闸的主体,起着控制过闸水流和连接两岸的作用,包括底板、闸墩、胸墙、闸门、工作桥、交通桥等部分。

底板是闸室的基础,它的作用是将闸室自身的重量以及作用在闸室上的多种荷载较均匀地传给地基,并保护地基免受泄水水流的冲刷,同时限制通过地基的渗透水流以减小地基渗透变形的可能性。闸墩的作用是分隔闸孔和支承闸门及各种上部结构,它把闸门传来的水压力和上部结构的重量以及荷载传递给底板。闸门的作用是挡水和控制过闸水量,现代水闸的闸门按照材质可分为钢闸门、钢筋混凝土闸门、钢丝网水泥闸门和铸铁闸门等;按照结构形式和动作特征又可以分为叠梁闸门、平面闸门、弧形闸门、人字闸门等。有的水闸在闸门之上设置用于挡水的胸墙,可以减小闸门的高度。工作桥和交通桥均铺设在闸墩之上,工作桥的作用是安置闸门启闭机,并供管理人员在上面操纵闸门启闭,而交通桥主要用于满足交通的需要。

（二）上游连接段

上游连接段的主要作用是引导水流平稳进入闸室，保护上游河床及坡岸，避免被水流冲刷，并有防渗作用，通常包括上游防冲槽、上游护底、铺盖、上游翼墙及上游护坡等部分。上游防冲槽是一种建在水闸上游护底前端的挖槽抛石形成的防冲棱体消能结构。铺盖主要通过采用黏土、沥青混凝土、钢筋混凝土等不透水性材料延长渗径长度，达到防渗效果，同时兼有防冲功能。护底和护坡的作用都是防止水流对河底或渠底及边坡的冲刷，其材料通常是干砌石、浆砌石或混凝土等。

（三）下游连接段

下游连接段的主要作用是消能、防冲和导出渗水，通常包括护坦、海漫、下游防冲槽、下游翼墙及下游护坡等部分。护坦又称"消力池"，其主要目的是保护河床免受高速水流或高含沙水流的空蚀、冲刷或磨蚀破坏，因此护坦通常采用高强度混凝土、加筋混凝土等材料，以确保结构的稳固性和耐用性。海漫是紧接护坦后面的消能设施，其作用是进一步消杀水流的剩余动能，保护河床免受水流的危害性冲刷。护坦和海漫共同作用，以确保水闸的长期稳定和安全运行。下游防冲槽是一种建在水闸海漫末端的挖槽抛石形成的防冲棱体消能结构，与上游防冲槽功能类似。

第二章　先秦时期的江苏水闸

江苏水闸的起源可以追溯到原始社会末期，是田间"沟洫"制度的伴随产物。春秋战国时期，随着大型灌溉工程的出现，结构完整的水闸应运而生，逐渐成为江苏地区蓄泄与调控水流的重要水工设施。

第一节　夏、商、西周时期的江苏水闸

由于夏朝开始才有较为翔实可信的史书，因此记载治水的事迹始于大禹治水，而治水意味着中国水闸史的开端。4000年前的尧舜时代，大禹率领民众将滔天洪水导入大海后，又"尽力乎沟洫"[1]，即在田间开挖沟渠进行排灌水。为了对沟洫中的水流进行调控，以排、蓄、引、分为主要功能的水闸设施逐渐登上历史舞台。相传水闸的发明人伯益就是辅佐大禹治水的重要助手，有"伯益作闸"的传说。到西周时，沟洫日臻完善，形成了"井田沟洫"，而《诗经·小雅·白华》中对周人稻田设施的描写，"滮池北流，浸彼稻田"[2]，可以推测早在西周时期，关中平原可能就出现了调控黄河水资源的简易农田水闸。至于在江苏地区，目前还没有任何文献记载或者考古发现可以证明西周及之前有水闸设施的存在。

大禹治水划定九州，其中涉及江苏区域的有徐州和扬州。当时徐州东至

---

[1] 刘宝楠：《论语正义》，中华书局2006年版，第170页。
[2] 孔颖达疏：《毛诗正义》，中华书局2009年版，第1067页。

黄海、北至泰山、南至淮河,"海、岱及淮惟徐州……浮于淮、泗,达于河"[1]。经过大禹治水,人们可从徐州经淮河、泗水进入黄河。同样"淮、海惟扬州……三江既入,震泽底定……沿于江、海,达于淮、泗"[2]。当时的扬州在彭蠡湖(即鄱阳湖古称)以东,淮河以南,东海以西,震泽(即太湖)以北。经过大禹治水,太湖洪水不再泛滥,三江入海顺畅。夏代的贡物可以从扬州沿长江入东海,再入淮河溯泗水进入黄河。夏代的贡运都是利用自然的江河,与后世利用人工运河进行漕运有明显区别。中国古代真正意义的漕运萌芽,应该确定出现在商末[3],漕运是运河航运水闸出现的前提条件。不管是天然河道,还是人工运河,由于流经的地区地势起伏,需要一种保持运道水位的设施,此时航运水闸的前身——堰埭,先于航运水闸登上了历史舞台。

第二节 东周时期的江苏水闸

东周时期,水闸作为控制和调节水流的重要水工设施,开始以较为完善的结构样式大量面世。此时各地都相继出现包含水闸在内的水利工程,如楚国令尹孙叔敖在今安徽淮南市寿县南主持修筑的芍陂,开创了中国古代大型蓄水灌溉工程的先河。芍陂修筑时建有多座具有蓄水和引(泄)水功能的闸门,"(芍)陂有五门,吐纳川流"[4]。又如战国初期,西门豹在邺县(今河北临漳县)西的漳河右岸开凿了著名的引漳十二渠,据推测,12座引水渠的引水口就是通过设置闸门来调控水量的。总之,在当时的北方地区,用于农田引水灌溉的农田水闸已经相当完善,而江苏当时还属于"南夷"或"南蛮"之地。直至公元前11世纪的西周初年,周族的泰伯、仲雍从岐山(今陕西省宝鸡市岐山县)来到江苏地区,给当时相对落后的江苏地区带来了先进的周文化,

---

[1] 孔安国:《尚书注疏》,《四库全书》经部第五四册,上海古籍出版社1987年版,第120—121页。

[2] 孔安国:《尚书注疏》,《四库全书》经部第五四册,上海古籍出版社1987年版,第121—122页。

[3] 赵维平:《中国治水通运史》,中国社会科学出版社2019年版,第51页。

[4] 中国水利史典编委会编:《中国水利史典·淮河卷一》,中国水利水电出版社2015年版,第43页。

其中自然包括农田水闸建造在内的先进农耕文化。

这之后，江苏地区开始出现了有关农田水闸的记载。最早记载江苏水闸的是东汉时期袁康和吴平所著的《越绝书》，该书详细记载了春秋末年至战国初期吴越争霸的历史。书中有这样一段记载，"吴古故祠江海于棠浦东。江南为方墙，以利朝夕水"①。当时的吴国因为水患，十分敬畏江海，所以把祭祀江海之神作为国家大事，同时修筑水工设施来抵御大海潮汐的侵害，其中就包含水闸。"棠浦"在当时是吴地入长江的一条水道，在其入江口处设"方墙"以拒咸蓄淡。"方墙"就是水闸，汉代郑玄在注释《周礼》时说："方，版也。"清代经学家孙诒让补充道："方版也，谓木板也。""方墙"即"方版"，而"方版"即"闸板"。当潮水顶托棠浦时，通过关闭闸板，可以隔绝咸潮，以利于闸内上游取用淡水。由此可见，早在春秋时江苏地区的吴国已经在直通长江的港口设置了堰闸②。这里的堰闸已经是集拒咸、挡潮、蓄淡、排涝、灌溉等功能于一体的综合性农田水闸了。

与此同时，具有防御功能的城市水关闸也出现了。周敬王六年（前514）伍子胥修筑苏州城，设立八座水陆城门，沟通城内外交通，这是江苏地区记载最早的城市水门（闸）。

总之，东周时期，农田水利、城市防御等各种用途的水闸在江苏地区相继出现，但总体数量还较少，记载也不多，而且由于年代久远，目前并没有发现考古实证，只是根据仅有的零星记载进行推论。

---

① 袁康，吴平辑录：《越绝书》，上海古籍出版社1992年版，第16页。
② 缪启愉：《太湖地区塘浦圩田的形成和发展》，《中国农史》，1982年第1期，第18页。

第三章　秦汉、魏晋南北朝时期的江苏水闸

第一节　秦汉时期的江苏水闸

秦汉时期，木构水闸的结构已经完善成型，同时造闸技术日趋成熟，水闸的设置在各地已经相当普遍。随着汉代折边拱技术的诞生，石构水闸也开始出现。与木构水闸相比，石构水闸坚固、耐用，但修筑工艺较为复杂，造价成本高，所以基本上只在当时政治经济中心的黄河流域的大型灌溉工程中出现。西汉中期以后，农田水利建设的步伐从黄河流域逐渐向江苏的江淮流域及其以南地区迈进[①]。由于中国南北自然环境不同，南北方灌溉工程的类型和规模差异很大。南方地区气候湿润，雨量丰裕，丘陵地多、大平原少，地形比较破碎，所以相比北方，大型的灌溉渠系工程较少，而中小型的陂塘堰坝则得到广泛的发展。这种陂塘工程在江苏淮河下游及长江以南的地区得到了大规模的推广应用。

秦汉时期江苏地区最著名的陂塘工程就是陈公塘，其原址大致位于今江苏扬州仪征市东北的官塘集西面。江苏先民为了在这个地区进行农业生产，很早就利用支冲沟谷筑塘蓄水、灌溉田畴，至东汉初已具有相当的规模。东汉建安四年（199），广陵太守陈登对陂塘水利进一步加以开发。经过整治后，该陂塘周广 90 里，成为广陵地区最著名的一座蓄水设施，其主要功能就是通过附属的斗门设施引水灌溉周边农田。民众对陈登主持修建的这座造

[①] 汪家伦，张芳编著：《中国农田水利史》，农业出版社 1990 年版，第 106 页。

福于民的陂塘"爱而敬之",故取名"爱敬陂",又称"陈公塘"。陈公塘不仅初步减轻了附近地区的山洪危害,而且解决了塘下广大农田的灌溉用水问题。从此,陈公塘或爱敬陂之名始见于地方文献。虽然文献中没有记载陈公塘斗门的建设情况,但陈公塘作为陂塘工程,必然需要建设斗门设施以控制灌溉引水,所以陈公塘斗门应该也是江苏地区较早的陂塘工程斗门设施之一。

第二节 魏晋南北朝时期的江苏水闸

魏晋南北朝时期是江苏地区得到进一步开发的重要时期。在这长达369年的时间里,北方政局动荡,战乱频繁,社会经济遭受严重破坏,而在南方,东吴、东晋、宋、齐、梁、陈相继建都南京,社会相对比较安定,北方人民不断南迁,人口的增长和北方先进技术的传入,使得江苏地区在塘堰灌溉、农业生产、水运交通等方面都有较大的发展,也间接促进了江苏水闸的发展。

三国时期的孙吴政权,占据江淮地区的南部和长江中下游平原及其以南的广大区域。为了与曹魏、蜀汉政权抗衡,孙吴在其控制的区域内大力开发水利和广兴屯田,建立坚实的经济基地,以增加财政收入和保障军粮供给。孙吴的屯田分军屯和民屯两种:军屯主要分布在长江南北的滨江地带,以及州郡驻军营地的附近;民屯在江苏境内主要分布在丹阳郡和吴郡一带,并设置有毗陵典农校尉、江乘典农校尉、湖熟典农校尉、溧阳屯田都尉等涉农职官带领民众进行开拓性的屯田任务。

此时江苏境内长江以南的广大平原地区,气候温暖、雨量丰沛、土地肥沃,宜于发展农业生产,但土地卑湿、触地成川,在这样的环境下进行屯田,必须建设大量如水闸一类的农田水利设施,才能保障农田收成,所以集中领导、统一管理的屯田制应时而生,为屯田服务的大规模水利建设也在太湖、丹阳湖、宁镇丘陵等地区以前所未有的速度发展起来。

一、太湖地区的屯田开发和水利建设

当时的太湖地区属于湖沼密布、河港错列的低湿之地,在太湖地区进行大规模屯田稻作农业,首先需要进行大规模的农田水利建设。可以说太湖地区屯田的过程,实际上就是堤塘、沟渠、水闸等农田水利基本设施建设的过程,

二者相互推动、同步并进。

太湖地区纵横交错的河港,既有天然形成的,也有人工开凿的。人工开凿的河港称为"塘河",这是一种利用开河的泥土在河两岸筑路,形成"堤岸夹河、水陆并行"特点的水陆两用道路,兼有防洪、排水、灌溉和水陆交通等多种功能。太湖地区正是依靠包括塘河在内的密如蛛网的各种河港沟渠,并借助闸坝等水利设施进行区域之间的水量调节,才使得太湖地区从一开始的低湿的太湖荒原成为沃土良田,为孙吴政权割据江东提供了雄厚的经济基础。

从西晋末年开始,由于北方连绵战乱,而南方相对安定,大量中原民众越淮渡江南下,包括太湖地区在内的江南人口激增,需要开拓更多的农田以保证粮食供给。东晋南朝时期,随着垦殖区域的扩大,太湖地区农田水利设施建设也获得了进一步的发展。当时太湖地区主要水利工程有荻塘的兴修、海塘的修建和通江港浦的疏凿等。

荻塘位于太湖东缘,自苏州吴江平望至浙江湖州,长90里,其塘岸实际上就是太湖东南缘的大堤,而塘河则成为排灌沟渠。同时通过设置水闸可以调节塘河水量,雨多时开闸分疏诸水泄入太湖,天旱时闭闸蓄水灌溉塘下农田。

太湖平原的东北边缘地带濒临长江,地势自东北向西南微微倾斜,高地患旱、低地病涝。当时的江苏先民在沿江一带开凿通江港浦,利用挡潮闸设施引江水之利而拒潮水之害。同时在腹里洼地筑土作围,利用水闸调节农田用水。发展至南朝梁时,"高乡濒江有二十四浦通潮汐,资灌溉,而旱无忧;低乡田皆筑圩,足以御水,而涝亦不为患"[①]。由于旱涝无忧,"岁常熟",所以南朝梁大同六年(540),当时的南沙县由此改名为常熟县。

总之,随着北方人口的大量移入,太湖地区低洼圩区塘堰、海塘、闸坝等水利工程大量兴建,农业生产加速发展,到南朝时期太湖平原的农业生产

---

① 《光绪常昭合志稿》卷九《水利志》,《中国地方志集成·江苏府县志辑》第22册,江苏古籍出版社1991年版,第111页。

已赶上和超过了作为西汉政治中心的关中平原，经济十分富庶。

二、丹阳湖地区的屯田开发和水利建设

丹阳湖地区位于今江苏南京溧水、高淳和安徽当涂、芜湖、宣城诸地交界的地区，包含丹阳湖、石臼湖、固城湖以及附近的大片洼地，范围相当广大。建安十六年（211）孙权从京口（今镇江）徙都秣陵（今南京），并于建安十七年（212）改秣陵为建业，十八年后的黄龙元年（229），孙权从鄂地还都建业。丹阳湖地区在吴都建业以南百余里，与魏交战前线仅一江之隔，具有极其重要的战略地位，加上该地区不仅地势平坦、土质肥沃，而且还有湖泽浸润之利。因此，孙吴政权将这一地区列为重点屯田区之一，开拓湖沼浅滩，辟土造田，以发展农业生产。

丹阳湖地区同样湖沼密布、水高地低，大部分地区地面高程仅6米左右，而汛期河湖水位则高达10米上下。在这种特殊地理环境下垦拓农田，首先必须要解决洪潦的问题。当时采用了一种"外以挡水，内以围田"的筑土作围的方法，进行大规模的圩田水利建设。孙吴政权实行屯田制，通过统一领导和严格管理，围垦这种劳动密集型的劳动组织形式得以大规模进行，从而推动了丹阳湖地区圩田水利的迅速发展。在一座座规模宏大的圩围之间的水渠上，通过兴建大大小小的水闸设施，进行圩田之间灌溉用水的调节和圩区洪水的排涝，才能保证圩区稻作的丰收。

三、宁镇地区的屯田开发和水利建设

宁镇地区有相当一部分属于低山浅丘的丘陵山区，其基本特点是地势起伏较大、峰谷交错、径流丰富，雨季容易引起山洪暴发，冲毁农田，而久晴天旱时期，又容易溪涧绝流，引起农田龟裂。因此东晋南朝时的江苏先民开始广泛兴修塘堰灌溉工程，滞洪蓄水的同时，可用以农田灌溉。

宁镇地区在当时属于丹阳和晋陵两郡属地，邻近都城建康，是西晋末北方移民侨寓集中的地方。在江苏地区设置的23个侨郡和75个侨县中，大部分都集中在丹阳、晋陵两郡内。这些北方移民在侨寓的地方自立郡县，叫作"侨立郡县"。当时南徐州（州治所在今镇江）一州就有侨寓人口22万余，几乎占到全省侨寓人口的十分之九，这极大地促进了宁镇地区的土地开拓和

农田水利事业的迅速发展。东晋南朝时期，宁镇地区兴建的陂塘工程很多，如西晋永兴年间（304—306）陈敏令其弟陈谐主持修建的练塘、东晋大兴四年（321）晋陵（治所在今镇江丹徒）内史张闿主持兴建的丹阳新丰塘、南朝萧齐时期单曼主持修建的单塘、南朝萧梁时期吴游主持修造的吴塘、梁天监九年（510）谢法崇主持兴建的谢塘等等。宁镇地区虽属于传统的江南地区，但其丘陵山区因地势较高，除了部分低洼地区需要防范洪涝灾害，大部分高岗地区主要着眼于蓄水防旱，因此陂塘水利成为高岗地区重要的水利形式，"京口地高，所在陂塘多与田接，旱干则资以灌溉，水溢则于此舒泄，三县乡无地无之"[①]，这里的"三县"指的就是宁镇地区所属的丹徒、丹阳、金坛三县。

练湖陂塘水利工程正是在这一背景下出现的，其最初的主要功能就是蓄水灌田，它是利用环山抱洼的自然地形条件，筑堤围成的人工湖泊，又称"丹阳湖""曲阿后湖"。"晋陵郡之曲阿县下，陈敏引水为湖，水周四十里，号曰曲阿后湖。"[②]同时练湖塘堤上设置数量不等的斗门，用以塘下周边的农田灌溉，但同样由于地方文献记载不详，练湖斗门的具体数量和形式均无法了解实际情况。

四、淮汉地区的屯田开发和水利建设

东晋政权建立以后，由于淮河-汉水一线为东晋南朝对抗北方政权的前哨阵地，江南地区成为其经济重心，即农田水利的经营重点。为了就地解决军粮供给问题，各军在其驻地附近广兴屯田。东晋南朝军事屯田的实施，促使这些地区的农田水利事业得到进一步发展。

淮汉流域一个重要的军屯区是江苏的淮阴地区。当时的淮阴一带，以石鳖屯最著名。据《晋书·荀羡传》记载，东晋永和五年（349），北中郎将、徐州刺史荀羡在东阳县的石鳖屯田。东阳县治在今淮安市盱眙县东的东阳

[①] 朱霖，等：《乾隆镇江府志》卷二《山川上》，江苏古籍出版社1991年版，第80页。
[②] 萧统编，李善注：《文选》卷二二《车驾幸京口三月三日侍游曲阿后湖作》，上海古籍出版社1986年版，第1054页。

社区，石鳖城位于今扬州市宝应县西南，屯区大致分布在今盱眙、洪泽和金湖之间，三国时邓艾曾在此修筑白水塘。《江苏省志·水利志》中记载最早的江苏地区用于农业灌溉的水闸就是三国时期修筑的白水塘水闸。正始二年（241），魏国准备征伐东吴，在尚书郎邓艾的建议下，在淮河南北地区，即今江苏宝应、盱眙一带开始屯田，以囤积军粮。邓艾在广陵太守陈登筑捍淮堰、陂塘的基础上，修白水塘，并设置水闸。

荀羡的石鳖屯田，实际上是邓艾屯田的继续。东晋南朝的持续经营，使白水塘等水利工程设施渐趋完善。白水塘地涉山阳、盱眙两县，周250里，系利用盱眙县东的山谷洼地通过修筑长堤围成。塘堤筑在东、北两面，高1丈多，基宽10余丈，拦截溪涧之水入塘。通过塘堤上的八座斗门，可以放水灌溉塘下近百万亩稻田。所以，当地民间流传着"日浇万顷不求天"的谚语[1]。

总之，魏晋南北朝时期，随着北方人口的大量移入，江苏地区包括江南的太湖、丹阳湖、宁镇和江北的淮汉等地区都进行了大规模的农田开发，同时兴建了大量的农田水闸和陂塘水闸，以保障农田灌溉用水和减少洪涝灾害的发生。

第三节　秦汉、魏晋南北朝时期的江苏水闸管理行政体系

水闸的建设和管理与水政管理机构的演进息息相关。从一开始，水闸的修建和管理就属于水政的一项职能，归属水利官员管理。相传上古时期舜帝命大禹为司空"平治水土"，"司空"一职是中国职官历史上最早的水利职官。到周朝时，水利官员称"川衡"，主要是按疆域内川流湖泊大小设置官员数量[2]。该时期水利官员的职能比较单一，主要针对的是川泽湖泊的治理。到战国时期，水利官员又恢复"司空"的名称，而且对其职能有了更加详细的记载：

---

[1] 汪家伦，张芳编著：《中国农田水利史》，农业出版社1990年版，第206页。
[2] 阮元校刻：《十三经注疏》，中华书局1980年版，第697页。

"决水潦，通沟渎，修障防，安水藏，使时水虽过度，无害于五谷。岁虽凶旱，有所粉获，司空之事也。"[1]文献记载说明，从战国时期开始，水利官员管理的事务比先前更为复杂，不仅要管理川泽，还需要管理各地重要水道沟渠的疏通工作。

秦代的司空已经上升为最高政务长官，不再具体负责水利事务，而是另置"都水"主管水利，从此"都水"成为中国历史上存在时间最长的水利职官称谓。西汉袭秦制，西汉时中央由御史大夫总揽全国水利，由大司农、太常、少府、内史等机构内的都水官员负责各自领域内的水利事务，"汉太常、大司农、少府、内史、主爵中尉其属官各有都水长、丞"[2]。由于京师水利官员众多，汉武帝时专门设置了左右"都水使者"统领水官。当时的京师分为京兆尹、左冯翊和右扶风三辅，三辅各置都水。京兆尹有"都水"，左冯翊有"左都水"，右扶风有"右都水"。汉元鼎二年（前115），还另设"水衡都尉"总管皇家园囿上林苑水利，并设"水司空"，通过其管理的刑徒从事上林苑中水利工程的具体事务。同时，地方上也有各自的都水官员，负责地方的水利事务。此外，汉哀帝时，左右都水使者被裁掉，另外设置"河堤谒者"[3]，开启了国家对以黄河为代表的大江大河进行专门管理的先河。

东汉时中央设司空再次掌管水利事务，同时省并其他水利机构，将治水权直接下放给地方都水官。到光武帝时地方水利官员已经改为由郡一级管辖，这一管辖权的变更表明东汉的地方水利兴修已经是一种无须中央强制推动的地方自觉行为。

魏晋南北朝时期则是我国封建社会由早期向中期发展的一个重要过渡阶段，在政治体制上表现为由"三公九卿"制向"三省六部"制过渡，体现了国家政权的进一步成熟。"三省"即尚书省、中书省和门下省，始于三国曹魏，为隋唐时期三省六部制度的确立奠定了基础。"三省"既有分工，又相互牵制。虽然"三省"的权力类似之前的"三公"，但是"三省"的权力是在君主专

---

[1] 黎翔凤：《管子校注》，中华书局2004年版，第73页。
[2] 李林甫：《唐六典》，中华书局1992年版，第598页。
[3] 沈百先，章光彩，等：《中华水利史》，台湾商务印书馆1979年版，第575页。

制政体权力体系下的相对分权。"三省"既可以共同构成相权，又分工体现对相权的制衡。南朝梁武帝还设立了吏部、户部、礼部、兵部、刑部、工部六个部门，形成了"六部"制度。同时还有"九寺"机构，类似于之前的"九卿"，但其地位不再与"三省"并驾齐驱，而是降为"三省"以下的业务性办事机关。

中央尚书省是从汉代皇帝的秘书机关尚书台发展而来，到魏晋时已经成为中央最高政令机构。三国曹魏时期的尚书省设置二十五曹分曹理事，其中处理水利事务的称为"水曹"，后改称"水部曹"，长官"水部郎"是"尚书郎"之一，职掌"川渎、津济、船舻、浮桥、渠堰、渔捕、运漕、水碾硙等事"[1]，可见三国曹魏时期的水利官员负责的事情已经远超后世水利部门的职责范围。"水部郎"下属的"河堤谒者"负责巡视天下河渠，监督筑堤治河。地方的水政官员称为"都水使者""都水参军""都水使者令"等，重要的水利工程都由都水官负责管理，其中包含重要水闸设施的修建和管理。[2]此外还设置各级典农官管理屯田，屯田区内农田水闸等水利设施由其负责修建和管理。当时江苏地区大部分属于孙吴政权，孙吴也设类似的屯田官，负责屯田水利设施的修建和管理。

西晋时期在中央设置都水台，长官为都水使者，掌管舟船和航运，其属官有河堤谒者、都水参军等。同时，置三十五曹尚书郎，水事方面由水部和运曹两曹掌管。东晋延设都水台，保留都水使者，撤销了河堤谒者，改置谒者。尚书省各曹经历数次精简，最后水部曹被裁撤，"后又省主客、起部、水部，余十五曹云"[3]，水部职权被分散归于其他曹郎。南朝宋、齐、梁、陈重新设置水部并职权依旧[4]，"都官尚书，领都官、水部、库部、功部四曹"[5]。但宋、齐设都水使者，而梁、陈改都水使者为大舟卿，掌管舟船、航运、河堤等事务。北朝的北魏、北齐皆设都水使者及河堤谒者，北周设司水中大夫，

---

[1] 杜佑：《通典》卷二三《职官五》，中华书局1988年版，第647—648页。
[2] 周魁一，等：《水利与交通志》，《中华文化通志》，上海人民出版社1998年版，第132页。
[3] 房玄龄，等：《晋书》卷二四《职官志》，中华书局1959年版，第731—732页。
[4] 沈约：《宋书》卷三九《百官志上》，中华书局1974年版，第1237页。
[5] 萧子显：《南齐书》卷一六《百官志》，中华书局1972年版，第320页。

北魏和北齐设水部、水曹负责水利事务，而北齐由都水台负责。

总之，水利官员自周川衡起，历经司空等职，于秦汉时开始形成从中央到地方的都水体系，经过魏晋南北朝的发展，水利职能逐渐专一化，但各朝各代水利职官设置仍然错综繁杂、省置无常。

第四章 隋唐五代时期的江苏水闸

隋唐五代时期是江苏水闸乃至中国水闸发展的一个重要历史时期。随着中国古代劳动人民创造的一项伟大的水利工程——隋唐大运河的贯通，江苏水闸史上一种重要的水闸类型——运河通航水闸即运河船闸诞生了。所谓"河出自然，无所用闸，河由穿凿，闸以收之"，由人工"穿凿"而来的隋唐大运河需要通过修建船闸来"节宣"和"蓄养"运河水力，以保证航道通行的需要。

古代的交通运输，以廉价方便的水运为主。隋唐大运河在自然河道和古代运河的基础上，通过开拓和整合，逐渐形成以京师长安为终点、洛阳为中心，首次贯通海河、黄河、淮河、长江、钱塘江五大水系的南北水运交通网。然而隋唐大运河的某些区段由于坡降大、水源不足，导致航行困难。为保证航运通畅，除努力开辟水源外，主要采用的就是通过水工设施来节制水流或调整水深，于是陆续出现了运河堰埭和通航用运河水闸，即船闸[①]。

江苏地区运河堰埭的出现比运河船闸早得多，其具体时间有待考证，但早在三国时就已经有文字记载，三国孙吴时所开的连接江南运河与长江支流秦淮河的丹阳至句容间的破冈渎运河上就连续修建了12座保证航运水位的运河堰埭。随着时代的发展，堰埭数量也不断增加，此后出现了东晋欧阳埭（在今扬州仪征）、唐代京口埭（在今镇江）、伊娄埭（在今扬州邗江区瓜洲）等，

[①] 郑连第：《唐宋船闸初探》，《水利学报》，1981年第2期，第65—72页。

都是类似的助航水工设施。

这些运河堰埭一开始是由土石材料或草土材料修筑而成的，横截在运河河道上，防止河水走泄，用来实现调整水面比降和提高通航水位的功能。运河堰埭虽然能够保证运河航行的水量和水深，但船只在航行中需要解决翻越堰埭的问题。为使船只顺利通过堰埭，利用斜坡能升高重物的原理，堰埭的上下游两面需要做成较缓的平滑坡面，再通过拉拽的方式，用人力或畜力拖拉船只滑上滑下，这种过船斜坡堰埭因此也被称为"车船坝"或"盘坝"（如图4）。如果船只较大，还要设置辘轳绞拉，这就是原始的斜面升船机。这样的越堰方法相当烦琐，堰埭越多，积弊越大。重载船只如果反复装卸，不但费时费力，而且船只拖拉磨损较大。所以，迫切需要既能保证航运水位，又能方便通船的方式，于是出现了运河船闸。

总之，运河堰埭在运河船闸出现之前的数百年间一直作为江苏地区运河主要的辅助通航设施被广泛采用。即使以后出现了船闸，由于修建船闸需要较大的成本，所以船只翻越堰埭的方式并没有完全消失，在一些偏僻的较窄航道上依然长期存在，直到混凝土水闸的大量出现。

图4　船只翻越堰埭场景

第一节　隋唐五代时期的江苏水闸

按照使用场景，隋唐五代时期的江苏水闸可以分为传统的农田治水闸和新出现的运河通航水闸。

一、隋唐时期运河通航水闸

运河通航水闸可以分为两种，一种是给运河补充水源的节制闸，另外一种是代替运河堰埭的运河船闸。

(一) 给运河补充水源的节制闸

隋唐大运河贯通以后，逐渐成为中央重要的水上交通要道，特别是包含运河江苏段在内的东南运道，是其中最为重要的漕运干线。隋唐大运河进入江苏境内后，依次是淮河泗州至楚州段、山阳渎和江南运河，最后接通浙东运河。其中山阳渎和江南运河是沟通淮河、长江和钱塘江三大水系的水运要道，也是唐代运河东南运道最为成熟和稳定的两段，但存在水源不足等问题，如山阳渎段，需要依靠扬州五塘，即陈公塘、句城塘、上下雷塘和小新塘济运河水[1]。扬州五塘实际上就是相连的五座水库，从唐代开始成为接济运河的水源，"东南濒江海，水易泄而多旱，历代皆有陂湖蓄水"[2]。

为了济运，五塘在结构上进行了调整。中唐贞元年间（785—805），时任扬州长史、淮南节度观察使杜亚在爱敬陂即陈公塘增筑堤坝和新建斗门，"乃召工徒，修利旧防，节以斗门，酾为长源，直截城隅，以灌河渠……然后漕挽以兴，商旅以通，自北至南，泰然欢康"[3]。杜亚通过疏导水道使山溪之水都汇入爱敬陂，同时培筑堤岸，提高了塘的库容，以增加蓄水量，再通过建设斗门的方式控制陂塘水量，以补给运河。

这些斗门就是控制陂塘之间、陂塘和运河之间水量的节制闸，陂塘之间以及陂塘与运河之间形成了上下连通的济运系统，塘水通过斗门控制，沿着陂塘与运河之间的河道进入运河，"将各陂塘与漕河相连，陈公塘由泰子沟与漕河相连，句城塘由乌塔沟与漕河相连，上、下雷塘与小新塘互相贯通，通过滩子河，下接漕河。运河水浅时，开启五塘的斗门济运"[4]。扬州五塘的这些斗门，并不是拦河或顺河而建的运河水闸，原本属于农田灌溉水闸，但它们在隋唐大运河贯通以后，其功能主要是用于保障运河通航水位，其作用正好跟澳闸系统中的水澳节制闸相似，跟一些顺河建造的减水闸或分水闸

---

[1] 张芳：《扬州五塘》，《中国农史》，1987年第1期，第59页。
[2] 倪其心主编：《宋史·第三册》，《二十四史全译》，汉语大词典出版社2004年版，第1939页。
[3] 董诰，等：《全唐文》卷五一九《通爱敬陂水门记》，中华书局1983年版，第5274页。
[4] 张芳：《中国古代灌溉工程技术史》，山西教育出版社2009年版，第262页。

相反，所以也把它们归类为运河通航水闸。

（二）代替堰埭的运河船闸

隋唐大运河贯通以后，唐代建都长安，需要通过江南运河、山阳渎、汴河等运河运段将江南的租调运至长安，漕运船只数量显著增加。唐代初期漕运采用的是"长运直达法"，分两段实施：第一段是由江南粮农通过水路运至东都洛阳入仓，第二段是由洛阳运至长安。由于路途遥远，一路长运都需要根据各地水情行船，漕运效率十分低下。

由于"长运直达法"漕运效率低下，唐开元二十二年（734），宰相裴耀卿改漕运"长运直达法"为分段运输法，即"转般法"，使"江南之舟不入黄河，黄河之舟不入洛口……节级转运，水通则舟行，水浅则寓于仓以待，则舟无停留，而物不耗失"①。这种漕粮分段接力递运的"转般法"的前提是在不同水情的运段重要节点处设置粮仓，用吃水深度适宜该水段的船分段转般，如此可以大大节省漕粮的水运时间，具有积极意义。

唐代宗时期，时任东都、河南、江淮转运使的刘晏在裴耀卿转般法的基础上，进一步改进转般法。他按江、汴、河、渭的不同水势，将整个漕运分为四段，实行"江船不入汴，汴船不入河，河船不入渭。江南之运积扬州，汴河之运积河阴，河船之运积渭口，渭船之运入太仓"②。充分利用运河不同运段的水流特点进行分段运输，使船只和船工更适应本河段航行，保障了航行安全。如此一来，进一步提高了漕运效率。此外，刘晏还采用三种方式降低漕运成本：一是采用过闸入江方式代替原来的翻堰埭入江方式，费用只需要原来的约五分之一。二是制造运河专行船和黄河专行船。三是轻货从江北陆运至汴梁，运费降低四成，"轻货自扬子至汴州，每驮费钱二千二百，减九百，岁省十余万缗"③。

通过水闸入江的方式虽然比翻堰埭入江的方式要耗损更多的水量，但可

---

① 黄淮，杨士奇编：《历代名臣奏议》，《四库全书》史部第 440 册，上海古籍出版社 1989 年版，第 409 页。
② 欧阳修，宋祁：《新唐书》卷五三《志第四三·食货三》，中华书局 2000 年版，第 899 页。
③ 欧阳修，宋祁：《新唐书》卷五三《志第四三·食货三》，中华书局 2000 年版，第 899 页。

以节省很多人工费用,降低船只损耗。如果能够解决运河水源补充的问题,过闸方式无疑更加具有经济性。于是,这种一方面能够控制运河水量,另一方面又能方便通航的运河水闸即运河船闸开始在隋唐大运河上出现,成为江苏乃至中国水闸史上一个重要的标志事件。下面就介绍几座在隋唐大运河江苏段出现的运河船闸。

1. 扬子津斗门

扬子津斗门是江苏乃至中国有据可考的最早的运河船闸[1],但其具体建成时间不详[2]。唐代《水部式》记载:"扬州扬子津斗门二所,宜于所管三府兵及轻疾内量差,分番守当,随须开闭。若有毁坏便令两处并功修理。"[3] 一方面,由于扬子津斗门建在运河与长江相交段,属于具有引潮与借潮行运功能的运河船闸;另一方面,"随须开闭"说明扬子津斗门虽然是由两座闸门组成,但由于没有记载两座闸门距离有多远,是否有统一启闭管理的相关制度,也就无法确定是否构成复闸系统,所以只能看作是两座单闸或者是复闸的雏形,还无法认定为完整意义上的复闸。

此外《新唐书》记载:"然送租、庸、调物,以岁二月至扬州入斗门,四月已后,始渡淮入汴,常苦水浅,六七月乃至河口,而河水方涨,须八九月水落始得上河入洛。"[4] 由《新唐书》的记载可以大致了解唐代的漕运行程:每年的二月,江浙漕粮通过扬州斗门进入山阳渎,漕船需要在扬州滞留两月,等到运河水满才能继续北上渡过淮河,进入汴渠。这也可以说明扬州斗门更有可能是单闸,因为单闸容易走泄运河水,所以平时要靠长江潮水或者周边陂塘水补充才能行运,但在枯水季光靠这个显然不够,需要等到丰水季来临才能开闸。

2. 伊娄运河斗门

无独有偶,伊娄运河斗门的形式和扬子津斗门类似。在唐开元之前,由

---

[1] 郑连第:《唐宋船闸初探》,《水利学报》,1981年第2期,第65—72页。
[2] 郑连第:《唐宋船闸初探》,《水利学报》,1981年第2期,第65—72页。
[3] 罗振玉:《鸣沙石室佚书正续编》,北京图书馆出版社2004年版,第253—254页。
[4] 欧阳修,宋祁:《新唐书》卷五三《志第四三·食货三》,中华书局2000年版,第897页。

于从长江下游来的苏淞漕船在京口入江后需要绕道60里，从仪征东绕行，通过欧阳埭进入仪扬河，再到扬子津进入大运河北上，舟船在较长的江中逆流横渡时容易遭受风涛灾害。因此，唐开元二十六年（738），润州刺史齐浣主持新开南起瓜洲通长江、北至扬子津接运河，全长25里的伊娄运河，又称"瓜洲运河"，"乃移其漕路，于京口塘下直渡江二十里，又开伊娄河二十五里，即达扬子县，自是免漂损之灾"①。这条新开凿的河道穿瓜洲而过，沟通了扬子津与长江，大幅缩短了镇江与扬州之间运道的距离，瓜洲也随之成了长江北岸重要的运口。

齐浣在运河入江口一带一方面通过修筑伊娄埭以保持运河航道水量，另外一方面又设置斗门，用于接纳江潮。唐代诗人李白在《题瓜州新河饯族叔舍人贲》中对伊娄运河斗门有较为形象的描写："齐公凿新河，万古流不绝。……两桥对双阁，芳树有行列。……海水落斗门，潮平见沙汭。"②诗文中提到的"两桥对双阁"的诗句，说明伊娄运河斗门也是由两座水闸组成，但同样没有进一步的记载，无法确定伊娄运河斗门是否形成复闸系统，所以也只能将其看作是两座单闸。"海水落斗门"描写了当江潮来临时，开启伊娄运河斗门，可以引江水入运河，等到退潮，关闭斗门可以防止河水外泄，保证运河水量。说明伊娄运河斗门的存在主要还是为了接纳江潮，水闸只在涨潮时打开，需要借助潮水行运。退潮时，水闸必须关闭以保持运河水位，所以伊娄运河斗门还不是完整意义上的复闸（复闸由于走泄河水不多，可以在任何时间反复启闭）。

3. 邵伯斗门

邵伯斗门是在东晋太元十年（385）修筑的邵伯埭基础上改建而成。东晋时期，宰相谢安带领民众修筑了邵伯埭，"筑埭于城北，后人追思之，名为召伯埭"③。之所以取名"邵伯埭"，是后人将谢安比作西周时期的召（邵）伯。

---

① 刘昫，等：《旧唐书》，中华书局1975年版，第5038页。
② 李白：《李太白全集》卷二五《题瓜州新河饯族叔舍人贲》，中华书局2011年版，第977—978页。
③ 房玄龄：《晋书》，中华书局1974年版，第2077页。

到了唐代，邵伯埭上增设斗门，"邵伯埭，有斗门"[①]。这是一种既可用于控制水流，也可用于船只通行的单闸。当船只来到闸门前时，首先微开闸门放水，待上下游水位相近时，打开闸门，等船只通过后再关上闸门。邵伯斗门也是一种单门船闸，这种单门船闸因只有一扇闸门，在开启闸门时如果两边水位相差较大，开闸时瞬间的水流容易使船只失去控制，危险性较大，因此单门船闸平时主要还是用于控制上下游水位，只有在两边水位接近时才开启，并不是随时启闭。所以此时的邵伯斗门处于闸埭并用的时期，途经邵伯的船只多数情况下仍然以牵拉的方式过埭，只有合适的时候才开闸通行船只。

总之，从唐代开始，运河航道上已经开始探索使用船闸代替堰埭的方式，但此时的船闸还是一种简单的单闸。只有在潮涨，闸门两边水位接近时才会开闸通航，否则不仅开闸时水位差过大形成的瞬间水流容易导致行船风险，而且频繁开闸也会导致走泄河水太多。因此，当时的运河船闸还是属于闸埭并用的单闸时期，但这为宋代复闸的出现埋下了伏笔，一种安全系数更大、走水又少的运河复闸系统即将出现。

二、隋唐五代时期农田治水闸

隋唐五代时期，社会相对稳定，经济得到迅速发展。封建社会的经济基础是农业，农业的基础是水利设施。因此在唐代"安史之乱"以前，农田水利建设遍及全国，尤其是北方，大型农田灌区已形成完备的渠道、涵闸配套体系，如关中渭北平原上开凿的郑白渠，从唐前期的"渠上斗门四十八"，到唐后期的"设斗门一百七十有六"，而且"诸大渠用水灌溉之处，皆安斗门，并需累石及安木傍壁，仰使牢固"[②]。然而中唐以后，北方水利建设因"安史之乱"停滞，但包括江苏在内的南方地区（特别是长江以南地区）则继续向前发展直至五代时期，从而为中国封建社会经济重心的南移奠定了基础。

（一）隋代及中唐之前江苏农田水利的发展概况

隋代主要着力于南北大运河的贯通，对于农田水利建设不多。唐代以后，

[①] 乐史：《太平寰宇记》，中华书局 2008 年版，第 2447 页。

[②] 罗振玉：《鸣沙石室佚书正续编》，北京图书馆出版社 2004 年版，第 249 页。

大力推行农田水利建设来恢复和发展社会生产。当然建设的重点主要是关中地区，虽然江苏等南方地区的农田水利建设在东晋南朝的基础上也有显著的进展，但发展高潮主要是在中唐以后。

唐代中期之前，地方文献记载了江苏地区的几处大型陂塘水利进行重修和扩建的情况。如唐武德二年（619），润州刺史谢元超主持重修了隋代湮废的金坛县的南、北谢塘。唐麟德二年（665）和大历十二年（777）句容县先后两任县令杨延嘉和王昕主持修治了赤山塘。整修后的赤山塘通过两座斗门控制蓄泄，可以"灌田万顷"。这些陂塘工程大多是在前朝基础上的修缮和扩建工作，并没有太大的变化。

总之，隋代及中唐之前江苏的农田水利工程建设的规模和数量不如北方，虽然在东晋南朝的基础上也向前进了一大步，但总体而言，江苏农田水利建设还没有形成规模化和特色化。

（二）中唐以后江苏农田水利建设概况

北方在"安史之乱"后陷入藩镇割据的局面，农业水利建设渐趋萎靡，而包括江苏在内的南方地区却蓬勃发展。江苏农田水利的规模和型式与北方大相径庭，就其自身而言，由于各地地理环境不同，形成了不同的农田水利建设特点，水闸的建筑也相应地存在差异。总体而言，丘陵平原地区以陂塘灌溉型水闸为主，低湿洼地地区以塘浦圩田型水闸为主，而沿海地区则以挡潮蓄淡型水闸为主。经过中唐以后100多年的持续经营，江苏逐渐成为富饶的农业经济区。

1. 陂塘灌溉型水闸

陂塘是江苏丘陵平原地区开发农田水利的主要水利工程范式，它通常是利用环山抱洼的地形，修筑长堤围成陂塘来调蓄洪流和灌溉农田。陂塘系统通常包含蓄水、疏导和调控三个单元，其中调控单元是蓄水单元与各个疏导单元之间连接的出入水口节点。修建陂塘系统的目的是将蓄水单元中的水资源与外界水体进行隔离，保持两者间的水位差值，从而能在合适的时间点，依照不同的需求，通过调控单元人为实现对水资源定量定时的控制调蓄。陂塘系统的调控单元可以分为两种，一种是被称为"斗门"的碶闸，又称"石䃮"，就是用石头砌置水闸的意思。斗门是级别最高的调控单元，多设置于与自然河流直接沟通处的堤堰上。另一种是涵洞,也称"涵管""窦""豆""浥",是一种埋设在填土下面的管形或洞形的过水建筑物,其形制规模较小,一般不设闸门。如果带闸门,也称"涵闸"。

前文提到的谢塘、赤山塘都属于这种陂塘灌溉型水利工程范式。隋唐五代时期除了对旧有的陂塘工程进行修缮、改建和扩建,还新建了不少大、中、小型陂塘,在工程技术上也有新的突破。陂塘水利中比较典型的是扬州五塘及白水塘、镇江丹阳的练湖等。中唐以后,唐代政府为确保南北漕运的畅通和淮扬一带的农田灌溉用水,曾花大力气致力于扬州一带陂塘水利的修治,其中以陈公等五塘的规模最大。扬州五塘相互之间有沟道联系,构成塘塘串联的型式,并与漕河相连。扬州五塘曾经的功能是农田灌溉,贞元之后由于长江主水道向南迁移,江河涨潮到达不了扬州城附近的运河段,造成扬州运河段水源不足,河道浅涩。为了确保扬州运河段的通畅,扬州五塘开始承担济运的任务。

唐贞元四年(788),淮南节度观察使杜亚修治陈公塘,并新建一座放水斗门。陈公塘的斗门具备蓄水济运和农田灌溉的双重功能,不仅能够防水济运,"治漕渠,引湖陂,筑防庸,入之渠中,以通大舟",而且还能灌溉周边的农田,"夹堤高卬,田因得溉灌"[1]。因此陈公塘的斗门既可以归属为保障运河通航水闸,也可以归属为农田水利灌溉水闸。

同样,唐贞观十八年(644)新建的扬州五塘之一的句城塘的作用和陈公塘一样。句城塘位于今扬州市仪征东北,时任扬州大都督府长史的李袭誉"引雷陂水,筑句城塘,溉田八百顷,以尽地利"[2]。《旧唐书》中同样有类似记载:"袭誉乃引雷陂水,又筑勾城塘,溉田八百余顷,百姓获其利"[3],由此可见,句城塘一开始主要也是为灌溉农田而建,后面开始用于济运。句城塘南北长1160丈,东西宽340丈,还建有控制蓄泄的斗门。该斗门同样

---

[1] 欧阳修,宋祁:《新唐书》,中华书局1975年版,第5207页。

[2] 刘肃:《大唐新语》卷三《清廉第六》,中华书局1984年版,第48页。

[3] 刘昫,等:《旧唐书》卷五九·列传第九《李袭志附弟袭誉传》,中华书局1975年版,第2332页。

具备双重属性，不仅可以开闸灌溉塘下周边农田，而且可以在运河水量不足时，起到济运的作用。其余三塘上雷塘、下雷塘、小新塘，也是在与句城塘差不多时间修建，其斗门功能也类似，都是既属于农田灌溉水闸，也属于运河通航水闸。特别是唐贞元以后，扬州五塘主要以济运功能为主，其斗门主要属性为保运助航。

扬州地区的陂塘工程，除了济运的扬州五塘，还有位于今扬州宝应西南的白水塘，又称"白水陂"，"白水塘，县西八十五里……亦曰白水陂，三国魏邓艾所作，与盱眙破釜塘相连，开八水门，立屯溉田万二千顷……唐证圣中始复修治，开置屯田，长庆中复兴修之"[①]。从三国起，白水塘就作为扬州地区的重要农田水利灌溉工程，对附近的石鳖屯等屯区的农业生产发挥着重要作用。隋大业末，破釜塘毁坏，白水塘也趋于干涸。唐证圣元年（695）白水塘和白水塘北的羡塘得到重新修治。唐长庆年间（821—824），白水塘再一次得到大规模的整治。这次整治修筑了潭头下堰、河喜中堰和刘家上堰三座梯级堰坝，级级可以拦截溪水，山溪水不再注入富陵湖，而是东汇入白水塘，同时还设置了八座斗门，分别有渠道引水灌溉塘东和塘西的农田。由此可见，白水塘斗门是纯粹的用于农田灌溉的节制水闸。

江南丘陵地区的人工陂塘同样很多，代表性的工程如丹阳练湖等，唐代对这些陂塘工程进行了改建或扩建，以进一步发挥其作用。丹阳练湖创建于西晋末，湖周长约40里。练湖初建时，湖堤上就设置了四座斗门。唐初由于地方豪强占湖为田，导致练湖面积缩小，调蓄功能削弱。唐永泰二年（766），时任润州刺史韦损对练湖进行全面整治。修缮完成后的练湖周长扩大到80里，全湖由隔堤分为上下两湖，在湖的中堤与东堤共设置五座斗门，分别控制上下湖间、练湖与运河间的水位关系，在运河浅涸季节可以放水济运，"湖水放一寸，河水涨一尺"；湖的西、南堤上设置八个涵洞，用以调节农田的灌溉水量。在夏秋干旱时可以放水灌溉湖下数万亩农田，基本上形成了一个由湖堤、斗门、涵闸等组成的较为完备的工程体系。由此可见，丹阳练湖的水

---

① 顾祖禹：《读史方舆纪要》卷二三《南直五·扬州府》，中华书局2005年版，第1140页。

闸根据用途被分为两种类型：斗门属于运河通航水闸，而涵洞型水闸属于农田灌溉水闸。

2. 塘浦圩田型水闸

中唐以后，江苏农田水利建设最突出的成就，是可以与关中郑国渠、四川都江堰相媲美的太湖地区塘浦圩田系统的形成，这是江浙地区先民开发利用浅洼平原水土资源的独特性创造，其中太湖的北岸属于江苏的苏南地区，南岸属于浙江地区，太湖属于江浙两省的界湖。

太湖地区的地形特点是四周高仰、中部低洼，形成以太湖为中心的碟形洼地，其中一部分沿海滨江的碟缘高地被称为"岗身地带"，高5～7米，而另外一部分"腹里洼地"的高只有4～5米，不少地方甚至低于太湖平均水位。高地易干旱，需要通过开凿河港引水灌溉，而洼地易水涝，需要通过筑堤作围防洪除涝。塘浦圩田就是在这种特殊的地理环境下逐步发展起来的。

经过六朝时期的开拓，太湖地区的农田水利建设已有较好的基础。从中唐开始，逐渐形成有规则的纵浦横塘和棋盘式圩田格局。伴随着这种格局形成的是历代政府在太湖地区兴建的一系列重要水利工程。如唐元和二年（807）开凿了从苏州齐门至常熟的元和塘，将澄锡虞平原和阳澄低区分隔开来，并通过斗门控制，实现了既能导引塘西高地之水入运河，又能减轻塘东低区排水负担的双重作用。又如唐元和五年（810）苏州刺史王仲舒主持续筑的苏州吴江松陵镇北门外三里桥与平望之间的吴江塘，形成了太湖东缘长堤，将浩瀚太湖与堤东浅沼洼地隔开。再如唐大和中（827—835）疏浚了西起苏州张家港杨舍镇，东南至上海黄渡镇的长达190里的盐铁塘，同样也是将东北碟缘高地和腹里洼地分隔开来，实现了既可将水阻隔于岗身之东，用于灌溉高地，又可以防止高岗之水西泄洼地，避免塘西洪潦弥漫。以上的一系列塘路水利工程的修建，基本实现了江苏太湖东北面、东面的高地和洼地的分离，为大规模采用塘浦圩田形式开发利用太湖周边水土资源奠定了基础。

塘路水利工程修建实现了高地和洼地的分离以后，就可以进行圩田建设。通常南北方向每七里或十里开一纵浦通江，通江处设节制闸控制纵浦与长江之间水的交换；同时在浦的东西方向每五里或七里开一横塘，进行分水。塘浦一般宽20至30余丈，深1至3丈。开挖塘浦的泥土，用于在纵浦和横塘之间修筑高1至2丈的圩岸，形成棋盘式的、位位相承的塘浦圩田系统。高田区与低田区的塘浦圩田系统大致相同，不同之处在于高田区塘浦的深度比低田区要更深一些，如此才能蓄积更多的水源用于引水灌溉。此外在高田区与低田区的交界处也设置有水闸，水多时可以控制高地径流向洼地汇集，减轻低田圩区洪涝压力；干旱时可以就地潴蓄雨水，或导引江河之水，用于高田灌溉。高田区与低田区的塘浦之间既脉络贯通，又通过水闸控制实现高低分开，互不干扰。通过以上的一系列塘路水利工程的修建和塘浦圩田系统的形成，实现了江苏太湖东北面、东面的农田灌溉、排涝、防洪等综合效益，形成了大面积的农田高产区。

五代吴越时期，在唐代水利建设的基础上，进一步加强太湖农田水利建设。天祐元年（904）吴越政权设置近1万人的"撩浅军"用于太湖塘浦圩田的养护管理，这是吴越经营太湖水利、实现太湖水利治理常态化的一种发明。"撩浅军"又称"撩清军"，其主要功能是在都水营田使的统率下，执行入湖东北地区吴淞江及其支流、东南出海港浦、通江港浦以及运河航道的疏治，"置都水营使以主水事，募卒为都，号曰'撩浅军'，亦谓之'撩清'"，"居民旱则运水种田，涝则引水出田"[①]。

总之，隋唐五代时期，江苏太湖地区经过近四百年的持续经营，实现了太湖与圩田之间、圩田与塘浦之间、圩田与圩田之间的河渠相连，通过大大小小的农田水闸控制，可以保障农田旱则可灌、涝则可泄，"太湖有沿湖之堤，多为溇，溇有斗门，制以巨木，甚固，门各有闸版，旱则闭之，以防溪水之走泄，有东北风亦闭之，以防湖水之暴涨"[②]。这种农田水利的精细化管理，让江苏太湖地区实现了水稻常熟，当时一斗米不过50文钱。

3. 挡潮蓄淡型水闸

江苏有很多地方是沿江沿海地区，地势平坦，潮汐差大，经常有江潮海潮为患。最迟从唐代开始，江苏沿江沿海先民就通过在沿江通海河道上修筑

---

① 吴任臣：《十国春秋》，中华书局1983年版，第1090页。
② 郑元庆：《石柱记笺释》，《四库全书》子部第五八八册，上海古籍出版社1987年版，第463页。

挡潮蓄淡型水闸来解决江潮海潮问题，以实现外拒潮水入侵、内蓄淡水灌溉的双重功能。

五代吴越时，河浦入江入海口广泛设置挡潮蓄淡型水闸已经成为江苏沿江沿海地区农田水利建设的基本手段，"钱氏循汉唐法，自吴江县松江而东至于海。又沿海而北至于扬子江。又沿江而西至于常州江阴界。一河一浦，皆有堰闸"①。这种与江海交汇的河浦通常都是比较宽的河道，河道上设置的挡潮闸，不仅控制着整体塘浦的感潮，而且决定了对周边圩区的用水调节。这种挡潮闸与圩田与塘浦、圩田与圩田之间的圩口闸规模不同，作用也不尽相同。圩口闸门规模较小，主要是按农业生产需求启闭，以保证圩田内部的排水和进水，而通江塘浦的挡潮闸规模较大，不仅影响圩田区域较大，而且比较坚固，需要能抵御潮水冲击。

这些沿江通海挡潮闸位置的设置很有讲究，如果深入内河太多，就很有可能堙塞，"古人置闸，本图经久，但以失之近里，未免易堙"②。要想港浦不被堙塞，潮闸就要尽量靠近内河和江海的交汇处，"治水莫急于开浦，开浦莫急于置闸，置闸莫利于近外"③。通常设置潮闸的具体位置是在"去江海止可三五里"，这是一段不远不近的距离，主要是考虑到潮水的影响。如果潮闸位置设置得好，有五大好处，北宋赵霖对此进行了总结："今开浦置闸，潮上则闭，潮退即启，外水无以自入，里水日得以出，一利也；外水不入则泥沙不淤于闸内，使港浦常得通利，免于堙塞，二利也；濒海之地仰浦水以溉高田，每苦咸潮，多作堰断，若决之使通，则害苗稼，若筑之使塞，则障积水，今置闸启闭，水有泄而无入，闸内之地尽获稼穑之利，三利也；置闸必近外，去江海止可三五里，使闸外之浦日有澄沙淤积，假令岁事浚治，地里不远，易为工力，四利也；港浦既已深阔，积水既已通流，则泛海浮江，货船木筏或遇风作，得以入口住泊，或欲住卖，得以归市出卸，官司遂可以

---

① 范成大：《吴郡志》卷一九《水利上》，江苏古籍出版社1999年版，第284页。
② 范成大：《吴郡志》卷一九《水利下》，江苏古籍出版社1986年版，第286页。
③ 范成大：《吴郡志》卷一九《水利下》，江苏古籍出版社1986年版，第287页。

闸为限，拘收税课以助岁计，五利也。"[1]

总之，在江河交汇处建造挡潮蓄淡型水闸，不仅仅是为了蓄水挡潮，还有很多其他方面的综合考量。按照挡潮闸位置的理想设置，涨潮时关闭闸门，可以将泥沙沉积在闸门外，退潮时开启闸门，利用闸内外水位落差产生的高速水流，用闸内上游的清水将闸外的泥沙冲走，从而达到防淤和疏浚的目的[2]。同时还要考虑与附近乡民居住区的距离，以方便就地征用民力进行人工疏浚潮闸淤积。此外，还要考虑潮闸附近的港浦是否适合作为避风港，通过加深加阔，方便船只临时躲避风雨，以及考虑潮闸设施本身是否可以设置成征税点，用于来往船只的通行税的征收，等等。

第二节 隋唐时期的水闸管理行政体系和制度

隋唐五代时期水闸建设的组织和日常的管理行政体系与前代相似，如果按行政划分，属于水政管辖；如果按行政层级划分，京畿地区的水利工程或者关系国家命脉的运河船闸的建设组织和日常管理属于中央机构直接管辖，而农田水闸基本是由地方州县或民间基层组织自行负责。

一、行政体系

（一）中央层面

隋代结束了魏晋南北朝三百多年的分裂，建立了政治环境相对稳定的统一的王朝，这为水利工程设施的修建和日常管理形成相对完整的制度提供了保障。隋代中央实行五省六部制，其中内史省、门下省和尚书省三省是主要权力机构。三省中内史省负责决策，门下省负责审议，尚书省负责执行，其中尚书省下设吏、礼、兵、都官、度支、工六部。工部又下辖工部司、屯田司、虞部司和水部司四司，负责具体的政令执行，其中水部司负责水利工程管理、河渠政令发布与执行、渔捕与运漕等方面的事宜。除了五省六部，隋代中央

---

[1] 范成大：《吴郡志》卷一九《水利下》，江苏古籍出版社1986年版，第286—287页。
[2] 上海博物馆编著：《志丹苑：上海元代水闸遗址研究文集》，科学出版社2015年版，第130页。

机构还包括太常、大理、将作等十一寺在内的事务机构和负责水政事务的都水台。五省六部十一寺制度组织严密，分工明确又互相制约。五省六部属于朝廷政务机构，负责决策与颁布政令。十一寺和都水台属于朝廷事务机构，承接政令而具体执行。

隋开皇三年（583）都水台并入十一寺中的司农，开皇十三年（593）复设都水台，职掌船局和诸津①。此时的都水台不仅是水政事务机构，还负责管理全国各大津桥，大型的津桥往往都是闸桥一体的兼顾水利和交通的建筑设施。隋炀帝大业三年（607），原来的都水台，以及太常、司农、将作在内的十一寺重新调整为太常、光禄、司农、太府、卫尉、宗正、太仆、大理、鸿胪九寺，以及都水、国子、将作、长秋和少府五监②。隋大业五年（609），又设置都水少监③。经过多次变化，都水监的行政体系基本形成，其职掌舟楫、河渠二署，负责全国范围内的包括运河重要船闸和重要陂塘水闸工程等在内的水利工程设施建设，并负责京畿地区的治水事务④。

唐代基本沿袭了隋代行政管理机制，并对中央政府机构进行改革，实行三省六部九寺五监制。三省中改内史省为中书省，职能依然是决策机构，尚书省和门下省保持名称和职能不变，依然是执行机构和审核机构，三者既相互配合，又相互制约。尚书省下设吏、户、礼、兵、刑、工六部，每部分四司，共二十四司，其主要工作依然是负责出令决策，但是也有部分实际事务。⑤如工部"掌天下百工屯田山泽之政"，下设置水部司、屯田司、虞部司和工部司四司。水部司职掌"天下山川陂池之政令"，"掌津济、船舻、渠梁、堤堰、沟洫、渔捕、运漕、碾硙之事"⑥，但其设置也曾经多次变动⑦。

---

① 魏征：《隋书》卷二六《百官上》，中华书局1973年版，第775页。
② 邵德门：《中国政治制度史》，吉林人民出版社1988年版，第133页。
③ 李林甫，等：《唐六典》卷二三《将作都水监》，中华书局1992年版，第599页。
④ 永瑢，纪昀，等编纂：《历代职官表》卷五九《河道各官表》，《四库全书》第六〇二册，上海古籍出版社1987年影印本，第336页。
⑤ 张国刚：《唐代官制》，三秦出版社1987年版，第62页。
⑥ 欧阳修，宋祁：《新唐书》卷四六《百官志一》，中华书局1975年版，第1202页。
⑦ 孙逢吉：《职官分纪》卷一一，中华书局1988年影印本，第286页。

如唐龙朔二年（662），水部改名为"司川"，"水部郎中"改称"司川大夫"。唐咸亨元年（670）12月，又复水部原名。唐天宝二年（743），水部又改名为"司水"，设司水郎中2人，主要负责水利相关的政策的制定。

唐代的九寺和五监都是专业性办事机构，其中五监包括国子监、少府监、将作监、军器监和都水监，都是带有某种生产性质的专门性业务机关，其中都水监主管水利工程，它是在五监中最大的一个部门[①]，"总河渠、诸津监署"，并"掌川泽津梁之政令"[②]，主要负责执行两京地区水利设施建设和中央管辖的重要水利工程建设，以及监督地方的水利设施建设。

唐代都水监也发生多次更迭，在唐初称为"都水台"，后降为署，隶属于将作监。唐贞观元年（627）独立为都水监。唐龙朔二年（662）改为司津监，唐咸亨元年（670）复为都水监，唐光宅元年（684）改为"水衡都尉"，唐神龙元年（705），复为都水监。唐代都水监掌川泽、津梁等事，但只有两京地区的归都水监直接管理，其余的由当地州县负责。《新唐书·百官志》记载："（都水监）掌天下津济舟梁。……京兆、河南诸津均隶都水监。"[③]

总而言之，唐代三省六部是政务机关，九寺五监是六部之下的具体事务机关。工部水部司负责制定和下达政令，而都水监等事务机构负责仰承政令具体执行事务。水部与都水监等事务机构之间不是直接隶属的关系，而是政令下达与仰承的关系，都水监受水部监督。

（二）地方层面

在地方上，隋代实行"州—县"两级体制，隋炀帝时又将州改为郡，恢复了郡县体制。地方管辖的水闸等水利设施的建设与维护主要由州县或郡县地方政府组织，而广大乡村民用水利设施的修建和管理，则由县下的保、闾、族三级基层组织自行负责。

唐代地方政权体制实行州县两级制，唐代地方诸州分上、中、下三等，又按其地位轻重分成京、辅、雄、望、紧若干等，州政府官员有刺史、别驾、

[①] 邵德门：《中国政治制度史》，吉林人民出版社1988年版，第144页。
[②] 刘昫，等：《旧唐书》，中华书局1975年版，第1161—1162页。
[③] 欧阳修，宋祁：《新唐书》卷四八《百官志三》，中华书局1975年版，第1276页。

长史、司马等，县政府官员则有县令、县丞、县尉和主簿等。刺史、府尹、县令等地方政府长官对地方水利建设负有领导责任。与府州长官相比，制度对县令的规定更为直接而明确。"京畿及天下诸县令之职……若籍帐、传驿、仓库、盗贼、河堤、道路，虽有专当官，皆县令兼综焉"①，由此可见，地方水利建设也是由县令总掌。

当然，地方州县组织修建的水闸等水利设施也只限于各个州县辖区内重要水利工程中的水闸设施，至于乡村农田水利建设中的小型简易水闸，其修建基本遵循"谁用谁建谁管"的原则。由于唐代县以下的基层组织是乡、里、村、保、邻五级，因此数量占比最大的广大农田水利小型简易水闸则分别是由耆老、里正、村正、保长、邻长等负责修建和管理。

二、管理制度

隋唐五代时期，不仅水利建设事业获得进一步发展，在水利管理制度等方面也有显著进展。如为了更好地合理规划和经济利用全国水利资源，协调水利建设过程中出现的种种矛盾，唐代水部司制定了管理全国水利事宜的《水部式》，以法律规章制度的形式进行有效的水利事务管理，其中就包含水闸的设置和管理等制度。

《水部式》是迄今为止已知的中国最早的全国性水利法典。唐朝的法律分为律、令、格、式四类，"式"是政府各部和各级官员的"常守之法"。《水部式》规定地方州、县两级行政长官如刺史、县令均负有管理其辖区内水利工程的责任。虽然诸州县重要的水渠、河堤、闸坝有专职官吏管理，但刺史、县令"兼综"，对其负总责。《水部式》要求各州县每年需要"各差一官检校，长官及都水官司时加巡察"②，监督辖区内水利设施是否及时维修。这在《新唐书》中也有类似规定：诸州堤堰、水渠、闸坝，刺史、县令要"以时检行，而莅其决筑"③。

---

① 李林甫：《唐六典》卷三〇《三府督护州县官吏》，中华书局2014年版，第753页。
② 刘俊文：《敦煌吐鲁番唐代法制文书考释》，中华书局1989年版，第326—327页。
③ 欧阳修，宋祁：《新唐书》卷四六《百官志一》，中华书局1975年版，第1202页。

《水部式》制定得非常细，甚至规定各地水利设施在进行日常管理时，需要配备渠长、斗门长和堰官等基层水利管理者[1]。这些水利管理人员要求是"庶人年五十以上，并勋官及停官职资有干用者为之"[2]，即选拔老成干练、有威望和能力的人担任，其职责是平时组织水利工程设施的维修，灌田时负责公平合理地分配用水量等。各地政府每年需要派官员进行督察，对水利设施管理人员进行考核，"每岁府县差官一人以督察之，岁终录其功以为考课"[3]。

　　《水部式》中与水闸相关的制度主要与斗门的选址、修建标准，以及斗门的启闭管理有关。如斗门的选址和修建标准，要求重要的灌溉水渠"皆安斗门，并须累石及安木傍壁，仰使牢固，不得当渠造堰"[4]，而且"皆须州县官司检行安置，不得私造"[5]。说明国家管理的重要的灌溉河渠的斗门通常都是由地方政府按照相应的建筑和安装标准统一建造，以保证水闸的坚固。

　　从《水部式》中可以了解到，斗门在唐代时是各个灌区之间分水、配水和进行水量管理的关键设施。各个灌区借助支渠上大小斗门的适时启闭，进行水量的控制、调节和分配，以满足各灌区农作物的需要。灌区农田灌溉前，各渠长和斗门长要事先了解各自灌区所灌农田的数量，统一协调用水，"诸渠长及斗门长，至浇田之时，专知节水多少"，地方政府会派检校官督察用水管理是否得当，督察结果将会成为渠长和斗门长年度考核的依据，"若用水得所，田畴丰殖，及用水不平，并虚弃水利者，年终录为功过附考"[6]。在农业灌溉用水与其他用水需求如水力驱动的碾磨装置之间，农田灌溉有优先使用权："凡水有溉灌者，碾硙不得与争其利"，农业用水高峰期，"皆闭斗门"，若水量有余，才能用于碾硙等手工业，"乃得听用之"[7]。

---

[1] 刘俊文：《敦煌吐鲁番唐代法制文书考释》，中华书局1989年版，第326—354页。
[2] 欧阳修，宋祁：《新唐书》卷四六《百官志一》，中华书局1975年版，第709页。
[3] 李林甫：《唐六典》卷二三《都水监》，中华书局2014年版，第599页。
[4] 罗振玉：《鸣沙石室佚书正续编》，北京图书馆出版社2004年版，第249页。
[5] 罗振玉：《鸣沙石室佚书正续编》，北京图书馆出版社2004年版，第249页。
[6] 刘俊文：《敦煌吐鲁番唐代法制文书考释》，中华书局1989年版，第326—327页。
[7] 李林甫：《唐六典》卷七《工部尚书》，中华书局2014年版，第226页。

《水部式》还详细列举了两处干渠斗门的日常管理制度，一处是关中平原的"泾渭二水大白渠"，每年会派出京兆少尹进行检校，"其二水口大斗门，至浇田之时，须有开下，放水多少，委当界县官共专当官司相知，量事开闭"[①]；另外一处就是江苏的"扬州扬子津斗门二所"，其日常管理由斗门"所管三府兵及轻疾内量差，分番守当，随须开闭。若有损坏便令两处并功修理"[②]。这两处斗门，一处是位于关中灌区的控制灌溉用水的斗门，另外一处是位于大运河江苏段的控制通航用水的斗门。由于关中灌区和运河漕运都是关乎京城粮食安全的重要保障，中央政府对这两处的重视程度要远高于其他地方，所以这两处水闸的日常管理和维修都是由地方政府管辖，且有相当成熟的严格管理制度，同时中央会派官员巡查。

---

① 罗振玉：《鸣沙石室佚书正续编》，北京图书馆出版社2004年版，第253页。
② 罗振玉：《鸣沙石室佚书正续编》，北京图书馆出版社2004年版，第254页。

第五章 宋元时期的江苏水闸

第一节 宋元时期的江苏水闸

宋代是中国大运河水闸技术发展的一个高峰期，包括船闸在内的各种闸型都取得了突破性进展。宋元时期也是大运河沿线重要水闸的材质从木制向石制转换的重要时期，但这是一个漫长的过程，很多运河水闸直到元代初期都还是木制，到元代晚期才改建为石制。木闸因选址要求低、建设速度快、造价低等优点，始终占据一席之地。

宋元时期的江苏水闸，可以从运河通航、农田治水和城市水利三个主要应用场景去介绍。

一、宋元时期运河通航闸

早在唐代开元初年，大运河江苏段扬州已经出现了有据可考的用于控制水源以保证航运水位的扬子津斗门船闸，但此时的斗门船闸只是具备单闸功能，结构上并不完善，实际应用效果并不好，虽然提高了通行效率，但依然问题不少，如闸内外水位差过大、开闸走泄河水太多、需要较长的等待补水时间等。

到了北宋时期，运河航闸得到进一步的发展和完善，诞生了更加科学的船闸类型，衍生出复闸、澳闸等一系列新型船闸，这是中国运河水运史和水闸史上的大事，它大大增加了运河的通过能力。由此，"以闸代堰"已成大势，同时船闸的总体运行管理机制也逐渐形成。

南宋时期，由于淮河成为宋金两国界河，为防止金兵沿运河南下，绍兴四年（1134），宋高宗下令焚毁真、扬一带堰闸，湾头港口闸、泰州姜堰、通州白莆堰尽数被毁，真州附近的陈公塘也受到了破坏，扬州的堰闸系统陷入瘫痪，"诏烧毁扬州湾头港口闸、泰州姜堰、通州白莆堰，其余诸堰，并令守臣开决焚毁，务要不通敌船；又诏宣抚司毁拆真、扬堰闸及真州陈公塘，无令走入运河，以资敌用"①。由此可知，由于南宋定都临安，漕粮运输主要依靠江南运河，长江以北的运河航运地位较之北宋时期已大为下降，运河堰闸由于战争大多处于瘫痪状态，江北运河的疏浚和沿线水利工程维修几乎不再进行，其发展处于停滞倒退状态。

元朝定都大都（今北京）后，经济上依赖南方，为解决南粮北运问题，元政府对隋唐大运河进行了一次大规模的改造，先后开凿了通惠河、会通河和济州河。重新开通的大运河以大都为起点，经通惠河至通州，由通州沿御河至临清，入会通河，南下经由济州河至江苏徐州，然后由泗水和黄河故道至淮安入淮扬运河，经瓜洲入长江，再由镇江丹徒入江南运河，直抵杭州，最终形成了完全意义上的京杭大运河。但遗憾的是，元代运河船闸建造得虽然比宋代结实，但基本上都是单闸，回到了宋代之前的老路，没有继承宋代复闸尤其是澳闸技术传统，其功能只是拦蓄水量。因此，每开闸一次，上游积水基本上一泄无余，再想具备放闸水深条件需要相当长的等待时间，所以通航效率低下，与复闸尤其是澳闸的节水、连续启闭的功能相比有天壤之别。

下面通过宋元时期的几座典型的新型运河通航水闸来介绍宋代船闸的先进性。

（一）北宋淮安西河"二斗门"

北宋太宗雍熙元年（984），淮南转运副使乔维岳在开沙河运道的同时，"命创二斗门于西河第三堰，二门相距逾五十步，覆以厦屋，设悬门积水，俟潮平乃泄之。建横桥岸上，筑土累石，以牢其址。自是弊尽革，而运舟往来无滞矣"②。这里的"斗门"是一种兼具节制水流与通航功能的运河水闸，与普通的节制闸门名称相同但作用不同。乔维岳创建的"二斗门"又称"西

---

① 脱脱：《宋史》卷九七，中华书局 2000 年版，第 1609 页。
② 脱脱：《宋史》卷三〇七《乔维岳传》，中华书局 2000 年版，第 8175 页。

河闸",是江苏水闸史上第一座完整意义上的复闸,其工作机制与现代船闸相似。复闸分为单级和多级两种形式:两座闸门一个闸室的称为"单级船闸",三门两室及以上的称为"多级船闸"。西河闸只有"二斗门",属于单级船闸。

"西河闸"所跨的西河又称"沙河运河",是北宋时期楚扬运河整治工程中为了避免淮、运共用山阳湾段的湍悍水势而新开的一段从末口至淮阴磨盘口的运河。末口在当时是运河入淮处,位于今淮安市淮安区。磨盘口即后来的清口,位于今淮安市淮阴区西南。

西河闸"二门相距逾五十步",说明西河闸共有前后两个闸门和一个70多米长的闸室。这与隋唐时期的扬子津斗门的描述完全不一样,其将两个闸门之间的距离详细描绘了出来,而且这样的长度是一个比较适合的闸室长度。"覆以厦屋,设悬门积水"意味着闸门属于整体式升降平板闸门,而且还出现了一座类似启闭机房的建筑,推测是用于放置升降闸门的绞车。"建横桥岸上,筑土累石,以牢其址",说明闸首和闸室都有专门的稳固结构物和两岸联系工作桥。西河闸的出现是江苏通航用水闸发展的标志性成果,至此运河船闸的形制和结构才正式定型,此后运河通航水闸逐渐都从单闸向复闸演变。

(二)北宋真州闸

西河闸建成不到40年,更具代表性的复闸——真州闸在运河真州段出现了。真州(今扬州仪征)位于长江和大运河的交汇处,是当时的漕运咽喉,"扬、寿皆为巨镇,而真州当运路之要"[①]。真州闸比西河闸更加先进,是因为它带有水澳,可补充水耗,能够基本实现水循环。

在真州闸出现前,长江和运河之间的水位差一直困扰着大运河江苏段的漕运。在丰水期,长江和运河之间的水位差异不大,只需要通过在运口修筑潮闸和堰埭的方式就能保持运河水位、实现通航;但在枯水期,由于长江水位低于运河,需要等到长江涨潮时,加上人力和畜力的牵挽,才能使长江船只逆流而上进入运河。时任北宋扬子县尉,后任两浙转运使、枢密副使的胡宿在《真州水闸记》中将漕船等待过真州运口的情况如实记录下来:"当涸

---

① 托克托:《宋史》,吉林出版社2005年版,第1383页。

水之有初，万里连樯自上游而并至，将乘高堰之险，必俟灵潮之来。浅河殆忧，引挽甚苦，守卒达旦而不寐，严鼓终夜而有声，人相告劳，官不暇给。"①由此可见，这种牵挽不仅费时费力，而且由于漕船很多，即便通宵达旦牵挽，也难以满足船闸通航需求。

为了解决真州运口的问题，北宋天圣四年（1026），时任发运司监真州排岸司右侍禁陶鉴在江口堰附近另开新引河并建真州复闸，"左监门卫大将军陶鉴，掌真州水利，始易堰为通江木闸二"②。最初的真州复闸是木构的内外闸。真州复闸在设计、结构及运用上都与过去的运河船闸单闸不同，有其独特之处。胡宿在《真州水闸记》中对真州复闸进行了记载："即其北偏，别为内闸""扼其别浦，建为外闸"③"凿河开奥（澳），制水立防"④。由此可见，真州闸分内外两闸，外闸靠近长江运口处，是一座带有归水澳的"两门一室"的单级船闸。

真州闸外闸因为引江潮水，闸内外侧水位高差较大，所以水流湍急，而内闸的闸内外侧水位差较小，水流平稳，闸室主要起平衡运河与长江之间的水位高差的作用。真州闸的闸室用优质的石材修筑，再在四周铺设木材，如此修筑的闸室比较坚固，"耆美石以甃其下，筑强堤以御其冲。横木周旋，双柱特起，深如睡骊之窟，壮若登龙之津"⑤。真州闸的闸室较深，这样能蓄积更多水量，从而托起更庞大的船只，使其牵引省力，"巨防既闭，盘涡内盈，珠岸浸而不枯，犀舟引而无滞，用力浸少，见功益多"。⑥

真州复闸的建成代替了原来的江口堰，大大提高了船只的装载量和通行效率。"运舟旧法，舟载米不过三百石，闸成始为四百石船。其后所载浸多，官船至七百石，私船受米八百余囊，囊二石。"⑦由此可见，真州闸修筑完成后，

---

① 王检心修，刘文淇、张安保纂：《道光重修仪征县志》，江苏古籍出版社 1991 年版，第 127 页。
② 王检心修，刘文淇、张安保纂：《道光重修仪征县志》，江苏古籍出版社 1991 年版，第 126 页。
③ 胡宿：《真州水闸记》，《丛书集成初编》第 1889 册，中华书局 1985 年版，第 420 页。
④ 胡宿：《真州水闸记》，《丛书集成初编》第 1889 册，中华书局 1985 年版，第 420 页。
⑤ 胡宿：《真州水闸记》，《丛书集成初编》第 1889 册，中华书局 1985 年版，第 420 页。
⑥ 胡宿：《真州水闸记》，《丛书集成初编》第 1889 册，中华书局 1985 年版，第 420 页。
⑦ 沈括：《梦溪笔谈》，《四库全书》子部第 862 册，上海古籍出版社 1987 年版，第 777 页。

漕船的装载量是过去翻坝法的五倍，大大提高了航运效率。同时还节约了大量的夫役，"及成，漕舟果便，岁省堰卒十余万。乃诏发运司，他可为闸处，令规划以闻"①②。

以往的船闸会遇到每当闸门开启时走泄部分河水的问题，而真州复闸比一般的复闸更为独特的创造便是在闸旁修建了归水澳。归水澳分为上、下澳，上澳的水位通常高于闸室水位，用以补充运河水耗，下澳的水位通常相平或低于闸室水位，用于贮存开闸时泄出来的河水。下澳的水借助水车等提水工具提到上澳，实现水的循环利用。相比普通复闸，这种带有归水澳，称为"澳闸"的运河船闸更加先进。

真州闸在建造之初，限于当时的技术条件，采用的是土木结构，时间长了容易腐坏，漏水也比较严重，"木为之，阅岁久，日以朽腐……水潴于内，走泄弗留"③。为延长闸的使用寿命，从南宋开始就对闸进行石化改建，以期能延长闸的使用年限，"……而经营之，谓不如石之寿，乃凿他山之坚，悉更其旧"④。南宋嘉泰元年（1201），时任真州郡守张颢改真州木闸为石闸。改建后的石闸在质量上相比之前有了较大的提升，可防止浪蚀虫蛀，同时在构造上也有一些新的改进，如闸墩、翼墙与两岸紧密相连等。

（三）北宋淮扬运河五堰的"弃堰设闸"

真州闸的成功，使其成为后人学习的榜样，此后运河上的堰埭大部分被相继改建为闸，如运河五堰依次进行"弃堰设闸"的改建。

运河五堰指的是北宋时期由于大运河淮扬段运道严重缺水，因此在楚州至真州运段共设置了五座拦截蓄水以保持运河水位的堰埭，"建安至淮澨总五堰，则五堰在建安之北，淮澨之南"⑤。建安在今天的扬州仪征，淮澨是淮阴的故称。地方文献记载，大运河淮扬段上设置了龙舟堰、新兴堰、邵伯堰、

---

① 李焘：《续资治通鉴长编》卷一〇四，浙江书局清光绪七年刻本，第 27 页。
② 刘文淇：《扬州水道记》，广陵书社 2011 年版，第 37 页。
③ 刘文淇：《扬州水道记》，广陵书社 2011 年版，第 37 页。
④ 刘文淇：《扬州水道记》，广陵书社 2011 年版，第 25 页。
⑤ 刘文淇：《扬州水道记》，广陵书社 2011 年版，第 25 页。

茱萸堰和北神堰五堰来调节运河水位。

运河五堰保障了运河水位，使漕运能够正常运行，但漕船频繁过堰极费人力物力，船只损坏也十分严重，"运舟所至，十经上下""粮载烦于剥卸，民力疲于牵挽，官司舰舟由此速坏"①。为解决这一问题，北宋天禧二年（1018），江淮发运使贾宗一方面在真扬运河和瓜洲运河交汇处的扬子镇新开扬州新河，引江水入运，另外一方面废除龙舟、新兴和茱萸三堰，代之以水闸，避免了船只盘驳过坝之苦，每年可节省大量人力和财力。

随后，北神船闸、邵伯船闸也相继建成，这两座船闸和真州闸一样，也都是采用在原有的堰埭旁新开运道建复闸的方式，船只过闸较翻坝法事半功倍。邵伯埭原本已设有斗门，《太平寰宇记》记载"邵伯埭，有斗门"②，但原来的邵伯埭斗门只是一种功能跟堰埭类似的单闸。这次在邵伯埭旁新开运道设置的复闸，采用的是"三门两室"的多级船闸形式，这从元丰八年（1085）苏辙过邵伯闸，有"扁舟未遽解，坐待两闸平"③之语可以验证，这里的"两闸平"据推测是两个闸室中的水位相平。进一步认定邵伯闸是一座三门两室的二级船闸，可以再从熙宁年间日本高僧成寻前往五台山参佛所写的日记《参天台五台山记》中的描写进行证实，"至邵伯镇，止船……未时，开水门二所了。次开一门，出船了"④。由此可见，邵伯河段由于河道落差太大，需要开三次水门，即要通过两个闸室，才能保证舟船顺利通过。

北神闸、邵伯闸和真州闸都是采用在堰埭旁另开新引河建闸的方式，这种建闸方式不会影响平日的漕运，而且闸建成以后，并不是所有的船只都能采用过闸方式，普通民船还是只能采用翻坝方式，所以这段时期属于闸埭并用时期。

（四）北宋以京口闸为代表的澳闸系统

除了运河五堰，北宋中央政府利用当时先进的复闸船闸技术，还对运河

---

① 倪其心主编：《宋史·第三册》，《二十四史全译》，汉语大词典出版社2004年版，第1929页。
② 乐史：《太平寰宇记》，中华书局2008年版，第2447页。
③ 苏辙：《栾城集》，上海古籍出版社2009年版，第338页。
④ 成寻著，王丽萍校点：《新校参天台五台山记》，上海古籍出版社2009年版，第236页。

的其他堰埭进行了改造，如时任两浙转运判官曾孝蕴在绍圣年间（1094—1098）建议对瓜洲等堰进行复闸改造，"建言扬之瓜洲，润之京口，常之奔牛，易堰为闸，以便漕运、商贾。既成，公私便之"①。当时的瓜洲（今属扬州）、奔牛（今属常州）均属润州，即今天的镇江管辖。这些通江运口处原本都设置了堰埭或单闸，宋代纷纷改建为单级或多级复闸。

在这些复闸改造工程中，以镇江京口闸的改造最为典型，因为京口闸不仅进行了复闸改造，而且还改造成为复闸的高级形式——澳闸。澳闸是由水澳、复式船闸和建在船闸一侧的带有节制闸的水渠组成的系统，与真州闸等普通澳闸相比，京口澳闸系统功能更加全面。普通澳闸只能进行基本的循环，利用闸水辅助通航，而京口澳闸系统则兼具循环用水、引潮、避风、仓储、出纳、护仓等多种功能，是一项综合性枢纽工程。

宋代京口闸位于润州（今镇江市）境内、江南运河北端与长江交汇的运口处，与里运河入江口门瓜洲隔江相对，是大运河江南段的第一座运河水闸，堪称漕运咽喉。由于京口地形南北低、中间高，"郡境高邛，势巀嶪，若鳖伏水不可以潴，北泄于江而南注于毗陵"②，再加上时间、季节、水情等因素影响，运河和长江的水位存在较大的天然落差。历朝历代为了江南运河与长江的运口平顺衔接的通航问题，实施了京口埭（闸）等一系列水利工程措施，"重湖复堰，以备其涸。层闸联砒，以泄其溢"③，还利用江潮补充运河用水，"至丹阳而山水绝，则资京口所入江潮之水，水之盈涸视潮之大小，故里河每患浅涩云。丹徒丹阳一带河道原无水源，藉江为源"④。

京口闸作为长江与江南运河交汇处的第一座水闸，不仅要利用潮水引江水为运河提供水源补给，还要作为一座蓄水闸，"潮长则开闸以放舟，潮落则闭闸以积水"⑤，如此才能勉强保障江南运河全线运输畅通。但无论是依

---

① 脱脱：《宋史》，中华书局2000年版，第7032页。
② 镇江市史志办公室编：《嘉定镇江志》，江苏大学出版社2014年版，第62页。
③ 俞希鲁：《至顺镇江志》，江苏古籍出版社1990年版，第49页。
④ 潘季驯：《河防一览》，中国水利水电出版社2017年版，第121页。
⑤ 潘季驯：《河防一览》，中国水利水电出版社2017年版，第122页。

靠堰埭还是单闸的方式，都不能从根本上解决运河水源的问题，也就不能满足日益繁忙的漕运需要，急需一种更好的解决方案，最后京口闸澳闸系统出现了。

京口闸澳闸系统并不是一下子出现的，而是在实践中反复调整，最终才定型的，其经历了几个不同的阶段。

①从宋初至宋绍圣五年（1098）属于堰闸并行时期

早在东晋建武元年（317），镇江地区就设立了丁卯埭解决江南运河与长江交汇处水浅的问题，这是江南运河沿线较早设置的堰埭。唐开元二十二年（734）又在江南运河入江口设立了京口堰。北宋初期，京口运口承袭唐时京口堰形式，直到北宋淳化元年（990）才建闸，但京口堰并没有被废除。

北宋熙宁五年（1072），日本僧人成寻经运河至镇江，曾详细记录其过京口闸的行程："十一日，乙卯，天晴。申时，以牛十四头，左右各七，越堰。……十二日，丙辰，天晴。卯时，出船，出水门，过一里，出水门，向扬子江。"① 由此可见，北宋熙宁年间，从江南运河进入长江，需要在越过京口堰后，再经过两道水门，才能入江。因为两座水门相距一里，所以不是复闸的闸室，两座水门依然只是以蓄水保运为主要功能的单闸。直到宋绍圣年间（1094—1098），时任两浙转运判官曾孝蕴"建言扬之瓜洲，润之京口，常之奔牛，易堰为闸，以便漕运、商贾"②，京口堰才真正意义上改建成具有船闸功能的复闸。

总之，在宋绍圣五年（1098）之前京口入江运口可能是既有堰亦有闸，堰和闸之间并非取代关系，而是始终处于并行关系，这可能是因为该时期的水闸大多是木构。木构的水闸容易损坏，还不能独立承担船闸的功能。

②宋元符二年至咸淳五年（1099—1269）属于澳闸时期

绍圣年间（1094—1098），曾孝蕴奏请朝廷创建京口等地的澳闸系统，因为前面有北宋天圣四年（1026）真州澳闸创建的成功案例，朝廷同意创建

---

① 成寻著，王丽萍校点：《新校参天台五台山记》，上海古籍出版社2009年版，第223—229页。
② 脱脱：《宋史》，中华书局1977年版，第10235页。

京口等澳闸。宋元符二年（1099）镇江京口澳闸和常州奔牛澳闸相继建成，"润州京口、常州奔牛澳闸毕工"[①]。特别是京口运口，形成了集通航、蓄水、引水、引潮、避风等功能于一体的京口澳闸系统。

澳闸相比普通复闸的先进之处就在于其能够通过闸旁自带的水澳补充水源，"昔之为渠谋者，虑斗门之开而水走下也，则为积水、归水之澳以辅乎渠。积水在东，归水在北，皆有闸焉。渠满则闭，耗则启，以有余补不足，故渠常通流而无浅淤之患"[②]。这里的"斗门"指拦河而建的运河通航船闸，而"闸"则指水澳与闸室之间的节制水闸。水澳其实就是水柜的一种，明人谢肇淛对水柜原理有如此解释："流驶而不积则涸，故闭闸以须其盈，盈而启之，以次而进，漕乃可通。潦溢而不泄必溃，于是有减水闸，溢而减河以入湖，涸而放湖以入河。于是有水柜。柜者，蓄也，湖之别名也。"[③]水柜相比水澳是一个更宽泛的概念，泛指用于调节和控制水量的设施，包括但不限于蓄水池，还包括用于汇集和调节水量的各种设施。水澳有"积水澳"和"归水澳"两种类型，水位高于或平于闸室高水位的称为"积水澳"，它的作用是补充船只过闸时消耗的水量，以保持闸室中的水位；水位平于或低于闸室的低水位则为"归水澳"，它的作用是回收船只过闸时的下泄水量。有的澳闸系统只有"归水澳"，它是把"归水澳"通过坝分为上澳和下澳，下澳的水可以通过提水工具把水提升到上澳，其作用类似"积水澳"和"归水澳"。积水澳中的水源主要来自三个方面：蓄积于高处的塘水或雨水地表径流；临江处的澳可以在潮涨时引蓄潮水；通过水车等方式将归水澳中的水提升至积水澳中重复使用。普通复闸每开启一次闸门过船就需要消耗一闸室的水，而有了水澳就可以使大部分闸水得以重复利用。

京口澳闸系统也不是一成不变的，根据其变化情况，可分为宋元符二年至嘉定七年（1099—1214）的"五闸二澳"和宋嘉定八年至咸淳五年（1215—

[①] 脱脱：《宋史》，中华书局1977年版，第2383页。
[②] 张国维：《吴中水利全书》，《四库全书》史部第五七八册，上海古籍出版社1987年版，第899页。
[③] 谢肇淛：《北河纪》，《四库全书》史部第五七六册，上海古籍出版社1987年版，第621页。

1269）的"六闸一澳"两个阶段。

"五闸二澳"阶段的京口澳闸系统由京口闸、腰闸、下闸、中闸、上闸五闸以及闸旁的积水、归水两澳组成。（如图5）"首曰京口闸，次曰腰闸，又其次曰下中上三闸"[①]，其中的京口闸为首闸，距长江一里远，由于位于江口，所以是一座引（挡）潮闸。京口五闸之间的河道总长约1250米，这是宋代运河同类型设施中最长的闸河。五闸之间形成了四个长度不一、各具功能的闸室，如京口闸与腰闸之间长约360米的第一闸室是引潮段，是作为候潮北渡长江或南行船只的停泊等候区。由于船只停泊量比较大，较长的闸室能充分满足船舶停泊的实际需要。腰闸与下闸之间是长约500米、宽约30米的第二闸室，这也是船只等候和停泊区，容量更大，是等待潮水入江的船只的安全避风塘。第一闸室和第二闸室长度都比较长，主要是应对江南运河通航船只数量多、适航时间短等问题，以提高通航效率。第一闸室和第二闸室只是等待区，并不是和其他两个闸室形成四级船闸，而只有间距约为120米，宽度约90米的下、中、上三闸两室，才构成二级复闸。

下、中、上三闸是整个京口澳闸体系的核心，其间的河道宽度是其他漕

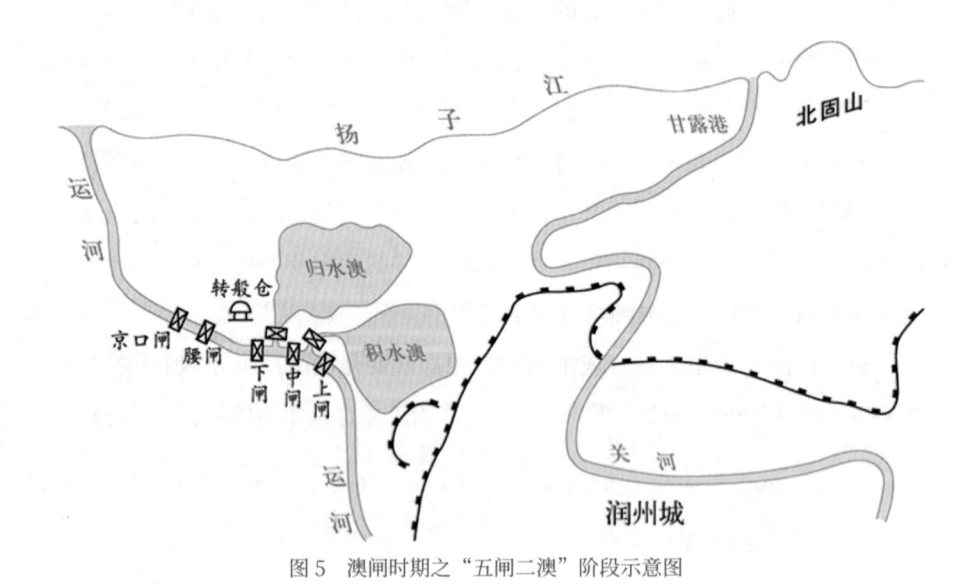

图5 澳闸时期之"五闸二澳"阶段示意图

---

① 俞希鲁：《至顺镇江志》，江苏古籍出版社1990年版，第51页。

渠河段宽度的近三倍，可以容纳更多的船只，以满足当时附近转般仓出纳粮米的需要。下闸与中闸之间的第三闸室与归水澳相通，中闸与上闸之间的第四闸室与积水澳相通，两座水澳与闸室相通处均建有节制闸。澳的四周建有堤防，是澳的拦蓄水设施，通过它可以扩大澳的蓄水容积，并提高自流供水的势能。澳的布置充分利用了润州城西侧洼地的地形，形成"积水在东，归水在北"[①]两座水澳。"积水"是上澳，利用润州城西侧由东向西自然下倾的地势，接收地表径流，其高程高于运河，可居高临下地向运河自流供水。"归水"是下澳，充分利用了濒江隙地形成的港湾，在水量充足时可以向闸室补水，同时可回收第三闸室启闭时走泄的水。

"五闸二澳"阶段的京口澳闸系统是按照如下的流程运行的：京口闸与腰闸之间的运河河道是第一闸室，船只由长江入运河时，需要等候江潮，等闸外江水与闸内运河水接近时，开京口闸，同时闭腰闸，船只进入第一闸室。腰闸与下闸之间的运河河道为第二闸室，关闭京口闸和下闸，打开腰闸，等第一闸室与第二闸室水位接近时，船只进入第二闸室。下闸与中闸之间的运河河道是第三闸室。关闭腰闸和中闸，打开归水澳上的节制闸，让第三闸室中的闸水流入归水澳以节约运河水量。等第二闸室与第三闸室水位接近时，打开下闸，船只进入第三闸室，并等待继续向中闸与上闸之间的第四闸室攀升。关闭下闸，打开中闸，待第三闸室与第四闸室水位持平后，船只进入第四闸室。再关闭中闸和上闸，打开积水澳上的节制闸，由积水澳给第四闸室补充水源。待第四闸室水位与入城运河水位持平后，打开上闸，船只进入漕河，一路往南，同时闭上闸。

两宋转换之际，京口澳闸系统由于疏于管理，运口淤塞，无法正常使用，船只只能改由京口下游的江阴五泻堰出入，过江航程由此延长，风险增加。南宋嘉定八年（1215），时任镇江知府的史弥坚对京口澳闸系统进行修复。整治后的京口澳闸系统由京口闸、中闸、上闸、下闸与甘露港上、下闸，以及一个归水澳共同组成了"六闸一澳"的引潮济运系统（如图6）。整治工程完工后，"巨防屹立，海潮登应，则次第启闭，出纳浮江之舟，拍岸洪流，

[①] 镇江市史志办公室编：《嘉定镇江志》，江苏大学出版社2014年版，第62页。

畅无留碍，扬枻维楫，舟人欢呼"[①]。

在"六闸一澳"系统中，舍弃了原来的腰闸，同时在甘露港增加了甘露港上闸和甘露港下闸两座水闸。甘露港上闸是内闸，采用木构，后来被改建为登仙桥。甘露港下闸是外闸，采用石构。二闸间也设置了一个名为"秋月潭"的新积水澳。原来的积水、归水两澳已经合并为一个水澳。甘露港、水澳和京口闸之间有渠道相通，自甘露港引来的长江潮水通过引潮沟进入水澳，再给中闸和上闸之间的闸室补充水源。甘露港工程体系的设置，使京口四级船闸可以源源不断地获得水源补充，也就不再需要单独设置一个归水澳回收闸水，所以也就只需要一个积水澳了。

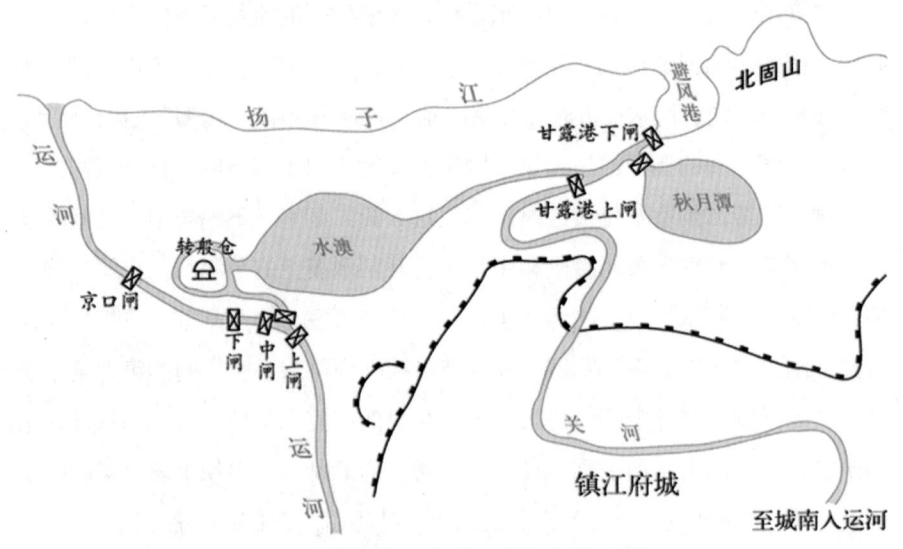

图6　闸澳时期之"六闸一澳"阶段示意图

同时，甘露港上、下两闸的建成，使得京口澳闸体系形成两个通江航运口门。随着京口港通江主航道的变化，早期以京口口门为主、甘露口门为辅的通航格局，逐渐发展成为两个口门并重，至后期逐渐形成重载漕船由京口口门出江，而轻载船只从甘露口门入运的功能分布格局，通航能力得到很大提升。

总之，宋代京口澳闸系统已经是一种最高级形式的复闸系统，它由节制

---

① 俞希鲁：《至顺镇江志》，江苏古籍出版社1990年版，第51页。

水闸组、供水的澳、连通澳与运河的渠道和节制闸等设施组成，能充分利用京口运口段的地形地势设置水澳，通过引潮、地表径流和运河水回收实现运河水的循环使用，并以多级船闸形式协同管理闸门的启闭，通过科学协调和严密组织，最大限度地提高通航效率，发挥澳闸系统的综合效能，这在当时是具有世界领先水平的船闸设计和管理。

③宋咸淳六年（1270）后属于闸坝同置时期

南宋末年，由于京口澳闸系统中的归水澳长期没有得到疏浚，逐渐堙废，已经失去给运河补水的功能。南宋咸淳六年（1270），时任淮东总领兼知镇江府的赵溍在京口和甘露两个运口重新增设二坝，"上坝则自甘露港车江船入漕渠，下坝则车漕渠之舟出京口港"[①]，此后上、下坝与原有的水闸共同组成保运和通航系统，又进入闸坝同置时期。

实际上，临江运口到底是用闸还是用坝更加合理，并没有定论，直到明代总河万恭才总结出了用闸还是用坝的原则，即根据江河消长的水情作为判断依据，"如江河消则启板以通舟，悉令由闸，使商者省盘剥之艰；如江河长则闭板以障流，悉令由坝，使居者得挑盘之利"[②]，这样能够较好地适应变化的水情。

京口澳闸系统从元符二年至咸淳五年（1099—1269）大致存续170年，其间因运道淤浅、运口转江阴、战争等问题，运行时间在160年左右，这在所有澳闸系统中，运行时间是比较长的。进入元代，由于镇江江岸淤塞，京口澳闸被淤埋，只能依靠江口原有的三座坝埭，靠从长江车水入运河引出漕船。天历二年（1329）镇江府达鲁花赤从长江开挖引河，并拆去土埭复建京口闸，此时距离元朝灭南宋已经50年。

2012年，镇江博物馆、南京博物院考古发现京口闸遗址。通过京口闸的考古发现，可以管窥宋代通航水闸的建造技术和特征。京口闸东侧下雁翅结构是北宋闸体遗址，是一种中间夯土的夹板墙，包括板墙、木桩、木方和夯土四部分，其墙体的主要支撑为两排板墙。两排板墙均由宽0.3米、厚

---

① 俞希鲁：《至顺镇江志》，江苏古籍出版社1990年版，第49页。
② 万恭：《治水筌蹄》，《四库全书》史部第582册，上海古籍出版社1987年版，第33页。

0.05～0.1米的木板横向叠加而成，北侧板墙高于南侧，二者南北相距0.75米。板墙用直径0.2～0.25米的木桩和宽0.35米、厚0.3米的木方加以固定，其中每排板墙的南侧都有一排交错排列的木桩紧紧贴附其上，并用方形铁钉铆合固定，木方上都凿有长方形孔，以便打入地丁加固。板墙与木方铆合形成的空间内是夯土墙，厚度在0.85～3.75米，共分五层，其做法是将不同质地的土放入两排板墙中逐层夯筑。①

京口闸的考古发现与元人沙克什《河防通议》的记载基本一致，《河防通议》上记载的北宋时期建造一座木构水闸需要的物料包括"厢板八十片，掰土板八十片，底板四十片，四摆手板六十片，以上计二百六十片"，以及"梁头锹五十二道""钉梁头三寸丁三百一十二个""起板钩索三十二条"等各种木质和铁质材料。②

京口闸遗址的考古发掘可以发现宋代水闸建造技术存在的问题和进步之处。首先，两宋时期是水闸主要物料由木质变为石质的重要转换时期。由于石材的重量要远大于木材，单靠自然基础很难承受石质水闸自重，因此，水闸材质由木到石转换的重要前提是解决水闸的基础问题。水闸的基础问题有两种方式可以解决：一是靠选址时对于闸址土质的判断，二是通过密植地丁来予以加固。实际修建过程中，主要采用第二种方式。从现有的包括京口闸遗址在内的多座北宋时期水闸建造考古资料和地方文献记载来看，北宋时期已经注意到了水闸的基础问题，并采用密植地丁的方式试图解决这个问题，但似乎并没有完全解决这一问题。如按照《河防通议》所记载，建造一座水闸采用"地丁五十八条，各长六尺，径六寸"③来推测，这样的基础支撑一座木闸似乎可以，但要支撑石闸是远远不够的。

其次是闸墙砌筑的黏合剂有了质的飞跃。从京口闸遗址等宋代水闸的考

---

① 镇江博物馆编：《镇江京口闸遗址》，江苏大学出版社2015年版，第22—24页。
② 沙克什：《河防通议》卷上《料例第三》，《丛书集成初编》第1486册，中华书局1985年版，第11页。
③ 沙克什：《河防通议》卷上《料例第三》，《丛书集成初编》第一四八六册，中华书局1985年版，第11页。

古发掘记录可以发现宋代尤其是南宋时期所用黏合剂的发展顺序：从五代至北宋初期的泥浆，到北宋时期的糯米汁砂浆，到南宋时期的石灰膏或掺加糯米汁的石灰膏。随着黏合剂的配比技术水平越来越高，黏合效果也相应地越来越好[①]。

最后，京口闸不仅建闸技术获得了提升，而且它还配备了水澳，成为当时运河体系最复杂、功能最全面、技术与管理运行难度最高的水运工程。

总之，以西河闸的创建为序幕，两宋时期的运河掀起了改堰埭为单闸、复闸再到澳闸的高潮，至徽宗重和元年（1118），仅扬州至淮阴和淮阴到泗州的江苏长江以北的运河上，就设有水闸79座，"真扬楚泗、高邮运河堤岸，旧有斗门水闸等七十九座"[②]，其中除了少量引水闸和泄水闸，大部分的都是各类船闸，千里运道形成船闸层层节制的局面。同时，与澳闸系统同步提升的是两宋时期水闸的建造技术，包括基础建造技术和砖石黏合技术的提升，为以后水闸实现大规模的以石易木打下了良好的技术基础。

图7　镇江京口闸遗址今貌

[①] 官士刚：《宋代运河水闸的考古学观察》，《运河学研究》，2019年第1期，第112—131页。
[②] 托克托：《宋史》，吉林出版集团2005年版，第1505页。

二、宋元时期农田治水闸

宋代是江苏农田水利进一步发展的重要时期。北宋末年的宋室南渡，促使江苏地区无论是低洼区的圩田与河网、山丘区的梯田与塘坝，还是滨江濒湖地区的围湖垦田与挡潮蓄淡等水利工程，都在原有基础上取得了长足的发展，农田水利建设的"南盛北衰"态势更加明显。

（一）太湖等地区的圩田水闸

江苏地区利用滨江濒湖淤滩进行筑堤围垦开发起源很早，但圩田这个名词到宋代才见于文献。北宋范仲淹对江南圩田有过详细的描述："江南旧有圩田，每一圩方数十里，如大城。中有河渠，外有门闸。旱则开闸，引江水之利，涝则闭闸，拒江水之害。旱涝不及，为农美利。"[①]由此可见，江南地区的圩田就是一种在低湿滩地筑堤作围，利用水闸实现"内以围田，外以围水"的水利农田。这种水利农田被堤岸所包围，"堤河两涯，田其中"，称为"圩田"，因为"河高而田在水下，沿堤通斗门，每门疏港以溉田"[②]，所以江南农田不用担心水患而多丰收。

江苏的圩田，经过六朝以来的持续开拓，到五代末已有相当的基础，但进一步的发展，则是从北宋末年开始，尤其是在南宋时期。宋室南渡以后，中央朝廷更加依赖苏湖常秀几个郡所产的稻米。为了培植和扩大东南财赋基地，南宋政府特别重视和倡导江浙地区圩田水利的开发，因此大力推动江南圩田的开辟。这些圩田虽然规模上从数里到数十里大小不等，但具体的形式是基本一样的，即圩田的外围是宽广的河道，内部被纵横交错的小河渠分割成更小的田块，这些小河渠相互连通，通向圩外的大河道，大河道再连接大江大湖，小河渠与大河道、大河道与大江大湖的交汇处都建斗门涵闸控制排灌。旱时可以开闸，从大江大湖大河引水入小河渠灌溉农田，涝时可以关闭闸门，让洪水直接排入大海。

南宋时期，江苏圩田水闸建设主要是江南东路和浙江西路两个区域内的圩区水闸建设。南宋时期的江南东路包含今江苏溧水、高淳和安徽宣城、芜

[①] 徐松：《宋会要辑稿》食货八，中华书局 2014 年版，第 6153 页。
[②] 马端临：《文献通考》卷六《田赋考六》，中华书局 2011 年版，第 147 页。

湖一带在内的广大区域，当时属于古丹阳圩区。由于这个地区洪枯水位差很大，通常在四五米以上，当地圩区民众采用在圩堤上设置斗门涵闸等方式，以解决围垦后出现的洪潦问题。斗门涵闸作为沟通圩内外河网、控制排灌的重要水利设施，在当时的每座圩围上都设置了若干，如当时位于丹阳与固城两湖间的南京高淳永丰圩就建有4座重要斗门。当圩内积水过多，而外河水位低于圩内水位时，可打开斗门向外河自流排泄积水。圩内分级隔堤上也同样设置斗门，以调节高低片的沟河水位，有利于圩田排灌。当时不少圩都设有高、中、低三级砖石结构的斗门涵闸，基本实现了高低分开、内外分开和分级分区控制，可以根据需要灵活调节农田用水。

宋代的浙江西路包含今江苏行政区域内除溧阳以外的太湖周边区域，北临长江、东边缘海，土地平整、湖荡散布，是著名的江南水乡地区。经过历代开发，至宋代时，已经形成了位位相承的塘浦圩田制，但在北宋时期，以塘浦四界、位位相承的大圩古制逐渐趋于解体，演化为犬牙交错的零散小圩，造成圩系混乱、堤岸卑薄、河网无系统的局面，导致整个北宋中后期，浙西圩田都发展缓慢，圩区水利面貌改变不大。随着北宋末年北人南迁，人多地少的矛盾推动浙西地区的圩田开发迅速向纵深腹地推进。以当时的苏州地区为例，发展到元初，苏州所属吴县、长洲、常熟、昆山等州县已有8829座圩围，形成了"围田相望，皆千百亩陂塘溇渎"[1]的盛况。然而围垦的无计划性导致圩区的水利缺乏整体治理，因此洪涝矛盾十分突出。宋元两代许多有识之士针对如何解决浙西圩区水利问题展开调查研究，提出不少颇有价值的治理规划，其中最有代表性的是范仲淹、单锷、郏亶和郏侨等人提出的治理方案。

范仲淹在北宋景祐元年（1034）担任苏州知州时，曾主持兴修浙西水利。他在《条陈江南浙西水利》和《上吕相公并呈中丞咨目》中阐述了治理浙西圩区水利的方略。范仲淹认为："浙西地卑，常苦水沴。虽有沟河可以通海，惟时开导，则潮泥不得而堙之；虽有堤塘可以御患，惟时修固，则无摧坏。"[2]

---

[1] 徐松：《宋会要辑稿》食货八，上海古籍出版社2014年版，第5942页。
[2] 徐松：《宋会要辑稿》食货八，上海古籍出版社2014年版，第6153页。

因此，他主张采用浚河排水、筑圩防洪的方法，疏导通江出海港浦，并提出在排水诸港上设闸，通过水闸的启闭以控制蓄泄，同时提出按照江东地区的大圩之制修筑圩岸。后人将范仲淹的农田水利建设主张归纳为"开治港浦、置闸启闭和筑圩裹田"[①]，这三项措施互相为表里，时至今日仍然适用于江苏环太湖地区。

宋熙宁三年（1070），江苏太仓人郏亶在调查研究的基础上，先后写成《苏州治水六得六失》和《治田利害七论》两文，认为浙西地区的地形由于周缘高平、中部低洼，需要进行高低分治，即高岗圩田区需要深浚塘浦、蓄水灌田，而低洼圩田区则需要高筑圩岸、逼水出海。高低圩田区的分界处设置涵闸，以控制高地径流泄入低田区。郏亶将当时圩区水患严重问题的原因，归结于塘浦圩田古制的隳坏。因此，他提出恢复塘浦圩田古制，通过深浚塘浦和厚筑圩岸，在增强圩田防御洪涝能力的同时，逼使圩区洪水通过纵浦横塘辗转出海，实现"塘浦深阔，水流通畅，而圩岸高厚，大水不能入于民田"。

宋元祐三年（1088），无锡宜兴人单锷针对太湖地区的水利问题，在《吴中水利书》一书中，也提出了较完整的太湖地区治水规划。单锷认为，造成太湖圩区洪涝弥漫的原因主要是两个：一是胥溪五堰的废坏，增加了太湖地区的来水量；二是吴江长堤的修筑，导致太湖向东排水不畅，低洼圩区洪涝弥漫。因此，单锷认为太湖圩区水利的治理，应该致力于解决吐纳矛盾，即一方面要减少太湖上游来水量，另外一方面要扩大排水出路，疏导地区积涝。要保持圩区水量收、支、蓄三者关系的平衡，同样离不开水闸这种能够节制水量的重要水利设施。

郏亶之子郏侨吸收了郏亶和单锷治水思想的合理之处，提出了综合治理的方略。郏侨认为太湖圩区的治理应将治水和治田紧密结合，同时施行才能奏效。他提出一方面要将太湖西北和西部的来水导入长江，同时将太湖东南苕溪水系的部分来水导入钱塘江直接出海，另外一方面重新改建吴江塘路，将部分塘堤改建为木桥梁或涵洞，以畅通太湖出水通道。同时浚治吴淞江，巩固两岸堤防，并建闸挡潮泄洪，使太湖洪水由吴淞江入海。通过以上治水

[①] 龚明之：《中吴纪闻》，上海古籍出版社1986年版，第15—16页。

措施，才能保证在太湖腹里低洼地区建设水网圩田。相比之下，郏侨的治水包括防洪、排水、围垦、置闸、治田等各个方面，规划比较全面。

总之，从以上几位代表性人物的圩区水利治理方案中可以看出，水闸是农田治水方案中一个不可缺少的重要水利设施，事实上也确实如此。江苏滨江濒湖的圩区中分布着大量的水闸，控制着塘浦圩田的水流环境，这是江苏农田水利不可或缺的一个环节。可以说，置闸道理在当时早已深入江苏民间，"虽三尺之童皆知其然，但浚河港必深阔，筑圩岸必高厚，置闸窦必多广"[①]。

（二）滨江濒湖地区的挡潮拒沙闸

太湖地区一条长达百里的纵浦，通常会在与吴淞江或长江的感潮地带交汇的位置安装一个大闸。这种大闸与一般的小型圩田水闸不同，圩田水闸只对一座圩产生影响，而这种大闸不但控制着整条塘浦的感潮，而且对塘浦两岸圩田的用水也起着决定作用。这种挡潮拒沙大闸并不会像京口闸这种处于航运主干道上的挡潮闸一样需要反复开启，而是根据需要才进行启闭。

自古以来，滨江濒湖地区的江苏古代民众就是通过设置闸坝来控制潮水，"潮来则闭闸以澄江，潮退则启闸以泄水"[②]。"自吴江县松江而东至于海，又沿海而北至于扬子江，又沿江而西至于常州江阴界。一河一浦，皆有堰闸。所以贼水不入，久无患害。"[③]有的通江河浦用传统的坝堰，有的则是用闸门阻挡外水进入。坝堰虽然也有挡水防潮的功能，但不能像闸那样开启或关闭。

至于哪些河道设闸，哪些河道设堰，当时的水利专家认为："其小港不通舟楫，则筑为坝堰，穿为斗门，蓄泄启闭，亦如之。"[④]由此可见，设闸还是设堰实际上并没有定规，主要还是看需要，如果是需要通航的主干塘浦，

---

① 任仁发：《水利集》卷二《水利问答》，《四库全书存目丛书》第221册，齐鲁书社1996年版，第82页。

② 王圻．《东吴水利考》卷二，《四库全书存目丛书》第222册，齐鲁书社1996年版，第49页。

③ 范成大：《吴郡志》卷一九《水利上》，江苏古籍出版社1999年版，第284页。

④ 方岳贡，等：《松江府志》卷一七《水利中》，《上海府县旧志丛书·松江府卷》，上海古籍出版社2012年版，第355页。

一般都会设置大闸，通常建筑成本较大。如果河道较窄且不通船只，通常就会筑坝设堰，这样建设成本较小。相应地，其管理也是"大的闸由国家力量介入管理，小的坝堰是民间管理"①。

此外，由于江潮或海潮中携带大量泥沙，这些通江达海的塘浦会被日积月累的潮沙淤塞。特别是海潮，江苏当地有"海水一潮，其泥一箸"的谚语。为了挡潮拒沙，这些沿江沿海的塘浦上不仅均要设置堰闸，"凡河浦入海之地，皆宜置闸"②，而且每年春天枯水季需要派人疏浚闸口外淤积的泥沙，"每春理其闸外"，以保证挡潮闸不被淤沙湮埋，发挥正常功能，实现旱季"扃之，注水灌田，可救槁涸之灾"，雨季"潦水则启之，疏积水之患"③。

三、宋元时期城市水关闸

除了上述运河上的水闸，另外一种兼具城市防御功能的水闸类型在江苏各城市的城防遗址考古中被陆续发现，似乎是宋元时期江苏城防建设的标配。宋代经济重心南移，大量的南北运输需要依靠运河等水路运输。由于运河大部分需要穿城而过，因此有了兼具城防功能的城市水关闸。

由于宋代的城防设施大多采用坚固的石材建造，所以能够有大量的城防水门遗址遗存至今。目前为止，考古发现的宋代水门有 1978 年发掘的宋代苏州齐门水门遗址④、2003 年发掘的扬州宋大城南宋至元代北门水门遗址⑤、2008 年发掘的仪征南宋至清代真州城东门水门遗址⑥、2009 年发掘的泰州后周和宋代古城南水关遗址⑦等。

---

① 王建革：《吴淞江流域的坝堰生态与乡村社会（10—16 世纪）》，《社会科学》，2009 年第 9 期，第 124—135、191 页。
② 徐光启：《农政全书》，上海古籍出版社 2020 年版，第 283 页。
③ 徐光启：《农政全书》，上海古籍出版社 2020 年版，第 262 页。
④ 丁金龙，米伟峰：《苏州发现齐门古水门基础》，《文物》，1983 年第 5 期，第 55—59 页。
⑤ 汪勃，等：《江苏扬州宋大城北门水门遗址发掘简报》，《考古》，2005 年第 12 期，第 24—40、97、100—101、103、2 页。
⑥ 印志华，等：《江苏仪征真州城东门水门遗址考古发掘简报》，《东南文化》，2013 年第 4 期，第 42—52、127—128 页。
⑦ 杭涛，等：《江苏泰州城南水关遗址发掘简报》，《东南文化》，2014 年第 1 期，第 43—52 页。

在这些水关遗址中，均发现设置了城防水关闸，有些还与运河有直接或间接的关系。这种兼具城市防御功能的城市水关闸其实就是带有闸门的"水门"，它是古代一种在城墙上砌置一道横跨河道的石拱券门洞，使城墙能跨河道而过，并带有闸门的水路城防设施。这种带有闸门的水门不仅具备汛期防洪蓄泄和水路航运的常规功能，同时还兼具战时守城防御的军事功能。这些水关遗址中的水关闸遗存，是考察宋元时期城市水闸的建造技术和建造特征的重要实物佐证。

（一）南宋扬州宋大城北门水门遗址

扬州宋大城是南宋至元代时期的扬州城北门水门遗址，它是扬州宋大城四座城门中唯一发现有水陆并行设施的城门，其附属的水关闸是宋代江苏典型的城防水关闸。扬州宋大城北门水门遗址所处的位置，是扬州五代"周小城"和宋代"宋大城"的北城墙跨越玉带河的地方[①]。玉带河在唐代被称为"官河"，宋时又称"漕河"，是大运河穿越扬州城的一段河道，南北向通过北门和南门的西侧纵贯宋大城，因此在南、北两门均有水门设施。其中宋大城北门始建于五代时期，北宋时期加筑了瓮城，南宋时期扩建加固瓮城的同时修建了水门，并一直沿用到元末。宋大城北门水门同样是一种既可以通水行船、又可以加强水路防御的跨河道砖石结构拱券式城墙门道设施，是一种城市水关闸。

扬州宋大城北门水门的上半部在明代基本已被破坏，现存的主要是基础遗址部分，主要包含东西两石壁和东壁滑槽、门道北段、北部东西两摆手、护岸木桩、地丁和木板等。北门水门是在城墙临河的两侧使用经过加工的长 1~1.2 米或 1.5~2 米、宽约 0.7 米、厚 0.15~0.2 米石条逐层错缝垒砌东西两边石壁。石条之间用大量掺加糯米汁的石灰膏黏合，从而形成一个坚固的整体。两侧石壁各宽约 2.4 米，石壁之间即为宽约 7.1 米的水门门洞，比发现的宋大城陆路城门还要大，足见当时漕运的繁忙。

北门水门东侧石壁上有一条竖向的、平面呈方形的滑槽，其底部开口在底层石条之上。滑槽有的是将一块石条的角凿成"⌐"形再和另一块相同处

[①] 汪勃，等：《江苏扬州宋大城北门水门遗址发掘简报》，《考古》，2005 年第 12 期，第 24—40、97、100—101、103、2 页。

理的"⌐"形石条拼接成"⊓"形缺口,有的是直接在整块的石条临水面凿出"⊓"形的缺口。滑槽是用于放置上下可升降的闸门,其结构跟其他类型的闸门结构基本一致。

北门水门出门洞后两壁呈"八"字形的结构称为"摆手",其砌法与水门门洞处石壁相同,均由石条垒砌而成,石条之间用白灰膏黏合。西侧摆手仅残存南北长约6.5米、高约1.06米的6层砌石,东侧摆手残存长度为11米、高2.1米的12层砌石。水门在门洞部分的方向角约为5度,北段东侧摆手向东、西侧摆手向西,形成倒"八"字形。在边壁之间,还有东侧5列、西侧4列共9列的木立桩,分布在水门门洞中靠近边壁1.5～2米范围内。木桩大小不均,直径大部分在15～20厘米,木桩间隔一般约40厘米。这种木立桩就是《营造法式》中所记载的"地丁",用于加固地基,防止河水冲刷和河床土流失造成闸墙坍塌。木桩顶部平整,大致都在同一水平面上,桩顶铺设一层20厘米厚、夹杂大量碎瓦砾的青灰色填垫层,再往上就是水门的垒砌石壁。此外还在紧贴砌石临河道侧打入护岸木桩,在护岸木桩靠河道中央侧则打入两列地丁,在地丁外侧再加入南北向竖立木板,同时在木板外侧再打入地丁以固定木板。此外还在地丁间填充混合了糯米汁的铺垫层,在护岸木桩和地丁之间还打入了攃石。这些防护措施都是为了防止进出水门的船只对水门的直接撞击。

(二)南宋真州城东门水门遗址

宋代真州(今扬州仪征)城东门水门遗址位于扬州仪征市东南隅的古运河与城墙交会处,是当时用于城墙下船只通行以及河道防御的设施[1]。真州城处于运河入江口,东晋永和年间(345—356),由于长江岸线南移,导致邗沟水源枯竭和入江口门淤断,于是开挖了欧阳埭,将邗沟的入江口门西延,从真州引江水入运,并开河30千米,连接广陵城与邗沟,从此真州即仪征成为江淮运口,这段运河就是今天的"仪扬运河",史称"仪真运河"。真州城东门水门所跨越的河道就是仪扬运河在宋代的通江运道,当时真州城东

---

[1] 印志华,等:《江苏仪征真州城东门水门遗址考古发掘简报》,《东南文化》,2013年第4期,第42—52、127—128页。

门水门处于运河与城墙的交会处，沿运河往来的商旅船舶在此处停泊进城，运道繁忙，可以说真州城东门水门是宋代真州城因运河而兴衰的重要见证。

南宋宝庆元年（1225），当时正值宋金交战之时，真州正好处于双方交战区域，城外的真州复闸等运河水利设施屡遭破坏。为了保护运河沿线设施，便在北宋真州城东门与西门的基础上加修东、西翼城，同时在东翼城上建东门水门，把真州复闸这一重要水利设施保护在真州城内，保障了漕运的通行安全①。

现代考古发掘确定了真州城东门水门遗址的始建年代为南宋，其基础建筑结构与宋代《营造法式》卷三"卷辇水窗"的做法基本一致②。在水门遗址中部现还存有一道宽2.2米、高2米的石闸，是1950年水门被毁后改建而成，沿用至今。

根据东门水门遗址的考古发掘报告来看，该水门遗址平面呈"〕〔"形，东西走向，全长17.5米，东侧出水口宽12.5米，西侧入水口宽11.5米。水门遗址的南北两侧是采用经过加工的长0.8－1米、宽0.6米、厚0.25米的石条，灌注糯米汁石灰膏错缝垒砌成长13.4米、宽2.2米、高3.8米共15层的石壁。北侧石壁之下的基础是40余根直径12～15厘米的残存木桩，木桩顶部平整，其上铺设的是一层厚约5厘米的夹杂大量碎瓦砾的青灰色填垫层。石壁之上是采用长39厘米、宽18厘米、厚6厘米的砌砖，用白灰膏黏合的方式，砌成四个残高63厘米、宽约50～75厘米的平台。

东门水门南北两侧石壁相距7.7米，石壁用残高1.4～2米、宽0.35～0.4米、间距0.3～0.5米的木护板保护。木护板下距底石0.4米处还有若干直径20～25厘米的粗大梁木横亘石壁内侧。南北两侧石壁上各有一条相对的垂直滑槽，滑槽高约3.8米，平面呈0.24×0.21米的长方形，是用"┌"和"┐"形的石条拼合而成，用于安放可升降的闸门，滑槽下部还嵌入了一根高1.78米的木枋。

东门水门两侧石壁之间就是水门门洞，其券顶采用35×16.5×5厘米或

---

① 仪征市市志编纂委员会：《仪征市志》，江苏科学技术出版社1994年版，第384页。
② 李诫：《营造法式》卷三《卷辇水窗》，商务印书馆1954年版，第66页。

者 39×18.5×6 厘米的青砖砌成，青砖之间使用白灰膏黏合。门洞地面采用 120×60×25 厘米的石板平铺而成，石板接缝处采用糯米汁灰浆黏合。水门出水口处有一路青石板竖铺，其外侧铺设了一块 1170×15×19 厘米的木枋，枋下是密集的木桩形成的板墙。石壁四角还有高木桩，以防止船只进出时碰撞水门石壁。

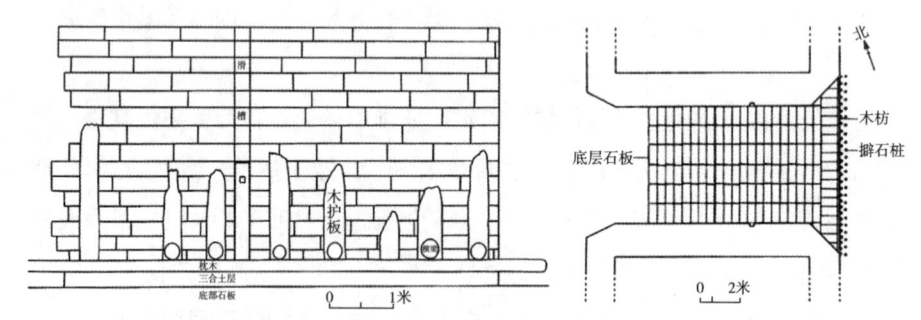

图 8　南宋真州城东门水门遗址北壁东侧立面图和门道底层平面图

真州城东门水门两侧的摆手形制相同，都呈"八"字形，其砌法与两侧石壁相同，也是由条石垒砌而成。摆手之上同样用 30×10×5 厘米的青砖错缝砌置，砖缝用白灰膏黏合，在摆手外端还有石砌驳岸。

总之，同为南宋时期修建的城市水门，真州东门水门与扬州宋大城北门水门在建筑工艺上基本相同，其门道甚至比扬州宋大城北门水门门道还略宽。值得一提的是，真州东门水门南北两侧石壁上的木护板、梁木及枕木的构造，不属于宋代《营造法式》中的标准构件，应是为保护水门石壁而特地修建的。由此可见，仪征东门水门在当时"转运半天下"的繁忙景象。

（三）南宋苏州齐门水门遗址

宋代苏州齐门水门遗址是典型的宋代江苏江南城市城防水闸。苏州城始建于周敬王六年（前 514），伍子胥受吴王阖闾之命建阖闾大城，当时城的规模为"周围四十七里"，有"陆门八"和"水门八"[1]。到唐代时，从唐代诗人白居易的诗句"七堰八门六十坊"[2]可以了解到，这些陆门和水门基

---

[1] 赵晔：《吴越春秋》卷四，江苏古籍出版社 1986 年版，第 25 页。
[2] 白居易：《白居易集》，岳麓书社 1992 年版，第 773 页。

本还存在。宋初，巫门、蛇门、胥门相继被废，仅剩阊、齐、娄、葑、盘五门五堰。这里的堰指的就是水城门，设堰的目的是防止城外暴水流入城里，因为苏州城位居太湖的下游，地势低洼。宋代，苏州改称"平江"，就是因为其"地势低下，与江水平"，但苏州"虽名泽国，而城中未尝有垫溺荡析之患"[①]，正是依靠水城门等重要水工建筑设施。苏州水城门不仅有堰，还设置了以防御为目的的水闸，如保存至今的盘门水门设有二重"闸槽"，上有牵吊闸门的"吊栏石"。同时为防止敌人从水闸下潜入城中，苏州城水门通常会以圆木为基础铺在河底，下压生土层，上承石闸，这样敌人就无法从闸下潜水入城了。

由于苏州城在两宋转换之际曾遭到战争的严重破坏，城门等各类建筑几乎没有完整的，因此在南宋淳熙中（1174—1189），苏州城大规模重建，各种水陆城门也在同一时期获得修建，其中齐门是苏州城北偏东的一个门，采用水陆两衢形式。宋代苏州城内河道成网，形成"三横四直"格局，"三横"指的是东西方向的三条横河，"四直"指的是南北方向的四条直河，齐门水关是第三直河的城关出入口，与城外运河相接。

苏州齐门水门遗址最有价值的地方就是其基础的建造方法，它为研究古代水城门基础构造提供了完整的实物资料[②]。齐门水门基础的建造方法与《重修娄门城墙水关碑》中记载的娄门水关的建造方法基本一致："是年四月间，工及娄门水关，内外筑坝，戽水清底，始见河中有横排木棬地干，档中横铺巨木，年久皆朽坏；良以土性浮松，非木不能□重，可见古人因地制宜之深意也。易以木材，且加覆石板……。"[③]

苏州齐门水门基础在建造时首先在生土层上挖出凹形槽，将一部分圆木铺入槽内，作为基础最下面的一层，圆木向上的一面经过加工，与生土层形成一个平面，因此架在上面的中间一层的圆木中段，相当于也着力在生土层上。接着再用 50 根长约 8.35 米、直径 0.28～0.35 米的圆木作为中间层，

---

① 朱长文：《吴郡图经续记》卷上《城邑》，江苏古籍出版社 1999 年版，第 6 页。
② 丁金龙，米伟峰：《苏州发现齐门古水门基础》，《文物》，1983 年第 5 期，第 55—59 页。
③ 廖志豪，陈兆弘：《苏州城的变迁与发展》，《苏州大学学报》，1984 年第 3 期，第 115—120 页。

东西向，由南往北并排在生土层上，形成 15.2 米长的木排。然后在 50 根圆木的东西端，上下各叠压着南北向、与中间层相似规格的 6 根圆木，构成上下两层。最后用长 40 厘米、截面为 2×2 厘米的铁钉加固三层圆木，并在圆木间的空隙填嵌石块或石片，形成三层叠压稳固的木结构基础（如图 9）。

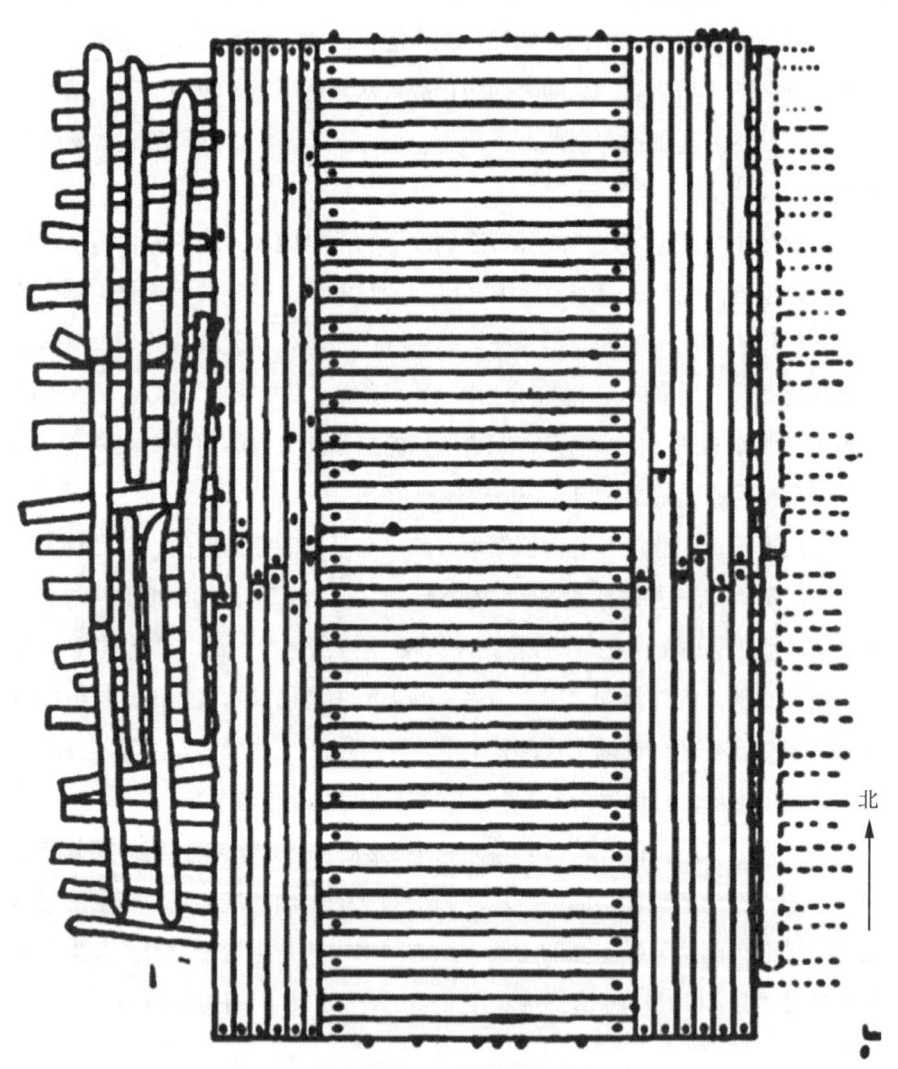

图 9　南宋平江城齐门古水门木结构基础平面图[①]

---

① 丁金龙，米伟峰：《苏州发现齐门古水门基础》，《文物》，1983 年第 5 期，第 55—59 页。

齐门水门这样的将 100 余根圆木分三层叠压的基础结构，既保证了该水门基础能够充分起到支撑作用，又使两端的上、下两层圆木可以牢牢固定住中间一层。

此外还在三层木排的南北两侧垂直打入了一排长 0.9～1.1 米、直径 0.08～0.12 米不等的木桩，同时在中间一层圆木排的两端用长 11.5 米、宽 0.9 米、厚 0.27 米的青石对称盘砌成长 11.5 米、高 1.1 米的四层石驳。这两项措施的目的都是进一步确保闸基的稳定性。

总之，南宋平江城齐门水门的基础建造不仅有利于军事防御，而且坚固耐久，船只出入水门不会因为碰撞损伤水门基础。

（四）宋代泰州城南水关遗址

宋代泰州城南水关是当时为了解决中市河穿越泰州城南城墙而修筑的，其建设年代分早、晚两期，其用材和大小不同。早期水关建于后周到北宋之交，晚期水关建于南宋淳熙十年（1183），由时任泰州知州的万钟主持修筑，一共修筑了泰州城东、南、北三处水门，城南水关是其中之一。这些水门在为泰州城内提供充足水源的同时，还保证了城内外水运的畅通。水门还配备了闸门，在战争时期可以用来阻止外敌来自水上的进攻[①]。

考古发现的泰州城南水关早期遗迹平面呈"⌐⌐"状，剖面上宽下窄，开口宽 5.2 米、底部宽度为 4.95 米，略呈喇叭形，全部采用石条垒砌而成。早期水关券顶部分全部被毁，仅剩内壁和 4 个残存的摆手。

泰州城南水关早期遗迹的石壁及摆手的建筑方法与普通水闸建造方式相似，首先平整夯实地基，然后将一端砍削成三棱锥状的、直径在 0.06～0.15 米的木桩，作为地丁钉入地下，接着在地丁上平铺 0.15 米厚的木板，最后在木板上面逐层垒砌条石。水关石壁及摆手所用的扁平条石经过前期加工，其厚度和宽度几乎一致，条石一端凸出，另一端凹入，形成榫卯结构，因此条石上下层之间采用糯米汁砂浆粘接，水平层之间只需要榫卯结构连接。在这样的建筑方法中，地丁用于加固地基，木板用于分解条石压力，如此可以尽量避免石壁的沉降，起到保护水关的作用。此外，水关早期遗迹的石壁上凿

---

① 杭涛，等：《江苏泰州城南水关遗址发掘简报》，《东南文化》，2014 年第 1 期，第 43—52 页。

有"⊓"形或者由"⌈"和"⌉"组合而成的闸槽槽口。闸槽深0.2米、宽0.28米、残高0.85米，上大下小，底部呈弧形，槽口的底部距离石壁基础1.1米。

泰州城南水关晚期遗迹平面呈"丫"状，摆手是砖石混合建筑，仅残存城外部分基础部位，同时近立壁处的券顶有一定程度的保存，起券处从北到南均得以完整保留。水关两侧立壁底部宽2.6米、开口处宽3.4米，上大下小，呈喇叭口状。立壁上半部为条石垒砌，下半部为砖石混建，从起券处向下，先砌条石，其下补嵌砖壁，条石内侧填以城砖。西侧立壁北端高3.5米、南端高3.6米，东侧立壁北端残高2.88米、南端残高3.25米。西侧立壁券顶北端有南北长0.5米、东西宽0.48米的小平台，南端有南北长0.42米、东西宽0.9米的小平台，推测为当时起吊闸门的操作平台。

泰州城南水关晚期遗迹的闸槽距离摆手2.05米，位于水关内壁偏南位置，呈东西对称。西壁闸槽是砖质闸槽，槽宽0.135米，仅存残高约0.5米的下部。东侧闸槽残高3.27米、宽0.12～0.14米，上部为石质，下部是砖砌。上部条石凿有"⊓"形槽口或者"⌈"和"⌉"形的组合槽口，下面砖槽是在表层砖之间直接空出和上层条石槽口等宽的空间。在对应闸槽的铺地石板面，

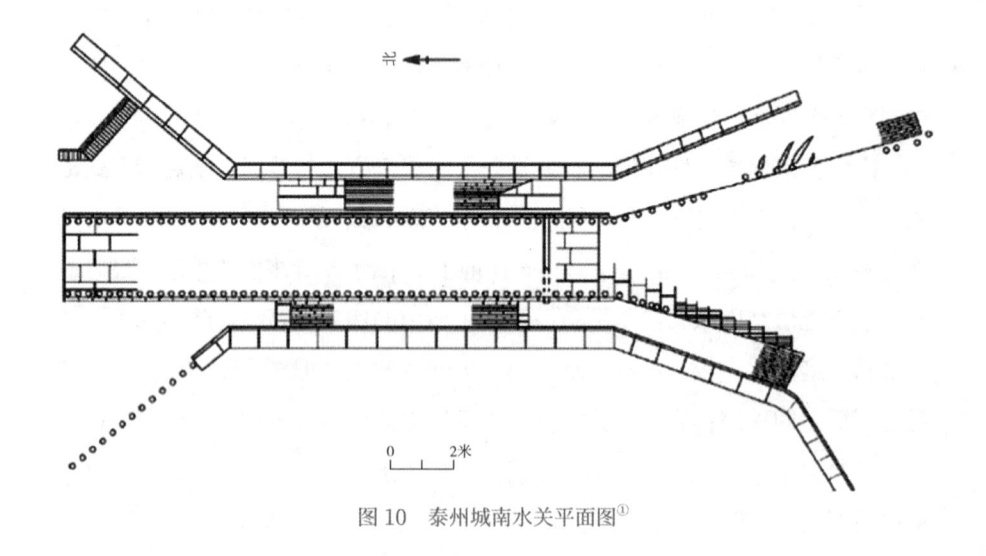

图10 泰州城南水关平面图[①]

---

① 杭涛，等：《江苏泰州城南水关遗址发掘简报》，《东南文化》，2014年第1期，第43—52页。

东西残长 2.45 米，地面仅见水泥和砖痕。

泰州城南水关晚期遗迹的底部与早期不同，早期水关遗迹底部铺设的是木板，而晚期水关遗迹是石板。石板下还有木质地丁，上有晚期砌筑的砖墙。木桩紧贴水关内壁并通过圆形孔洞穿透石板，高出石板面 0.7～0.8 米，其作用主要是加固水关内壁和防止过往船只撞击水关内壁。

总之，从江苏泰州城南水关遗址可以看出，在北宋时期的早期水门（闸）遗迹中，其条石垒砌的摆手下方残留有十多根直径 6～15 厘米的、底端被削成了三棱形的地丁，显然数量不是很多，支撑力不够，所以由于地丁的问题，水闸底部铺设的是木板，最终没有迈出从木质到石质的关键一步。而随着南宋时期水闸基础技术的改良，泰州城南水关晚期遗址中铺设的底板也换成了石板，这是水关闸基础技术的改良带来的支撑力的提升，而这是宋元时期很多水闸包括水关闸在内开始易木为石的重要前提基础。

第二节　宋元时期的水闸管理行政体系和制度

一、行政体系

宋元时期江苏水闸的组织建设和日常管理依然归属水利事务部分，按照领域可以分为农田水利和河道水利两个领域，按照行政职能可以分为中央和地方两个层面。

（一）中央层面

宋承唐制，保留了六部，其中工部"掌百工水土之政令"，工部下设四司之一的水部司"掌沟洫、津梁、舟楫、漕运之事"[1]，是统领全国、中央直管漕运等大型水利设施建设的管理机构，但水部司在北宋初成为闲置机构，水利设施兴建与营缮职责转到了"度支、户部、盐铁"三司之下。北宋初期为了更好地协调国家的财政收支，取消了地方留占财赋的权限，岁入全部上缴国库，并建立了三司制度以利于集中财权。三司在北宋初期是掌握财权的重要部门，其职权很大，但其设置破坏了六部和诸寺监的职司作用，包括原

---

[1] 傅泽洪：《行水金鉴》卷一六四，商务印书馆 1936 年版，第 2379—2380 页。

属工部、诸监的有关水利工程修建的职掌，因此由中央财政资金修建的大型水利工程所涉及的物料、营造期限、工匠调拨等都需要向三司提前申报，由三司中的度支司与户部司负责。

三司中的度支司下设八案，其中的发运案"掌汴河、广济、蔡河漕运、桥梁、折斛、三税"①，即度支司发运案直接负责京师汴河、广济河、蔡河之上的与漕运相关的水利工程设施的修建和管理。这三条干流是保障宋代京城正常运行的水上黄金通道，所以涉及的水利工程设施由度支司直接管辖。当然度支司发运案只负责修建事务中有关政令层面的事务，其他具体事务层面则仍由诸监负责。

与工部水部司成为闲置机构一样，都水监也随着三司设立河渠司成为闲置机构。从北宋立国的建隆元年（960）至皇祐三年（1051），采取的是中央与地方双重结构的治理体制，如北宋乾德二年（964）沿黄河各州府设立河堤使，由各州府长吏兼任。北宋开宝五年（972），沿河各州府设置河堤判官，由通判或判官兼任，负责工料及民夫的管理。中央会派遣高级官员对河防进行巡检，或在重大工程中协调工料与民夫。但到了北宋中期，随着黄河水患频发，三司所辖的河渠司已无力职掌剧增的水利事务。于是北宋仁宗嘉祐三年（1058），三司河渠司被废除，相关水利事务仍由都水监负责。都水监根据分管区域不同而设立派出机构，以解决各地水利事务。

宋元丰三年（1080），宋神宗赵顼实行元丰改制，三司被罢黜，归并于户部。工部重掌造作等职掌，诸监也基本恢复了唐时诸监的建制。此次官制改革，收到了职司归位、职事相符的效果，一定程度上改变了宋初之弊。宋元祐元年（1086），工部四司合并，不再单独设置水部司，其相关职能由屯田司兼管。宋建炎三年（1129），工部三司再次合并，仅剩下工部和屯田二司。宋隆兴元年（1163），工部再次精简为一司，此时的工部再次沦为闲置机构。同样，诸监也是精简合并的对象。此外，宋建炎三年（1129），将作监并归工部，但保留都水监以解治水等问题②。宋绍兴十年（1140），都水监被废除，

---

① 脱脱：《宋史》卷一六二《职官二》，中华书局1977年版，第3809页。
② 脱脱：《宋史》卷一六五《职官五》，中华书局1977年版，第3919页。

其职能归工部[1]。

元代废除了三省制，只设一个中书省，通过中书省及其下属的六部掌管国家政务，同时继承了宋代的制度，在中央设立九寺五监等一批分掌具体事务的专门机构[2]，水利事务依然由都水监掌管。《元史·河渠志》记载"元有天下，内立都水监，外设各处河渠司"。元中统四年（1263）九月，设立漕运河渠司，负责管理和调度各地的水利工程。元至元二年（1265）另行设置都水监，都水监掌管"河渠并堤防水利桥梁闸堰之事"[3]，都水监的派出机构有分都水监和行都水监[4]。元至元七年（1270）都水监划归司农司管辖，设置掌管劝课农桑、水利、乡学、义仓诸事的司农司，后改为大司农司，都水监划归大司农司领导，但明显大司农司管辖的水利重心是农田水利建设，和以河道水利建设为主的都水监业务相近但重心不同。元至元十三年（1276）主要职掌治河防洪及运河河道水利事务的都水监重新从大司农司划出，并入中书省工部。至元二十六年（1289），元世祖下令开凿会通河即山东运河。至元二十八年（1291）都水监划归中书省直接管理，同年郭守敬重被任命为都水监，并于次年主持修治了通惠河。元延祐元年（1314）又划归大司农司，延祐七年（1320）都水监又重新成为中书省附属机构，"复以都水监隶中书"[5]。由此可以看出，都水监作为六部之外的专门的水利管理职能机构，主要负责河道水利的建设，通常情况下地位不突出，经常被其他部门合并，但如果遇到至元年间修建会通河和通惠河等重大河道水利工程时，都水监地位就会提升，成为中书省或者中书省工部管辖的重要部门。

（一）地方层面

宋代地方行政实行州（府、军、监）与县二级体制，"军"是在军事重镇所设的专区，"监"是在工矿区所设的专区。州（府、军、监）之上设"路"作为朝廷派出的监察机构，以加强中央对地方的监督。"路"名义上虽然不

---

[1] 脱脱：《宋史》卷一六五《职官五》，中华书局1977年版，第3921—3923页。
[2] 陈高华，史卫民：《元代政治制度史》，中国社会科学出版社2020年版，第71页。
[3] 赵沛：《中国古代行政制度》，南开大学出版社2008年版，第276页。
[4] 宋濂，等：《元史》卷九〇《百官六》，中华书局1976年版，第2295页。
[5] 宋濂，等：《元史》卷九二《百官八》，中华书局1976年版，第2335页。

是一级政府，但实际上相当于地方最高一级政权，掌握全路辖区内的军政大权，包括需要对辖区内的水利建设负责。

"路"级行政机构设转运司、提点刑狱司、提举常平司和安抚司四大互不统属的常设机构，它们对州县没有直接领导的权力，但有指导、监督和催办的职责。转运司设"转运使"，又称"发运使"，在唐代为中央理财之官，与地方政务并没有关系。到了五代，"转运使"便由中央官吏变为地方官吏。北宋初，"转运使"职掌军队粮饷但非常设。宋乾德三年（965），各地普设"转运使"以集中财权。"转运使"至此由临时随军设置的军需官吏，变为常设的理财官吏。宋至道三年（997），"路"逐渐由监察区演变为府州上级行政区域[1]。"转运使"虽然在唐代就已经出现，但当时只是负责漕运的专使，不需要负责运河沿线水闸的修缮管理事务。北宋时实行路州县三级行政体制，"转运使"实际上已成为一路之最高行政长官[2]。路行政区域内包含运河船闸在内的水利工程的实施和修缮需要大量的物料、财力和人力，"转运使"自然而然就是地方最高决策者和实施者。如前文提到的江苏水闸史上完整意义上的第一座复闸——西河闸就是由淮南转运使乔维岳在北宋太宗雍熙元年（984）开沙河运道时创建的。

宋代运河江苏段等重要水利设施依然是由中央设置都水监作为最高水利管理机构进行统一修建和管理，"掌治河渠并堤防水利桥梁闸堰之事"[3]，具体管理事务由都水监的派驻江苏的下属机构如河道（渠）提举司，以及分都水监与行都水监等派出机构负责。地方上的行政长官按照行政惯例对辖区内的农田水利和河道水利建设负有组织建造和管理的责任，但由于宋代官员的官职全称极其复杂，虽然其官制、名号和品秩一切袭用唐代，但有自己的特色[4]，所以首先要了解宋代官员官职的组成。宋代官员官职包含多个要素，主要有官、职、差遣、阶、勋、爵等。宋代的职官以"官职"作为制定俸禄

---

[1] 杨鸿年，欧阳鑫：《中国政制史》，武汉大学出版社2012年版，第338页。
[2] 杨鸿年，欧阳鑫：《中国政制史》，武汉大学出版社2012年版，第340页。
[3] 宋濂，等：《元史》卷九〇《百官六》，中华书局1976年版，第2295页。
[4] 马端临：《文献通考》卷四七《职官考一·官制总序》，中华书局2011年版，第1361页。

与官品的依据，但这些官名只与俸禄、官品相挂钩，与官员实际所掌事务无关，是一种"寄禄官"。所以诸多高阶职事官虽有官名，但并不掌事。"职"又称"馆职"，指的是诸殿、诸阁等机构中的"学士""直学士"等相关职名，"馆职"是一种荣誉性质的官职。"差遣"指的是具体的职务任命，其才决定着官员担任何种职守。但元丰改制前，"差遣"无品级，元丰改制后，"差遣"才与之前寄禄官中定品级的功能相结合，能够决定官员的品级。"勋""爵"在宋代通常都是一种没有俸禄的荣誉称号或虚衔，没有相关职守，部分有实封的有俸禄。宋代还有"功臣号"，它是以各种两字一组的美名美称，后缀"功臣"二字组合而成的。以宋代欧阳修为例，欧阳修于宋庆历八年（1048）任扬州知州，其在扬州的职务全称为"起居舍人知制诰知扬州军事兼管内堤堰桥道劝农使"，"起居舍人""知制诰"都属于寄禄官，"知扬州"才是真正的"差遣"，即职务任命。另外"堤堰桥道劝农使"说明地方行政长官是辖区内河道水利和农田水利建设中重要水闸建设的第一责任人[①]。

宋代广大的乡村地区水闸的修缮和日常管理按照"民建民用民管"的原则由地方基层组织负责，一开始是由耆长负责。耆长是宋职乡役名，以百户为一团，每团以三家大户轮流充当耆长。宋神宗熙宁年间（1068—1077）实行保甲制，规定每五百户（后改为二百五十户）为一都保，设都保正、副保正各一人，取代了耆长负责乡村农田水闸修建等行政任务。

元代的地方水利建设职能主要归属于水利部门，但在水利部门和地方行政部门之间不断摇摆。元大德二年（1298）在平江路（今苏州）设立浙西都水庸田使司管理江苏地区水利事务，"始立浙西都水监庸田使司于平江路"，这里的都水庸田使司应该是全面负责农田水利和河道水利建设。元大德七年（1303）二月，都水监庸田使司被撤销。元大德八年（1304）中书省准许江浙行省在平江路设置行都水监，直隶中书省管辖。元代都水监有两类派出机构，分别是分都水监和行都水监。行都水监简称"行监"，有江南行都水监和河南山东行都水监，其中江南行监主管江南水利。至大元年（1308）江浙

---

① 嵇颖：《欧阳修知扬州制》，《全宋文》第 22 册，上海辞书出版社 2006 年版，第 410 页。

行省奏请废除行都水监，"从江浙行省请，罢行都水监，以其事付有司"[1]，后又恢复建置。元泰定初年（1324）行都水监又改为都水庸田使司，管理机构迁松江（今上海市），掌管江南河渠水利。泰定二年（1325），都水庸田使司又被撤销，具体事务归地方政府管辖，"罢松江都水庸田使司，命州县正官领之，仍加兼知渠堰事"。泰定三年（1326），又重新在松江设立都水庸田使司，掌管江南河渠水利。至元二年（1336）都水庸田使司被撤销，但至元五年（1339），又重新设立。元至正元年（1341）在平江路复立都水庸田使司，浚治吴淞江及松江府西南诸河渠。由此可见，元代江南行都水监废置不常，水利建设任务通常都由专门的部门进行管理，如行都水监主要掌管河道水利建设，都水庸田使司主要掌管农田水利建设，但有的时候，这些专职部门因为各种原因会被撤销，这个时候地方水利建设的任务会划归地方管理。

元代在地方层面实行"行省"制，全国划分为15个行省。行省是中央派出监管地方的行政机关，是常设地方的最高地方行政机关，统领路、府、州、县。至元二十一年（1284）设立江浙行省，江苏长江以南地区归属江浙行省管辖，分别归属于镇江路、常州路和平江路。江苏长江以北则为河南江北行中书省辖，治所在汴梁路[2]。元代对地方统治的特殊制度在路、府、州、县行政长官之上，复设蒙古贵族担任"达鲁花赤"，达鲁花赤是蒙古语"掌印者"之意，路、府、州、县等各级政府机构都设有达鲁花赤，其负责辖区内的一切政务，包括兼管水闸建设在内的各项水利事务。特别是运河沿线的州县地方官吏会兼任水利职务，如在府州级兼任屯田使、营田使，在县级由通判兼任水利官等。

至于民间的水闸，则同样由民间基层组织负责。元代的基层组织为里社制，里社制是"坊里制"和"社制"的合称。"坊"指的是城市中的基层行政单位"隅"和"坊"，"里"指乡村中的基层行政单位"乡"和"都"，"社制"指乡村中专督农事的"社"，每个村社大约由50户组成。城市中的"隅"设"隅

---

[1] 宋濂，等：《元史》卷二二《武宗纪一》，中华书局1976年版，第497页。
[2] 刘荫棠：《江苏公路交通史》第1册，人民交通出版社1989年版，第33页。

正"，"坊"设"坊正"，负责处理辖区内的各种杂事。乡、都中的"乡"设"里正"、"都"设"主首"，主要负责催办差税和维持地方治安[1]。里正、主首、隅正、坊正虽然行使的是基层政权的职能，但这些都不是行政职务，而是职役。元代地方一般农田水利的建设和维修通常是由隅正、坊正或里正、主首负责。

总之，宋元时期的水利行政机制在继承前代的基础上不断发展完善，形成了中央与地方相结合、官民协同治水的管理模式。这一模式对于保障当时社会的经济发展和民生稳定发挥了重要作用。

二、运河船闸管理制度

由于大运河江苏段在两宋时期是南北交通的重要通道，宋代中央政府为确保运河畅通，在大运河江苏段的江南运河、淮扬运河沿线的重要闸堰都设置了专职官员进行管理，"掌杭州至扬州瓜洲澳闸，凡常、润、杭、秀、扬州新旧等闸，通治之"[2]。以淮扬运河上的邵伯闸为例，北宋时邵伯闸是控扼淮扬运河水道的咽喉，南方漕粮、物产都要经过邵伯闸运往北方，邵伯闸所在的邵伯镇也因此成为南北交通线上的重要市镇，所以同时设有闸官和镇官。这里的闸官属于地方行政系统和水利行政系统双重领导，而镇官只属于地方行政系统。邵伯闸闸监的职责是"常令管辖闸兵依时启闭，并不住打淘河道，免致湮塞，使公私舟船无留滞之患"[3]。在当时，闸监是专职还是兼职，取决于该闸的重要程度。南宋时，由于政治中心南移和南北军事对峙，运河江淮段水运地位下降，邵伯镇的镇务和邵伯闸的闸务都显著减少，所以为节约行政成本，南宋绍兴二十九年（1159）之后，邵伯闸的闸官被裁撤，由镇官兼管闸务。

再以江南运河上的京口闸为例，从北宋初期京口闸澳闸系统建成之初起，两浙转运司就设置专官提举京口闸，闸门的启闭也实行准军事化的管理，有专门的闸兵负责闸门的启闭和车水。当时京口闸在北宋有闸兵名额130名，

---

[1] 陈高华，史卫民：《元代政治制度史》，中国社会科学出版社2020年版，第102—103页。
[2] 脱脱：《宋史》卷九六，中华书局2000年版，第1602页。
[3] 王应麟：《玉海》，江苏古籍出版社1987年版，第476页。

但随着管理的松弛，北宋末仅剩10余人。南宋嘉定间史弥坚修复京口闸后，重新强化京口闸的管理，招募30名会水的闸兵，并在闸旁盖房供其居住，由闸官统一管理。由此可见，重要的运河船闸都有专职的闸官进行日常管理，而非重要的运河船闸则由地方官员兼职管理。

宋元时期的运河船闸不仅有专职闸官，还有相应的严格和系统的管理制度。通过《参天台五台山记》记载的宋熙宁六年（1073）四月日本僧人成寻从楚州过闸出船的过程描述，可以对宋代运河水闸的启闭管理制度有所了解。"廿三日丙申。天晴。辰一点，出船。申时，过六十里，着楚州府。申三点，开闸头，先出船数百只间，及于酉一点，入船，南门边着船，宿了。……廿四日丁酉。天晴。依船修理，今日逗留，徒然在南门内。……廿五日戊戌。天晴。……发运司指挥，须管每一闸，要船一百只已上，到一次开。如三日内不及一百只，第三日开。不得足，失水利，今日已是第三日，近晚必开闸，出闸便行者。终日虽行开闸，不开，过日了，最以为难。……廿六日己亥。天晴。辰一点，开闸头，出船。"①成寻在二十三日申时就已经到达楚州，大约等了一个半小时后，运河水闸开启，通船。当时的运河开闸需要满足一定的条件：一是如果运河上等待过闸的船只达到一百只及以上，那便可开闸；二是如果等候的船只未满一百只，那么就需要等待三日，这是两浙转运判官曾孝蕴在北宋元符二年（1099）为杭州至扬州的各澳闸定下的"三日一启"的澳闸启闭管理制度②，以尽可能循环利用有限的闸水，"发运使曾孝蕴严三日一启之制，复作归水澳，惜水如金"③。三日之后无论等候开闸的船只数量有没有达到规定的一百只，都会开闸通行。对于严格执行管理制度的闸官会有嘉奖，执行不到位的闸官会受到惩罚，"监官任满，水无走泄者赏，水未应而辄开闸者罚"④。

曾孝蕴制定的澳闸启闭管理制度，在京口、瓜洲、奔牛等闸修建完成以后，

---

① 成寻著，王丽萍校点：《新校参天台五台山记》，上海古籍出版社2008年版，第693—695页。
② 脱脱：《宋史》卷九六，中华书局2000年版，第1602页。
③ 脱脱：《宋史》卷九六，中华书局2000年版，第1938页。
④ 脱脱：《宋史》卷九六，中华书局2000年版，第2383页。

从宋哲宗元符二年（1099）开始推广执行，"今来润州京口、常州奔牛澳闸兴造毕，见依提举兴修澳闸两浙转运判官曾孝蕴相度，立定法则，日限启闭，通放纲船，委是经久可行"①。由此可见，通过严格的闸门启闭管理制度，保证了澳水充盈，减少了运河水外泄，提高了运河船闸系统的综合效能。

除了澳闸管理制度，有水澳的运河船闸还需要执行"车水入澳"的制度，如宋徽宗宣和五年（1123）诏："吕城至镇江运河浅涩狭隘……措置车水，通济舟运。"②然而宋徽宗时期，随着漕运转般制改为直达制，同时要求船闸遇到纲船时需要随时开启，再加上豪族权贵恃权要求开闸，"比年行直达之法，走茶盐之利，且应奉权幸，朝夕经由，或启或闭，不暇归水"③，使得闸门启闭无度，运河江苏段上的复闸逐渐全部废弃。南宋时，虽然运河江苏段上的复闸逐渐恢复重建，但是运行时间都不长，实际管理效果也不好。仍以江南运河上的京口澳闸为例，北宋元符二年（1099）京口澳闸系统建成投入运行不到10年，至北宋崇宁年间（1102—1106）就因为宋金战争而逐渐失了管理。南宋嘉定八年（1215）郡守史弥坚对京口闸进行修复后运用时间也不长，至宝祐年间（1253—1258），重建的京口澳闸系统中各闸又逐渐荒废，"时是（京口）三闸已具矣，盖无之，水不能节，则朝溢暮涸，安在其为运也"④，最后只保留了江口的临江闸。由此可见，即使建闸技术处于世界领先水平，也有严格的管理制度，但一旦政权不稳定，运河船闸系统效能会大打折扣，甚至完全丧失功能。

元代统一全国后，漕运分为内河漕运与海运。一开始，元代大力发展内河漕运，先后开凿了济州河、会通河和通惠河，形成京杭大运河的前身。同时，继承了宋代运河船闸管理的制度，还进一步完善了细节，如严格限制行船尺寸，控制行船的宽度和长度，通过设立水则方式规定开闸深度，禁止使臣权

---

① 李焘：《续资治通鉴长编》，《四库全书》史部第 322 册，上海古籍出版社 1987 年版，第 806 页。
② 脱脱：《宋史》卷九六，中华书局 2000 年版，第 1606 页。
③ 脱脱：《宋史》卷九六，中华书局 2000 年版，第 2389 页。
④ 陆游：《常州奔牛闸记》，《渭南文集》，江南图书馆藏明华氏活字本。

豪以及官船不按水则、不依定例过闸，以及禁止守闸之人不按时开闸，等等[①]。

然而随着元代海运比重的上升，传统的内河运输退居次要地位，元朝政府对内河运输不再精心管理，导致了很多运河船闸逐渐荒废，如京口闸仅存土埭，后来直到明代，大运河才又焕发勃勃生机。

总之，宋元时期，运河船闸的启闭制度有着明确规定，但由于执行不到位、监督不力，很多制度形同虚设。特别是元代，随着内河漕运地位的下降，大运河闸座疏于管理，很多逐渐荒废。直到明代，随着政治中心和经济中心的再一次分离，大运河漕运的畅通以及闸座的管理才又重新恢复。

---

① 揭傒斯：《河道船只诏》，《全元文》第33册，凤凰出版社2004年版，第153页。

第六章 明清时期的江苏水闸

明清时期，随着全国农业经济中心的南移，江苏所在的长江流域及其以南地区成为重要的粮食产区，对水利建设的需求日益增加。同时，为了保障京杭大运河等水运交通的畅通，以及应对频繁的自然灾害，明清两朝政府高度重视水利建设，投入了大量人力、物力和财力。因此，明清时期包括水闸设施在内的水利建设对当时的农业生产和经济发展起到了重要推动作用。通过兴修农田水闸等措施，有效地减少了自然灾害对农业生产的威胁，并提高了农业生产能力，而修建运河船闸等水利设施保障了南北之间的商品流通，对明清时期的社会稳定和繁荣作出了重要贡献。

第一节 明代的江苏水闸

对于明代的江苏水闸，还是从运河通航、农田治水和城市水利三个主要应用场景去介绍。

一、明代运河通航闸

明代京杭大运河作为连接南北的重要交通动脉，其畅通与否直接关系到国家的经济命脉和军事安全。运河船闸作为运河上的关键设施，通过调节水位和控制水流，确保船只能够顺利通行，同时也起到了防洪、灌溉等多种作用。明代大运河江苏段的船闸众多，其中淮安、扬州等地的一些重要的船闸如清江闸、福兴闸、通济闸、惠济闸等，在大运河江苏段的通航中发挥了关键作用。

(一) 明代淮安五闸系统

淮安五闸系统始建于明永乐十三年 (1415), 是平江伯陈瑄在清江浦河上修建的包括清江、移风、福兴、新庄在内的四座运河船闸, 后又增建了板闸。五座船闸共同组成了联动启闭、相互协调、共同控制清江浦河流速和水位的漕运保障船闸系统。下面将重点介绍其中的两座。

1. 清江闸

淮安五闸系统中的清江闸又称"清江大闸", 因其完整地保存了包括正闸、越闸、闸塘、越河在内的船闸系统而著称, 成为大运河江苏段最具代表性的明代船闸之一, 2021年12月入选《江苏省首批省级水利遗产名录》。

清江闸主体由正闸和越闸两部分组成, 是用条石和糯米浆拌石灰黏合砌置。越闸的建造时间晚于正闸, 且闸身矮、闸门略窄。正闸和越闸都是闸桥一体结构, 正闸桥面原是可拉动的活动木桥, 越闸是固定的木桥, 现在均改建为钢筋水泥桥。正闸和越闸都是双闸门, 这样设计的优点是方便维修闸门, 如今在闸墙上还完整地保留着双闸槽。正闸的前后均有闸塘, 迎水方向的上水闸塘较小, 出水方向的下水闸塘较大。

清江闸作为大运河清江浦段闸运体系的一部分, 在明代漕运史上具有重要的历史作用。淮安的清口地区是明清两代黄河、淮河和运河的交汇之地, 是河海运道的枢纽, 水情非常复杂。明初由于运河水位比淮河高, 于是洪武元年 (1368), 在淮安新城东门外建仁字坝, 后因北运任务加重, 又于永乐二年 (1404) 增建义、礼、智、信四坝, 以满足大量船只往返的需要, 史称"淮安五坝"。淮安五坝中的仁、义二坝在城东门外, 主要供漕船盘坝专用, 而礼、智、信三坝在城西门外, 主要供官、民船盘坝使用。淮安五坝均用树木、枝条、稻草等构筑, 因此也称"软坝"。淮安五坝都从城南引水抵坝口, 其外侧即淮河。"舟船过坝时, 先卸下货物, 用辘轳绞关挽牵而过, 称为车盘或盘坝。"[①] 这种过坝方式, 不但费时费力, 而且舟船、货物也多有损失。五坝是平行的, 盘过其中之一即可进入黄淮。之所以叫黄淮, 是因为当时的淮河淮安段由于黄河夺淮而成为黄淮一体, 因此不能说进入黄河, 也不能说进入淮河, 只能

---

① 扬捷:《江苏航运史 (古代部分)》, 人民交通出版社1990年版, 第125页。

说进入黄淮。入黄淮后，船只还要逆行几十里，才能至清口入泗。由于黄淮河宽浪大流急，漕船行驶其中常有损失。

明代永乐十三年（1415），明代中央政府决定专事河运，取代了明初延续元代的河、海兼行的漕运体制，并成为明清两代的基本国策。为了加强漕运安全，时任漕运总兵官的平江伯陈瑄在北宋沙河故道的基础上开凿清江浦河，并在河上设置清江等四闸，"瑄以闻，遂发军民开河，置四闸，曰移风、曰清江、曰福兴、曰新庄，以时启闭"[1]，这样北上的漕船可以不用翻坝进入浪大流急的黄淮，而是经由清江浦河至清口，垂直过黄淮入泗。

由于当时的运河水位高于清口的黄淮水位，为了防止运河水走泄，陈瑄在清江浦河上依次建造了清江、移风、福兴和新庄四座闸，各闸相距约十里，并规定四座节制闸只准对进贡鲜品船只实行随到随启，其余漕运船只需要等待几日才能积水放行，而商、民船仍然需要盘坝入淮[2]。

清江浦河道开成，北上的船只由原来翻五坝入淮变成过四闸入黄淮。五坝是平行的，翻其中任何一个即进入黄淮，而四闸是垂直的，四闸皆经才进入黄淮。陈瑄开清江浦河不久，担心新庄闸外的携带大量泥沙的黄淮河水冲入闸中，造成泥沙淤积，因此严格闸的启闭制度，"故严启闭之禁，止许漕艘、鲜船由闸出入，匙钥掌之。都漕五日发箠一放，而官民船只悉由五坝车盘，是以淮郡晏然，漕渠永赖"[3]。五天才开闸一次，放漕船和进贡船出入，其他船只一概车盘过坝，当时只有如此严格的运口开闸放船管理，才能尽量防止泥沙的淤积。

除了陈瑄通过严格的闸座启闭制度以减少清江浦运河的淤积，后来的潘季驯还采取了每年疏浚河道的方法来减少淤沙，"清江浦至头二三铺一带里河，先臣平江伯陈瑄议为每岁一挑之法。盖因河自新庄闸外入口多纳黄流，岁有积沙，势不得不尔也"[4]。从新庄闸开始的清江浦运河，采取"祖宗之法，

---

[1] 《明太宗实录》卷一六四，线装书局 2005 年版，第 326—327 页。
[2] 张廷玉，等：《明史》卷八五《河渠三·运河上》，中华书局 1974 年版，第 2081 页。
[3] 潘季驯：《河防一览》，《四库全书》史部第 576 册，上海古籍出版社 1987 年版，第 251 页。
[4] 潘季驯：《河防一览》，《四库全书》史部第 576 册，上海古籍出版社 1987 年版，第 298 页。

遍置数十小闸于长堤之间，又为之令曰：'但许深湖，不许高堤。'故以浅船、浅夫取河之淤，厚湖之堤。夫闸多则水易落而堤坚，浚勤则湖愈深而堤厚，意至深远也"①。这里的"小闸"，指的是清江浦运堤上设置的接纳管家湖等湖水或汛期排泄洪水的节制闸座。"但许深湖，不许高堤"指的是不准用加高河堤的办法应付河、湖淤积的问题，而只能采用通过捞取湖底、河底淤泥以加厚堤岸的方式，来保证河深浮舟、湖深养河。此外，还在汛期大水时在新庄闸前筑一道临坝，拦挡黄淮大水对闸的冲击，等汛期过后再拆坝，恢复船闸的正常启闭。"又于水发之时，闸外暂筑土坝遏水头，以便启闭。水退即去坝，用闸如常。"②

在清江浦河上设立清江等四闸的第二年，即永乐十四年（1416），陈瑄又奏请再设板闸："平江伯陈瑄奏建板闸，并前四闸为五闸。盖漕河全用诸湖之水，以济运舟，而五闸递互启闭，专为避黄淮之水，以其多沙泥易淤塞也。"③由于清江浦河主要依靠管家湖补充水源，但水量有限，需要尽可能通过五座船闸的统一调配来节约用水，才能保证清江浦段的航运水位。

清江五闸修建完成之后，不仅可以避免黄河之水倒灌，节制运河水量，保障航运，还可以避免漕船在淮安淮黄并行段中的逆水航行，免去船只在末口仁、义、礼、智、信五坝的盘坝劳费和船只损耗（如图11）。

然而从明嘉靖开始，新庄闸外河沙淤积已成顽症。其主要原因是黄河干流来到清口，以及陈瑄奠定的清口闸制败坏，"迩来粮运愆期，秋去春回，六七月正在盛行之际，闸座不得及时启闭，河道焉能及时浚辟，口闸开而不阖，任其倒入，水缓沙停，泥塞浅阻，理必至也"④。由于漕船过淮误期，导致闸不能关闭，而此时正值黄河发大水，引起湖口、运口倒灌，泥沙淤积严重。

明万历十年（1582），因黄强淮弱，泥沙内侵，导致五坝不通、闸座不闭，原有的清江浦河运段无法漕运，"清江浦河堤夹邻黄河，迩来水势南趋，

---

① 朱国盛：《南河志》，《续修四库全书》史部第728册，上海古籍出版社2003年版，第529页。
② 潘季驯：《河防一览》，《四库全书》史部第576册，上海古籍出版社1987年版，第274页。
③ 张廷玉，等：《明史》卷八五《河渠三·运河上》，中华书局1974年版，第2081—2082页。
④ 宋祖舜修：《天启淮安府志》，方志出版社2009年版，第573页。

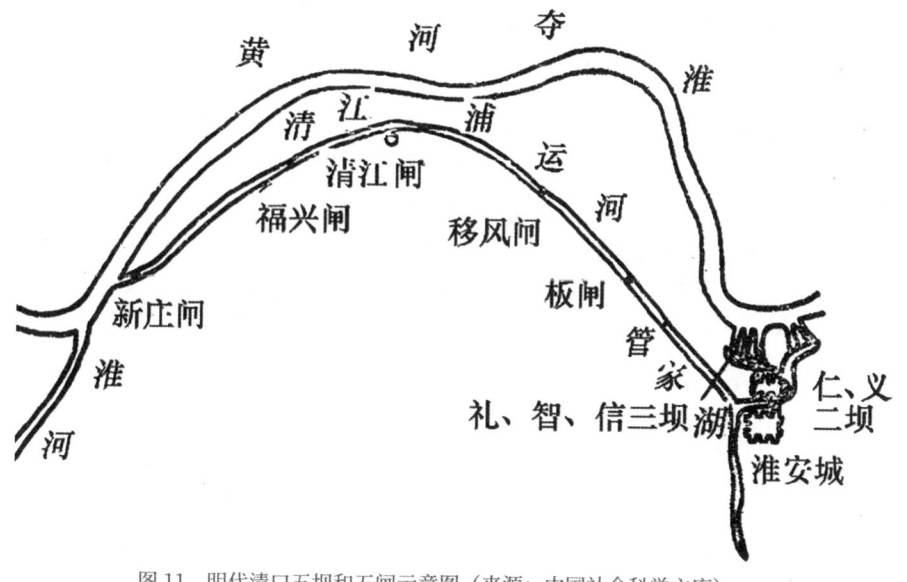

图 11　明代清口五坝和五闸示意图（来源：中国社会科学文库）

淤沙日被冲刷，恐黄河决啮，运道可虞"[1]。当时的总河凌云翼提请在清江浦河之外另开漕船出运通道，即永济河。新开的永济河"长四十五里，建闸三座，费银六万余两"[2]，仍以通济闸作为出口。永济河作为清江浦河的越河，其作用大致有五个方面：一是在洪水季可以分泄清江浦河的洪水，保护清江浦河正河船闸的安全；二是洪水季节越河流水相对缓慢，船只从永济河穿行更加安全；三是在清江浦河正闸疏浚修理时，便于船只从越河绕闸而过，使疏浚行船两不误；四是官船由清江浦河穿越时，民船可由永济河通过；五是通过永济河泄水，可平衡清江浦河正闸两端水位，减少船只逆行的压力，减少纤夫的负担。

凌云翼又在永济河上由东向西依次建造了窑湾、永清、龙江三座船闸作为"越闸"，形成清江浦船闸正越双闸体系，实现了淮扬运河出清口的双轨化（如图12），可以使用一条、挑浚一条，以此延续河运。然而永济河仅开通一年后，就因河道不经过板闸，影响淮安关的税收而筑坝闭塞。

---

[1]《明神宗实录》卷一二二，线装书局 2005 年版，第 9 页。
[2]《明神宗实录》卷一二五，线装书局 2005 年版，第 23 页。

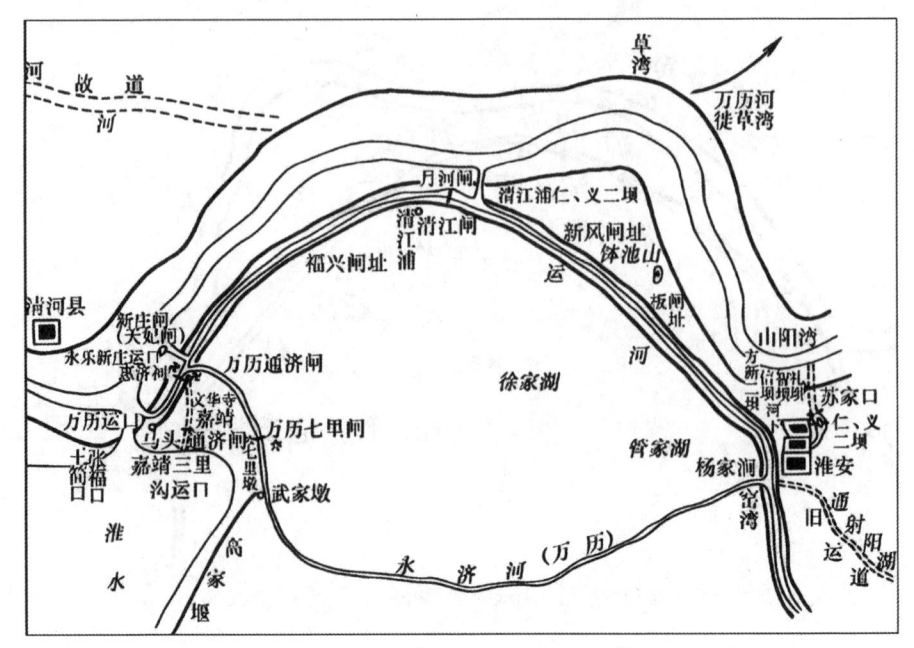

图 12　明代清江浦河双轨化示意图[①]

总之，清江浦河的开凿以及清江闸等船闸的修建，吸引了包括清江督造船厂、常盈仓以及河道管理等机构先后驻扎于附近的清江浦镇，并逐渐发展成为运河商业重镇和水陆交通枢纽。当时南来北往的人大多选择在清江浦改换交通方式，南行的需要弃车乘舟，借助水路继续南下，北往的需要下船登岸，改行陆路继续北上，清江浦因此成为"南船北马、舍舟登陆"的重要节点。

2. 板闸

淮安五闸系统中的板闸位于淮安市淮安区淮城镇板闸村，即历史上的淮安府板闸镇。板闸始建于明永乐十四年（1416），其遗址是目前所发现的江苏唯一一座木板衬底的明代船闸遗址。

淮安板闸遗址的形制、结构和构造与清工部《工程做法则例》中的做法基本一致，属于典型的明清、官式船闸做法[②]。板闸遗址主体由闸墙和基础

[①] 赵维平：《中国治水通运史》，中国社会科学出版社 2019 年版，第 641 页。
[②] 张承文，等：《淮安板闸遗址的结构安全评估与保护设计研究》，《文物保护与考古科学》，2021 年第 33 卷第 3 期，第 27—36 页。

图 13　淮安清江大闸今貌

两部分构成。板闸在历史上经过多次修缮，根据闸墙条石规格大小、砌汯和新旧程度等进行判断，大致可以将板闸石质闸墙分为四个阶段。第一个阶段是板闸的主体基本奠定期，明永乐十四年（1416）平江伯陈瑄建造木制板闸，明永乐十五年（1417）板闸进行第一次大修，将原来简易的木闸改建成石闸，但保留木板衬底。第二个阶段是在明永乐十五年（1417）至明嘉靖十七年（1538），主要是对原有的闸墙进行轻微修复。第三个阶段是明嘉靖十七年（1538）对板闸闸墙形态改变较大的重修，改变了西北、东北、东南三处翼墙的原有走向，并进行了延长和增高。此次板闸重修结构改动较大的原因是明成化至嘉靖年间，由于黄河南下入淮，造成了运河河身的淤高。清江浦河的水源也随之发生改变，不再通过淮安府城西的管家湖引水行船，而改由淮河济运。这就导致水闸迎水、分水位置发生调换，从而较大程度地改变了板闸原有的结构[1]。第四个阶段是万历七年（1579）至万历四十五年（1617），对板闸闸墙进行了增高的重修。

现存板闸遗址南北走向，整体形状俯视大致呈对八字形，全长 57.8 米，

---

[1]　张廷玉，等：《明史》卷八五《河渠三·运河上》，中华书局 1974 年版，第 2094 页。

宽 6.2～56.2 米，残高 5.2～7.8 米，使用 17～26 层的条石垒砌而成。板闸遗址的闸墙分为闸室正身和雁翅两部分。正身部分长 7.1 米、宽 6.2 米，中部偏南位置有宽 0.25 米、深 0.11 米的闸门槽。闸门槽底部有一条 6.42 米×0.24 米×0.25 米的门槛。闸体以闸室正身为界，南部是面向上游闸塘的迎水面，长 19 米，宽 6.2～54.4 米，整体略呈梯形，南宽北窄；北部是面向下游闸塘的分水面，长 31.5 米，宽 6.2～56.2 米，同呈梯形，北宽南窄。

板闸的雁翅分为迎水雁翅和分水雁翅两种，其中东迎水雁翅和分水雁翅总长分别为 25 米和 28.1 米，西迎水雁翅和分水雁翅总长分别为 34.7 米和 44.8 米。闸墩闸墙使用经过一定加工的条石错缝垒砌，上下层条石之间采用石灰加糯米汁进行黏合，同层条石之间用铁锔扣固定。闸墙的转折处均以凿成转角形状的整块条石砌筑，以保证不同走向的墙体之间连接坚固。

板闸的基础部分由地丁、龙骨木、底板和横梁等构筑而成。地丁位于基础最底部，采用密植木桩的方式钉入地底。地丁之上横铺龙骨木，龙骨木与地丁之间采用榫卯相连。龙骨木之上为底板，由枋木并排拼接纵铺而成，底板和龙骨木之间采用铁钉固定。底板全长 29 米，以门槛为界分为南北两部分。南部长 11.4 米，有 2 排枋木；北部长 14.4 米，共 3 排枋木。同一排木料之间以"穿带榫"连接，前后排木料之间以"企口榫"衔接。底板南北两端还各有一排横铺的条石护住底板，条石之外再使用擗石桩加固。底板之上是横梁，南侧横梁有 4 根，北侧 6 根，横梁和底板之间采用铁钉固定，其整体长度与所在位置的闸体宽度相一致。

淮安板闸遗址作为目前所发现的江苏乃至全国唯一一座以木板衬底的水闸遗址，是大运河成功申报世界文化遗产后的一次重要考古发现。陈瑄所创的包括板闸在内的淮安五闸体系只延续到清代中期就被清口枢纽运口三闸代替，但五闸体系所代表的闸座管理制度和设计思想却一直流传了下来，对明清时期淮安段大运河的运转产生了深远影响[1]。

总之，包括清江闸和板闸在内的淮安五闸系统，不仅实现了运河用水"节

---

[1] 胡兵、赵李博：《江苏淮安板闸遗址发掘简报》，《文物》，2019 年第 2 期，第 23—36、97、1 页。

图 14　明代淮安板闸今貌（图片来源：《江苏淮安板闸遗址发掘简报》）

宣有度"，而且还由于只引用湖水济运，实现了隔绝黄淮倒灌运道的泥沙。更重要的是建立了一套严格的船闸启闭管理机制，不仅启闭有分工，"锁钥掌于漕抚，启闭属之分司，运毕即行封塞"[1]，而且启闭有协调，"启闭有期，或二三日，或四五日，且迭为启闭。如启板闸，则闭新庄等闸。如启新庄闸，则闭板闸等闸。闭新庄等闸，则板闸为平水，闭板闸等闸，则新庄闸为平水，故启闭甚易也"[2]，如此才能更好地保障漕运的正常运转。

（二）明代扬州宝应刘堡减水闸

刘堡减水闸位于大运河扬州宝应段东岸西坡，是明代运河减水闸的典型代表。《明会典》上记载，京杭运河上共有闸 80 余座，主要分为两种类型：一种是用于往来船只通行兼蓄放水功能的水闸，即"船闸"，属于拦河而建的水闸；另一种是只供排泄运河洪水或供运河引水的闸，通常建在运河两边

---

[1] 潘季驯：《河防一览》卷七《两河经略疏》，中国水利水电出版社 2017 年版，第 124 页。
[2] 顾炎武：《天下郡国利病书》，《续修四库全书》第 596 册，上海古籍出版社 1995 年版，第 162 页。

大堤上，有"减水闸"和"积水闸"之分①。

刘堡减水闸始建于明万历十二年（1584），历经明清时期多次修缮。2011年9月，刘堡减水闸遗址被发现并对其进行了考古发掘。刘堡减水闸遗址包含堤坝、闸墙以及西侧摆手等青石砌筑物，以及木桩基础等。2021年12月，刘堡减水闸入选《江苏省首批省级水利遗产名录》。

明代京杭大运河因为所经之地河道情况不同，因此存在白漕等不同称谓，"漕河之别，曰白漕、卫漕、闸漕、河漕、湖漕、江漕、浙漕。因地为号，流俗所通称也"②，其中刘堡减水闸所处的河段属于淮安至仪真、瓜洲的"湖漕"段。该段运道的特点在于河道所在区域地势低洼、河湖密布，除运道北端的清江浦河和南端的瓜仪运河是人工运河之外，其余运道一开始大都是借助于由北向南依次相连的天然湖泊，如宝应的白马湖和氾光湖、高邮的张良湖和七里湖，以及江都的邵伯湖等。

漕船在这些湖上航行，如果遇到风平浪静的天气，航行会比较顺利，如果遇到狂风大作的天气，船只会有倾覆的隐患。因此为保障漕船航行安全，明代政府通过筑堤岸和开越河的方式，从湖中分离出运道，使大运河淮扬段由运湖一体的单堤形态向运湖分隔的双堤渠系转变。这里的越河，又称"月河"，就是人工开凿的位于两堤之间的渠系河道，像宝应湖弘济河、高邮湖康济河、白马湖越河、邵伯湖越河、界首湖越河都属于这类河道。

以刘堡减水闸所在的宝应湖弘济河为例，明永乐十三年（1415），明代政府停止海运后，对运河漕运更加依赖。当时京杭大运河宝应段还是属于运湖一体的单堤形态。宝应湖在风大的季节，水面风急浪高，船只经过容易发生事故。为了保障漕运安全，明代政府在宝应南门外至氾水三官庙之间修筑了一条宝应湖越河，明神宗朱翊钧赐名"弘济河"。弘济河作为漕运河道，其水位必须调控在一定的安全范围内，既不能太多，也不能太少。如水量太少，无法保证正常漕运，如水量过大，河堤有决堤的风险。于是万历十二年（1584）

---

① 徐溥，等：《明会典》卷一四〇，《文渊阁四库全书》第617册，台湾商务印书馆1986年版，第408—410页。

② 张廷玉，等：《明史》卷八五《河渠三·运河上》，吉林人民出版社1995年版，第1327页。

在弘济河边设置了朱马湾、长沙沟和刘堡三座减水闸——"弘济河南北二闸，长沙沟减水闸，朱马湾减水闸，刘家堡减水闸，俱万历十二年建"[①]——用以保护弘济河大堤。刘堡这样的减水闸，在明代王琼的《漕河图志》上记载的湖漕段就有18座。

刘堡减水闸遗址本体呈西南—东北走向，东西长约16米，南北宽约14米，南北总跨度约44米，平面呈"〕〔"状。闸址西南侧是宽3.55米的进水口，东北侧是宽3.2米的出水口，进水口宽度大于出水口。进水口与出水口之间为长14.65米的斜坡水道，西南高，东北低，进水口向出水口处倾斜5度，高差0.5米，如此设计可以提高泄洪效率。

刘堡减水闸立壁面水一侧采用青石条垒砌，石条规格不一，部分石条加工成半榫卯结构后进行连接，并用糯米浆进行黏合。另一侧采用30×12×7.8厘米、43.7×14.2×10.9厘米和44×18.7×11.2厘米三种规格的青砖砌置加固。砖与砖之间用三合土填充，以加强闸体结构[②]。青石砌置的两侧立壁上各设有一道宽0.15米、高2.5米的闸板插槽。

刘堡减水闸的基础在建筑时先夯实地基，夯层厚度在0.1～0.2米不等，再采用长1.2～1.5米、直径0.15～0.2米、一头削成锥形的圆形杉木桩作为地丁打入夯层中作为桩基。地丁之上采用横向、错缝相接的方式铺砌厚度约0.5米的铺底石进行铺底，其所用石块尺寸不一，最长有2.25米，最宽达1米。铺底石两端皆用地丁进行固定，起到加固地基结构和防止铺底石移动的作用。

刘堡减水闸位于弘济河的东岸，其东侧是用来泄洪的里河。刘堡减水闸的运作原理并不复杂，当弘济河河水上涨时，为防止弘济河大堤溃堤影响漕运，就会打开刘堡、朱马湾和长沙沟三座减水闸，让多余的河水通过这些减水闸进入里河，再由里河引入东西向的排河，向东入海，起到降低弘济河水位的作用。而当弘济河水量较少时，可以关闭减水闸，保持弘济河水量，以

[①] 刘文淇：《扬州水道记》，广陵书社2011年版，第107页。
[②] 印志华，等：《江苏扬州宝应明代刘堡减水闸发掘简报》，《东南文化》，2016年第6期，第32—39页。

保障漕运水位。刘堡减水闸建成以后先后隶属于宝应汛、巡检司管辖，直至清光绪二十七年（1901），随着漕粮改征折实，漕运制度走向终结，刘堡减水闸也最终完成了它的历史使命[①]。

随着京杭大运河于 2014 年成功申报世界文化遗产，刘堡减水闸的发现为大运河淮扬段遗产的申报提供了水工遗迹等实物支撑。刘堡减水闸遗址结构保存较完整，它可以为研究明代运河水闸的结构类型、建造流程和施工工艺，以及明代运河管理制度提供科学的实物证据。

图 15　明代扬州宝应刘堡减水闸遗址今貌[②]

二、明代农田治水闸

农田治水闸按照功能划分，有灌溉、排涝等类型，但大部分的农田治水闸都是兼具灌溉和排涝等功能的综合性水闸。

（一）明代南京高淳永定陡门

永定陡门是江苏地区明代农田治水闸的典型代表。永定陡门位于南京市高淳区阳江镇大月村西北，东西向，上接沧溪河，下灌周边圩区，始建于明代，曾在清光绪二年（1876）和民国四年（1915）修缮过，是当地民众用来灌溉农田和抗洪排涝的水利设施。

永定陡门当初属于高淳相国圩的配套水利设施。高淳位于苏南边缘，地处古震泽和古丹阳大泽两大水系之间的水阳江流域。当地民众为了增加田地

[①] 吴家兴：《扬州古港史》，人民交通出版社 1988 年版，第 182—187 页。
[②] 印志华，等：《江苏扬州宝应明代刘堡减水闸发掘简报》，《东南文化》，2016 年第 6 期，第 32—39、65—66 页。

与粮食产量，进行围湖造田、筑土御水。高淳原有古圩181座，其中相国圩有着"天下第一圩"的美誉。相国圩和一般的圩田一样，包括圩堤、涵闸、沟渠等农田水利设施。堤上的涵闸平时闭闸御水，旱时放水入沟渠以引水灌田，涝时可用水车等工具将多余的水排出。实践证明，"筑堤、浚河、置闸"是古代筑圩的三项基本要素，缺一不可。

永定陡门的主体采用青石构筑，长26.2米，宽13.5米，高6.35米，由主桥、进水口和出水口堵墙、内涵洞、控制闸板等组成，属于闸桥一体设施。其面向上游沧溪河一侧的桥身上，刻着一副"永绵盘石黎""定遂稻粱菽"的首字藏头楹联，该联寄托了当地民众对修建永定陡门、保粮食丰收的希望。

现在永定陡门仍然在发挥作用，主要在汛期用于防洪，而非汛期主要用于周边一万多亩圩区的灌溉。永定陡门是南京高淳水工遗存中保存较为完整的水利设施之一，在同类型涵闸水利工程中具有代表性。

图16 明代南京高淳永定陡门今貌

（二）明代盐城市大丰丁溪闸和草堰闸

丁溪闸、草堰闸等都是明代在范公堤上修建的东御海潮、西泄洪水的堤闸。

丁溪闸位于盐城市大丰区草堰镇丁溪村丁溪河西端的串场河东岸，始建于明万历十一年（1583），是一座闸桥一体的构筑物。清乾隆十二年（1747）曾经进行扩建，由原来的两孔改成五孔，目前剩一孔，但闸基、闸墙和闸门均保存完好。2021年12月，丁溪闸入选《江苏省首批省级水利遗产名录》。丁溪闸所在的丁溪口位于兴化、东台二市交界处，是范公堤重要的泄水口。范公堤是北宋天圣二年（1024）范仲淹主持修建的从楚州盐城经泰州海陵、如皋至通州海门的捍海堰。丁溪闸作为范公堤归海十八闸之一，其设计初衷便是为了排泄丁溪河、蚌蜒河、梓辛河等周边河流的洪水，减轻内涝压力，保护周边农田免受水淹之害，以及有效地阻挡海潮的侵袭，保护内陆地区免受海水浸灌的威胁。

明万历初期，政府着手治理海口，用于排水，但丁溪口建闸遭到堤东盐场的反对，理由是建闸会带来海潮侵袭与海寇侵扰的问题。明万历十年（1582），新任泰州知州李裕经过勘查之后，提出疏浚蒋家坝至龙开港的河道，同时在冯家坝上游建石闸。如果蓄水超过四尺就开闸泄水，这样一方面可以用于排泄范公堤西的洪水，另外一方面也可防止海潮对盐场的侵袭和海寇的侵扰。李裕的方案在建闸的同时，解决了盐场提出的问题，第二年丁溪闸得以修建[①]。

草堰闸位于盐城大丰区草堰镇草堰村南端，始建于宋，现存闸体重建于明朝万历十一年（1583），清雍正七年（1729）和乾隆十二年（1747）两度改建。2021年12月，草堰闸入选《江苏省首批省级水利遗产名录》。草堰镇位于盐城市大丰区西南端，与东台市东台镇隔河相望，最早是由丁溪场、小海场和草堰场三个古盐场组成。苏北沿海的主要集镇基本是由盐场发展而来，草堰镇是当时的盐运集散地之一。

草堰闸包含正闸和越闸，又称"鸳鸯闸"。正闸和越闸两闸相距20米，一南一北，形体一致，均为二孔闸。草堰闸每闸长14.8米，闸门宽5.3米，高4.8米。闸孔两侧各有两个闸槽，备有两副闸板用于启闭。草堰闸的闸身采用青石条垒砌，闸底以杉木排桩作为地丁，上覆石板，石板之间使用铁锔扣固定。

总之，包括丁溪闸和草堰闸在内的串场河各闸共同承担了分泄闸西边兴化境内洪水的任务。这些具备防洪排涝功能的农田治水闸，在雨季或洪水期间，能够及时开启，将上游来水迅速排泄至下游，有效减轻内涝压力，保护周边里下河地区农田免受洪水侵袭。

---

① 陈应芳：《李父母浚丁溪海口记》，《泰州志》卷八《艺文志》，《四库全书存目丛书》第210册，齐鲁书社1996年版，第179—180页。

图 17　明代盐城丁溪闸和草堰闸今貌

三、明代城市水闸

按照功能划分，城市水闸主要有导引城外水源进入城内的引水闸、将城内积水排出城外的排水闸，以及控制城市内外水路交通的防御水闸，即水关闸等。

（一）明代淮安矶心闸

矶心闸位于淮安市淮安区淮城街道运河小街北首的运河东堤上，是明代城市引水闸的典型代表，矶心闸虽然在城外，但它是淮安古城母亲河文渠从大运河取水的源头闸，属于城市供水系统的一部分，所以归属城市水闸。矶心闸因为出水口直通文渠，所以又名"文渠闸"和"兴文闸"，旧名"响水闸"，矶心闸是俗称[①]。2021年12月，矶心闸入选《江苏省首批省级水利遗产名录》。

淮安城从里运河引水以补充城市用水有悠久的历史，地方志记载，从明嘉靖四十三年（1564）起就开始在运河东岸陆续建造涵洞，一共建造了22座涵洞，其中包含矶心闸在内的6座涵洞是在明代建造的，15座是在清代建造的，1座是在民国建造的。因为这些涵洞都用石块砌成，民间俗称涵洞为"石涵洞"。

矶心闸始建于明嘉靖中，由时任淮安知府王凤灵主持修建，用长1～1.2米，宽0.3～0.4米，厚0.4～0.5米的火山岩石砌成。矶心闸的闸首在河堤西侧，闸尾在河堤东侧，闸道长40米，宽1.6米。闸上覆盖条石，可以通行人和车马。闸塘面积约50平方米，呈八字形，向东接西水关，再由西水关入城。闸西侧的闸门上方有一间闸房，可以控制进水量。

矶心闸在明末曾因战争被堵塞，清顺治十三年（1656）重新启用，康熙

[①] 孙云锦修，吴昆田、高延第纂：《光绪淮安府志》卷六，清光绪十年刊本，第11b页。

四十年（1701）、乾隆三十五年（1770）、嘉庆二十三年（1818）三次重修，1978年改建，现仍可以正常向老淮安城文渠输送水源。

图18　明代淮安矶心闸今貌

（二）明代南京武庙闸

南京武庙闸是明代江苏城市水关闸的典型代表。武庙闸位于南京解放门附近，是南京玄武湖的出水口，也是南京最早的水关，民间俗称"台城水关"。武庙闸的历史可以追溯到三国东吴时期。吴后主孙皓建昭明宫时，为了引玄武湖水作为宫城护城河，开城北渠，并在此设置了武庙闸的前身——北水关，初步奠定了武庙闸在南京水系中的重要地位。明朝洪武初年，朱元璋在建造南京城时，充分利用了玄武湖和秦淮河等水系作为南京城的护城河。为了控制城内河道的水位以避免水患，他在秦淮河、玄武湖等河流入城处设置了多处水关，其中最为著名的就是武庙闸，以及东、西水关。清朝同治八年（1869），因为武庙移于水闸位置的城墙南侧，才改名为"武庙闸"。武庙闸在当时是具有一流水平的城市水利工程，至今仍然是连接南京城市南北水系的重要节点，现为全国重点文物保护单位。

武庙闸是由城墙外的进水闸、拱涵、城墙下的金属涵管，以及城墙内的拱涵、出水闸组成，其主体结构是用巨型条石砌筑的方形深井，深井上方平台设有四块两两相对的绞关石，用以起吊铜质水闸。深井的东西两壁上有两道闸槽，用来固定上下滑动的铜闸门，使其在启闭过程中不会发生偏移。铜闸门平面呈方形，边长1.3米、厚0.25米，重约5.5吨，分为上下合，上合正中是一个直径为0.09米的绳孔铜钮，用铁索与地面上的绞关石连接，下合位置为石质泄水拱洞，与铸铁涵管相连。下合装在条石砌成的方框内，内凹是直径1.1米的孔穴，穴内穿5孔，中孔直径0.28米，四边四孔直径为0.21米，上合呈反"凸"字形，当上合落下，下合面的5个孔洞被封堵，在水的压力下，上下合紧密贴合，形成合闸断流。

武庙闸地面可见部分是三层高低错落的扇形进水闸口，三层进水口设计成"之"字形，这样就能减缓进入水闸的湖水流速，从而减少对水闸本体的冲击力。武庙闸内部是总长140.15米的涵管，由直径0.92米的铸铜涵管和铸铁涵管组成。铸铁涵管分成多截，每截长度为0.82米，总长37.04米。铸铜涵管同样分成数截，每截长度为0.85米，总长103.11米。涵管上方是填土，填土上方是砖砌管道，分两种方法砌置。水闸之间用三券三伏砌置，相当于水窗做法，到城垣处改为五券五伏砌置，相当于城门做法。如此，涵管上方的城墙重量便被砖券分担，管道只承受其周围填土的重量。涵管上方的城墙内还有一座长9.7米、高约4.5米的拱顶瓮室，据推测，是为了当时方便检查和维护涵管而专门设置的维修空间。

武庙闸与普通的水关闸不太一样，普通的水关闸不仅要沟通城内外水系，还需要进行城市内外的水路通航，而武庙闸只需要具备通水功能，所以武庙闸在穿越城墙时用的是涵管，而不像普通穿越城墙的水关闸用的是城门式拱

图19 明代南京武庙闸今貌

券门洞。这种直径较小的涵管在进水时会被随湖水而来的湖草等其他杂物淤塞,所以武庙闸在闸口处都安装了会随水流而转动的绞刀,用以切碎湖草等其他杂物。这一措施不仅可以防止管道淤塞,还可以在战争时期防止敌军潜水入城。

总之,明代是江苏地区水利建设的重要时期,随着京杭大运河的疏浚和治理,以及区域经济的不断发展,水闸作为调节水位、控制水流的重要设施,得到了广泛应用。这些水闸在保障漕运安全、促进农业生产和改善区域水环境方面发挥了关键作用。

第二节　清代的江苏水闸

清代的江苏水闸,同样可以从运河通航、农田治水和城市水利三个主要应用场景去介绍。

一、清代运河通航闸

(一) 清代淮安码头三闸

码头三闸遗址位于淮安市淮阴区马头镇,由南而北依次为"惠济闸""通济闸""福兴闸",三个闸座之间相距三至四里,在当地俗称"头闸""二闸""三闸"。码头三闸遗址是清代运河船闸的典型代表,2021年12月,入选《江苏省首批省级水利遗产名录》。

码头三闸所在的码头镇(今为"马头镇")在明清时期是漕运要枢,也是黄、淮、运交汇之地。码头镇的得名来源于黄、淮、运在此交汇形成水上码头。黄、淮、运在此交汇,但由于黄强运弱,漕船渡黄成为当时面临的一道重大难题,明代总河潘季驯对此施行"蓄清刷黄"的方案,在惠济祠旁的黄、淮、运交汇处新开了"U"形河道,与惠济、通济、福兴三闸及高家堰等工程形成一项复杂的水利枢纽工程,以解决漕船渡黄的难题。运河在这里并不是直接通过一个闸坝进入黄河的,而是通过这个"U"形水道进入运河,惠济、通济、福兴三闸是筑在这条"U"形河道上,用来调节洪泽湖和黄河对运河水量影响的。

惠济、通济、福兴三闸相距不远,各自包括正闸和越闸。所谓越闸就是正闸附近越河上的辅助性船闸。码头三闸并不是同时建造的,而是建于明清不同时期，由于其中的绝大部分的水闸工程都是建于清代，有的水闸即使始建于明代，但也在清代重建，所以码头三闸归类为清代船闸比较适宜。

惠济正闸原名"新庄闸"，又名"天妃闸"，即明代淮安五闸系统之一，原址在惠济祠后，明永乐年间陈瑄始建，明嘉靖年间进行了移建，并改名为"通济闸"，"明永乐中陈瑄建，嘉靖中改移于南，名'通济'"。明万历六年（1578）总河潘季驯又移建于甘罗城东，康熙十九年（1680）又移建于烂泥浅之上，又改名为"惠济闸"，"万历六年，潘季驯又移甘罗城东。康熙十九年，又移烂泥浅之上，即七里旧闸，而改名'惠济'"。康熙四十年（1701）复移建于旧运口的头草坝。雍正十年（1732），移建七里沟即今址，"雍正十年，移建七里沟，即今处"[1]，此后还经历了多次重修。

惠济越闸建于清康熙四十九年（1710），由建于康熙三十四年（1695）的永济闸修复而成，雍正十年（1732），又移建于二草坝之南。清乾隆二十七年（1762）重修，清嘉庆十一年（1806）和道光十四年（1834）拆修。

通济正闸位于惠济闸东北，清乾隆二年（1737）始建，乾隆二十五年（1760）重修，清嘉庆十一年（1806）拆修。通济越闸同样建于清乾隆二年（1737），清乾隆二十七年（1762）重修，清嘉庆二十一年（1816）拆修。

福兴闸由陈瑄始建于明永乐年间，万历中曾移建。清乾隆二年（1737）重建，乾隆二十五年（1760）重修，清嘉庆十九年（1814）拆修，清道光十四年（1834）补修。福兴越闸始建于乾隆二年（1737），乾隆二十七年（1762）重修，清嘉庆二十一年（1816）补修，道光十九年（1839）拆修。

从以上码头三闸的建造历史来看，其建造地址和名称并不是一成不变的，而是在不断演变，直至乾隆年间，码头三闸的正越闸体系才正式形成（如图20），而直到清嘉庆年间，三闸才正式定型、定名[2]。

码头三闸的结构型式基本相同，均为单孔，其金门宽度和高度一致，"其金门皆宽二丈四尺，墙皆高三尺六寸"，但闸两边的水位差不同，"惠济为

---

[1] 胡裕燕修，吴昆田等纂：光绪丙子《清河县志》卷六《川渎下》，《中国地方志集成·江苏府县志辑》第55册，江苏古籍出版社1991年版，第891页。
[2] 范成林，张煦侯：《淮阴区乡土史记 淮阴风土记》，方志出版社2008年版，第372页。

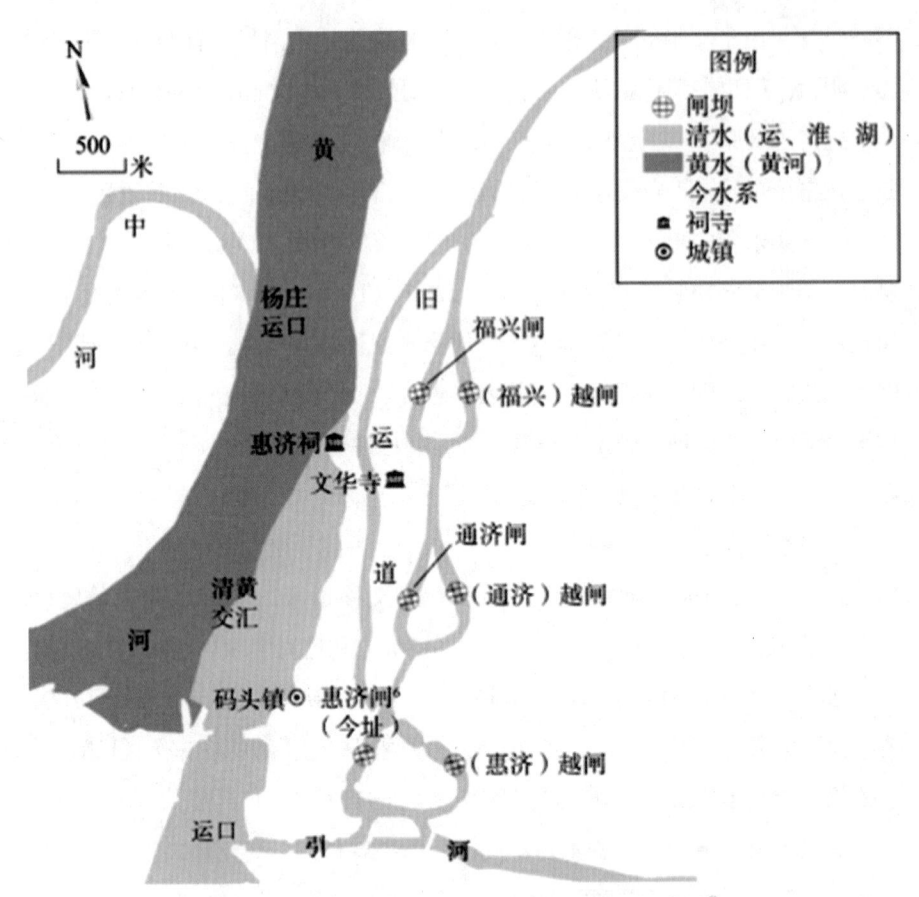

图20 清乾隆十四年（1749）的码头三闸位置示意图[1]

二尺半，通、福两闸皆半之"[2]，因此惠济闸为头闸，通济闸为二闸，福兴闸为三闸。码头三闸的闸身中部都设有两道插板闸槽，相距约两米。进出口护坦为三合土加铺条石，出口长达70余米。三闸依次连通，逐渐升高水位。北上漕船经过码头三闸时，犹如登三级阶梯，需要依靠人力拉纤，才能把漕船拉到水位高于黄淮交汇处的清口的运口，然后才能由高向低先从运河进入淮河，再进入黄河或中运河北去。由于运口和清口之间水位落差较大，漕船过码头三闸，一般由北向南需要三天，而由南向北需要七天，而且过闸过程

---

[1] 张鹏程，路伟东：《明清以来淮安清口闸坝体系考辨》，《运河学研究》，2020年第1期，第92—108页。
[2] 范成林，张煦侯：《淮阴区乡土史记 淮阴风土记》，方志出版社2008年版，第369页。

十分危险。地方志记录了漕船过码头三闸时的情景："建闸原为节制水源，而危险亦甚。盖水势束怒，航途艰险，故下闸须善为把舵，上闸又须用力绞关。当绞关时，爆屑纷飞，锣声轰发，一时岸上居民，无老无幼，悉受闸夫雇用，为之邪许，随锣声之紧慢，为用力之缓急。下闸亦不易，迎溜尤为大忌。"[1]因此过闸的船只都需要雇用常年在此的闸夫协助掌舵过闸，"故上闸需力，下闸需用巧，闸夫虽不强人雇用，而人自有不敢忽者"[2]。请闸夫协助过闸当然是需要付费的，"大都管舵自二坝至三闸上，人可得一二元；遇船只多时，日放闸数番，则七八元。上闸费有定额：头闸，大船十六元、中船八元、小船四元，空船减半；二、三闸及清江闸，其数又为头闸之半焉"[3]。由此可见，闸夫在当时的收入相当不错，因此当时有很多人争抢当闸夫。

清咸丰以后，由于黄河向北改道入渤海，码头三闸的重要性减弱。同时，苏北运河上引进西方水利科学技术，逐渐建立了邵伯、淮阴、刘老涧三座现代化的船闸，不仅避免了通过码头三闸之险，而且船只往来不必绕行磨盘大湾，缩短了航程，节省了过闸和通航时间。因而码头三闸逐渐被废弃，其中通济闸和福兴闸于1967年被拆除，惠济闸于1973年被拆除。

图21　20世纪40年代的码头三闸（来源：日本京都大学人文科学研究所藏《华北交通写真》）

（二）清代徐州市邳州市河清闸遗址

河清闸遗址位于徐州市邳州市戴庄镇李圩村，是泇河运河上的船闸。泇

---

[1] 范成林，张煦侯：《淮阴区乡土史记　淮阴风土记》，方志出版社2008年版，第369—370页。
[2] 范成林，张煦侯：《淮阴区乡土史记　淮阴风土记》，方志出版社2008年版，第370页。
[3] 范成林，张煦侯：《淮阴区乡土史记　淮阴风土记》，方志出版社2008年版，第370页。

河运河最早开凿于明万历年间（1573—1620）。前后经过李化龙和曹时聘两任总河。因李化龙丧母，万历三十三年（1605）二月由曹时聘接续直河口以下河工。李化龙开凿的泇河运河段从山东济宁微山县夏镇街道李家口开始，至江苏徐州邳州直河口，全长130千米，其中流经徐州邳州境内56.1千米。泇河开成以后，仍保留徐州方向"借黄行运"的水道，形成"重运由泇、回空由徐"的格局。由于泇河运河沿线如台家庄、侯家湾、良城等处"山冈高阜"，所以建有八处船闸以保持运河水位，河清闸就是其中一座。

河清闸始建于明万历三十二年（1604），明时称此闸为"良城闸"，良城是邳州古称。清雍正二年（1724），泇河运河上的船闸进行了重建，其中包含梁王城的河清闸等。据史书记载，河清闸在邳州梁王城右，金门宽2丈2尺，高2丈8尺，有24层砌石，闸墙长22丈4尺，闸旁还有长120丈的越河。

1995年12月，水利部淮河水利委员会"东调南下"工程指挥部在中运河梁王城段施工中发现了雍正时期重建的河清闸遗址。河清闸遗址平面呈束腰喇叭口形状，南北向，由东西两部分闸墙组成。东部闸墙由南到北总长59.2米，残高3.5米，从西往东由3排条石与3排砖砌成，总厚3.5米，砖石壁后是堆土。西部闸墙总长72.2米，残高2米，由4排条石砌成，厚2.2米，壁后同样是堆土。闸墙东西最窄处是长8.2米、宽7.5米的闸室，两边各有一对闸槽，两两相对，一侧的闸槽之间相距1.8米，闸槽截面长0.38米、宽0.28米[①]。

河清闸遗址所用条石均经过加工，有42、60、78、105、190厘米几种不同长度，宽度大致相同，在40～42厘米，厚度为39厘米。两侧迎水面所用的条石加工更为精细，表面经过打磨。条石与条石上下之间以白石灰填缝，左右之间两两以铁扣相嵌，用于加固。铁扣是生铁铸造，呈燕尾榫形，与条石上的凹口正好吻合，上有"钦工"字样。此外，所用砖为规格是6×8×42厘米的青砖。

---

① 姚景洲，盛储彬：《邳州市发现京杭大运河古船闸遗址》，《东南文化》，1999年第4期，第39—41页。

在河清闸东南段的石壁上，刻有一处显示水位高低刻度的水文标尺。刻度以尺为单位，每尺长度与现在的计量单位"尺"的长度基本一致，每尺有十个分格，每五个分格处又加一明显标记。这处水文刻度在当时具有判断运河水位的作用。河清闸所在的泇河运道横跨山东、江苏两省，水源依靠微山湖水接济。由于两省的运道分别由东河总督和南河总督负责，运道职权的分割导致湖水济运水量分配纠纷。东河总督害怕湖水宣泄过多，影响接济后面的江广重船，而南河总督则指责他们要为苏北漕运浅阻负责。因此，在清嘉庆年间，两省在交界的邳州黄林庄（今山东省枣庄市台儿庄区邳庄镇黄林村）设立志桩，即一种刻有尺度的主要用于测量水位高低的木桩。清嘉庆十五年（1810）和十六年（1811）又分别在江苏的河清闸和山东台庄闸石墙上刻上同样用于测量水位高低的水文标尺，"嵌凿红油记，与黄林庄志桩水平五尺之数相符"[①]。这样，等重运漕船渡过黄河抵达宿迁后，东河总督就要下令

图22　清代徐州市邳州市河清闸遗址今貌

[①] 黎世序，等：《续行水金鉴》卷一一四《运河水》，商务印书馆1937年版，第2626页。

开启微山湖节制闸，放湖水入运，而且一定要使水位达到红油标志，即运河水深达到五尺以上，才能确保漕船一路南行。如果没有达到红油标志，导致漕运船只搁浅，责任在东河方面；如果达到了红油标志，运道仍有浅阻，则由南河负责。

二、清代农田治水闸

（一）清代扬州高邮的子婴闸、界首小闸、南水关洞和车逻闸

子婴闸、界首小闸、南水关洞和车逻闸位于扬州高邮市境内的里运河—高邮灌区内。里运河—高邮灌区是中国古代巧妙利用河湖水系和合理调控河流湖泊的典范水利工程，它通过闸、洞、关、坝等水工设施，自西向东连通高邮湖、里运河和高邮灌区，实现了水在"高邮湖—里运河—高邮灌区"之间的合理调配，其主要功能以农田灌溉为主，兼顾漕运。2021 年，"里运河—高邮灌区"被列入第八批世界灌溉工程遗产名录。

"里运河—高邮灌区"的历史可追溯到唐宪宗元和六年（811），淮南节度使李吉甫为高邮地区的农田灌溉、运河水位调节和高邮湖防洪，大力兴建平津堰等水利设施，"漕渠庳下不能居水，乃筑堤阏以防不足，泄有余，名曰平津堰"[①]。通过筑堰挡水，在调节运河水位以保证运河漕运的同时，兼顾了高邮地区的农田灌溉。

高邮湖、里运河和高邮灌区三大功能区之间通过闸、洞、关、坝等水工设施进行连接，其中高邮湖与里运河之间有西堤三闸，里运河与高邮灌区之间有归海五坝、南水关和东堤的六闸九洞，由此形成一个完善的灌溉调配体系。以农田灌溉为例，高邮灌区的农田通过运河东堤的子婴闸、界首小闸等堤闸，引运河水经干、支、斗三级渠道自流灌溉农田，达到灌溉面积超过 50 万亩的最终灌溉目的。

子婴闸位于高邮市界首镇永安村北大运河东堤，因其所跨河道是子婴河而得名。子婴闸对于大运河来讲是分水闸，对于子婴河来讲是从大运河引水的进水闸。子婴河旧称"子婴沟"，相传是秦始皇的长孙子婴所开凿。旧时

[①] 欧阳修，宋祁：《新唐书》卷一四六《李吉甫传》，中华书局 1975 年版，第 4740—4741 页。

子婴河是运河以东地区重要的水上交通枢纽，为里下河地区的货物运输提供了便捷交通。子婴闸始建于明万历二十四年（1596），由明代著名治水专家潘季驯主持修建。现存的子婴闸重建于清光绪十六年（1890），采用叠梁式闸门和条石结构垒砌。子婴闸不仅用于控制高邮灌区的引水灌溉，还用于控制排泄经子婴河入海的淮水。民国二十三年（1934），子婴闸上游增建浆砌块石裹头。1951年，闸下游又增建混凝土闸舌。1956年又在上游闸顶加高3层条石，以提高闸的防御水位。

图 23　清代高邮子婴闸今貌

界首小闸位于高邮市界首镇界首村大运河东堤，是周山灌区二里支渠的进水闸。界首小闸始建于清顺治十三年（1656），康熙五十九年（1720）、乾隆廿一年（1756）重修，也是一座采用叠梁式闸门和条石浆砌结构的节制闸。民国二十一年（1932），国民政府导淮委员会对其进行改宽加深，闸身长9.15米，闸底高度落低0.53米。民国二十三年（1934），又在其上游增建浆砌块石裹头。1956年在其上游闸顶加砌3层条石，以提高该闸的防御水位高度。1965年，又接长加固闸身，使闸身总长达到22.25米。界首小闸作为大运河连接运东地区的重要农田灌溉水利设施，灌溉大约8万亩农田。民国时期还利用界首小闸的水位差，在闸口的东侧建起了小型发电站，进行水力发电，可以满足集镇居民的照明需要。同时利用水力发电，还建起了水力稻谷加工设备，用于四邻八乡的稻谷加工，目前该闸仍在使用。

车逻闸位于高邮市车逻镇闸河村运河东堤，又称"车逻坝耳闸"，始建于清乾隆五年（1740），是归海五坝之一车逻坝的耳闸，也是高邮灌区车逻

图24 清代高邮界首小闸今貌（图片来源：江苏省不可移动文物数据库网站）

干渠的引水闸，其主要功能是给车逻坝下游的农田提供自灌水源。车逻闸两侧裹头采用条石砌筑，条石之间使用铁锭固定，并用石灰糯米汁黏合。车逻闸采用3～8米的杉木桩做基础，桩下为三合土，建造工艺精细，坚固耐久。清光绪十六年（1890），由当时专门负责自平桥以下至瓜洲口运河治理的堤工总局负责重修，上游增建浆砌块石裹头。1950年则增建下游混凝土闸舌护

图25 清代高邮车逻闸今貌（图片来源：江苏省不可移动文物数据库网站）

坦。1956年汛期，同样在上游闸顶加高3层条石，以提高闸的防御水位。

总之，子婴闸等闸在农业灌溉、防洪排涝等方面都发挥着重要作用，它们是高邮古代重要的灌溉水利工程遗产，对明清时期高邮地区的经济发展起到了重要的支撑作用。

（二）清代苏州太仓浏河新闸

浏河新闸位于苏州太仓市东部濒江临海的重镇浏河镇，是清代苏州浏河地区集农田灌溉、行洪、排涝、航运等功能于一体的综合型水闸。浏河镇东与崇明岛隔江相望，南与上海宝山、嘉定区接壤，被称为"江尾海头第一镇"。浏河镇因浏河得名，浏河作为太湖东北地区五大通江骨干河道之一、长江支流，太湖古"三江"之一的娄江下游，具有行洪、排涝、航运等综合功能。浏河镇作为万里长江第一港，在元代称"刘家港"，不仅是元代海运的出发地，也是对外贸易的重要港口，同时与当时的安南（今越南）、暹罗（今泰国）、高丽（今朝鲜、韩国）等国有贸易往来。明代航海家郑和通使西洋，先后七次从刘家港起锚，因此号称"天下第一码头"。

浏河新闸始建于清康熙十年（1671），原址在距离长江5.5千米的浏河镇的老浏河塘上，史称"康熙大闸"，因为坐落在天妃宫前，所以又称"天妃闸"，是一座净宽约25米的四孔叠梁式石闸，青石质，中间的闸墩有梭形分水尖。康熙大闸建成以后不堪潮水日夜冲击，不到60年即坍废。清雍正八年（1730）向西移一里，再次重建，史称"雍正新闸"，成为当时镇区一大胜景——"新闸涌潮"。道光十四年（1834）再次重建，时称"新闸"。同治五年（1866）新闸重修，同时疏浚闸上下游河道。民国时期，"刘河"改称"浏河"。抗战期间，浏河新闸上层建筑毁于战争，只留下四个石墩。民国三十五年（1946），在进行沪太公路向北延伸工程时，沪太长途汽车公司总经理朱恺俦利用浏河新闸留存的四个石墩修筑了钢筋混凝土结构的公路桥梁，取名"新闸桥"，沿用至今。1958年浏河进行第一期拓宽整治工程时，在新浏河口新建了一座钢筋混凝土节制闸——浏河节制闸，浏河新闸不再具有水闸的功能。

（三）清代宿迁浅废闸

浅废闸遗址位于宿迁市洋河新区境内的废黄河南大堤上，是清代分泄洪水和用于农田灌溉的典型水闸。

图26　清代苏州太仓浏河新闸今貌

　　浅废闸又名"祥符闸",后又称"钱废闸"。清康熙三十九年(1700),河道总督张鹏翮为了保证附近泗阳县城的安全,采用"移东就西"的方式,奏请新开在桃源县(今泗阳县古称)西境的洋河镇老堤头新开用于调节黄河水位的引水河,并主持修建了祥符、五瑞二闸以"减黄助清"。祥符闸是这条引水河上的节制闸,它的作用就是调节洪泽湖和黄河之间的水位。因此,更准确地说,祥符闸是一座用来分泄河道洪水的分洪闸。当黄河水丰时,开祥符等闸分洪进入洪泽湖,黄河水少时,引洪泽湖水冲刷黄河泥沙,平时还可以用于引水灌溉。祥符闸命名的含义是能给当地带来祥和丰收、符合民众愿望。

　　清道光三年(1823),祥符和五瑞二闸被移建于旧闸稍北的坚滩上,新建的闸门各宽二丈四尺,闸底比旧闸底高一丈七尺三寸。闸的东西修筑钳口坝,闸下建有束水堰,闸水排入洪泽湖。

　　清咸丰五年(1855),由于黄河在河南兰仪县(今兰考县)决口,复归黄河故道,从此黄河不再流经宿迁、桃源,祥符闸也就完成了历史使命,闸体逐渐湮废。当地民众认为清政府耗费了大量银两却造了一座废闸,戏称它为"钱废闸",后被讹传为"浅废闸"。

浅废闸的闸体南北长约 70 米,东西宽约 60 米。建闸时位于黄河大堤,与黄河大堤相交平面呈十字形。建造时先用木桩做地丁,其上用条石垒砌,条石与条石之间使用铁扣件连接,迎水面和背水面背后均用三合土夯实。

图 27　清代宿迁浅废闸遗址(图片来源:江苏省不可移动文物数据库网站)

三、清代城市水闸

龙光闸是清代城市水闸的典型代表,它是用来控制淮安城中母亲河文渠和城外涧河水位的节制闸。龙光闸位于淮安市淮安区南巽路东端、龙光阁西南处,始建于明天启年间(1621—1627),清雍正四年(1726)重修,目前的闸体是清光绪六年(1880)重建。

龙光闸和前文提到的西水关矶心闸相似,矶心闸是淮安城进水控制闸,而龙光闸是出水控制闸。淮安城内的出水一路从新城东入涧河,另外一路从巽关经龙光闸入涧河。

虽然清雍正四年(1726)曾经疏通过龙光闸,但此闸因各种原因依然不定期堵塞。清光绪初,涧河挑深后,龙光闸底比涧河还高,这在《重建龙光闸并浚文渠涧河附记》中有这样一段记载,"龙光闸乃郡城文渠东南支进水闸也，引涧河之水注郡学泮池，合中北两支入城河，出阜城关泄焉。近年运河水浅，上下兴文闸均不得进，是闸底高涧河底几四尺矣"，影响了取水。于是光绪六年（1880）重建闸身，闸身由青条石砌筑，闸门长5米，宽0.3米，高1.5米，在原金门上加宽二尺六寸，并挑深二尺五寸，使闸底与涧河底持平。此外，龙光闸还是闸桥一体的建筑，闸身上盖了一座歇山式四角亭，可供人休憩观景。亭子东西长9米多，南北宽5米多。南北有桥栏和座椅，地面铺方块砖。如今的龙光闸也不再承担控制城中文渠水位的功能，而是由它东南侧50多米处的涧河闸代替。

总之，龙光闸作为清代淮安城市水利设施的历史见证，是研究淮安城市水利建设和城市布局的实物标本。

图28　清代淮安龙光闸今貌（图片来源：江苏省不可移动文物数据库网站）

第三节　明清时期江苏水闸的修建和管理

明清时期水闸的修建和管理依然属于水利部门，水利机构依然包括中央和地方两大系统[①]。

一、中央层面

明代工部设有"营缮、虞衡、都水、屯田四清吏司"[②]，其中都水清吏司，"典川泽、陂池、桥道、舟车、织造、券契、量衡之事"[③]，其中的"川泽、陂池、桥道"都可能和水闸相关。清承明制，清代中央同样设置六部，负责领导和管理全国所有职官、户籍、礼仪、兵事、刑讼和工程等各项事宜，其中工部掌握修缮、施工与各项制造工程。工部下设营缮、虞衡、都水、屯田四清吏司，都水清吏司又下设河防科、桥防科、都吏科、织造科等，分管本司各项事务。由此可见，明清时期工部都水清吏司的职掌广泛而具体，涵盖了水利、交通、手工业及财政等多个方面，它在维护国家水利和交通等基础设施、促进手工业发展、保障财政收入等方面发挥了重要作用。

明清时期，随着漕运成为国家重要的经济命脉，运河职官体系随之建立，并逐渐成熟，其间经历了三个阶段：

（一）明初到明成化年间（1368—1487）是大运河管理制度的初创和逐步完善时期

明初未设运河专职机构，运河水闸修建等各项水利工程事务也是由中央和地方水利部门负责，永乐二年（1404）设立总兵后，"设总兵、副总兵，统领官军海运，后海运罢，专督漕运"[④]，此时的大运河由总兵掌管。

随着永乐帝迁都北京，漕运的重要性日渐提升，需要有专职的官员进行管理。从明永乐十三年（1415），明代中央政府决定完全依靠大运河

[①] 彭云鹤：《明清漕运史》，首都师范大学出版社1995年版，第124页。
[②] 张廷玉，等：《明史》卷七三《职官志二》，中华书局1974年版，第1761页。
[③] 张廷玉，等：《明史》卷七二《职官志一》，中华书局1974年版，第1759页。
[④] 张廷玉，等：《明史》卷七六《职官志五》，中华书局1974年版，第1871页。

运输南方粮食供应北京开始，到明成化年间（1465—1487），这一段时期属于明代大运河管理组织架构和管理制度逐渐成熟和全面确立时期。大运河管理组织架构形成以后，运河水闸由专门的河道官员负责建造和管理。

永乐元年（1403），平江伯陈瑄被任命为总兵官，"掌漕运、河道之事"[1]。首任漕运总兵官陈瑄功绩突出，其制定的制度对明代后世运河管理影响深远，"大抵河道及漕运制度多出瑄手"[2]。明景泰元年（1450），明代中央政府又设置漕运都御史与漕运总兵官同理漕务，"设淮安漕运都御史，兼理通州至仪真一带河道"[3]，以强化漕运管理权，以确保南北物资调配的高效指挥。漕运都御史的全称是"总督漕运兼提督军务巡抚凤阳等处兼管河道都御史"，简称"总漕"。一开始漕运总兵官的地位高于总漕，但后来总漕的地位逐渐超过了漕运总兵官。

明成化七年（1471），明宪宗任命王恕以刑部左侍郎总理运道事宜，负责修治漕运河道和相关的水利设施，王恕成为首位总理河道专职官员。当时总理河道还是不常设官职，但成化七年是一个重要的时间节点，总理河道这一职位的出现使得总兵、总河、总督三分天下的运河管理总体架构得以初步形成。明成化中后期，大运河管理组织架构已经基本形成，"总漕巡扬州，经理瓜淮过闸。总兵驻徐、邳，督过洪入闸，同理漕参政管押赴京。攒运则有御史、郎中。押运则有参政、监兑。理刑、管洪、管厂、管闸、管泉、监仓则有主事，清江、卫河有提举。兑毕，过淮、过洪、巡抚、漕司、河道各以职掌奏报。又有把总、留守皆专督运"[4]。由此可见，此时的运河管理机构趋于完整，分工明确，各司其职。

---

[1] 王琼：《漕河图志》卷三《漕河职制》，《续修四库全书》史部第 835 册，上海古籍出版社 2003 年版，第 614 页。

[2] 姚汉源：《京杭运河史》，中国水利水电出版社 1998 年版，第 18 页。

[3] 申时行，等：万历《大明会典》卷二七《会计三·漕运》，《续修四库全书》史部第 789 册，上海古籍出版社 2003 年版，第 475 页。

[4] 《钦定续通志》卷一五五《食货略·漕运》，文渊阁本《四库全书》。

（二）明弘治朝至清乾隆朝（1488—1795）是大运河管理制度的完善与成熟期

在此期间，大运河一直是南北政治与经济中心的连接通道，明清两朝的中央政府对运河的重视也是前后相承。在很长一段时间内，漕运总兵、漕运总督以及总理河道三者共存，共同参与大运河的管理。但之后总兵在运河管理体系中的地位逐渐下降，大运河管理主要由总漕与总河两者主导，直至明天启元年（1621）漕运总兵被裁撤。

总河成为常设后，原只负责自通州张家湾到瓜洲和仪征段的漕河事务，以及从河南、山东至淮安段的黄河事宜，后又扩展到江南运河的管理工作。总河的职权越来越大，首先是跨地区，从明正德四年（1509）开始，"河南之开封、归德，山东之曹、濮、临沂，北直之大名、天津，南直之淮、扬、徐、颍咸属节制，建牙如督抚"[1]，总河拥有与督抚一般的可以节制沿黄河、运河的州县官员的权力。其次是跨部门，总河管辖管河、管洪、管泉、管闸等郎中、主事以及军卫、兵备、守巡等官员。此外，明代万历初确立了由工部都水司四员郎中分理河道的管理体制：通惠河郎中驻通州，管理大通河，兼理天津一带河道；北河郎中驻山东聊城，管理静海至济宁之间的卫河与会通河河道；中河郎中驻江苏徐州吕梁，管理徐州至淮阴河道，后又增管泇河，兼理徐、吕二洪；南河郎中驻江苏高邮，管理淮扬段运河河道。这些管河郎中上受总河与工部之命，下可以考核、察举和节制沿河各所属有司及管河文武官员，以催督漕运。郎中之下还分设临清、济宁、南旺、沽头、夏镇、宁阳、徐吕二洪、清江浦、瓜仪等处管河主事，各自驻扎汛地，具体负责所属河道或水利工程的修建和管理。最后，总河还兼带提督军务，这原本属于总兵的权力，但在明代中后期，为维护纵贯南北的运河漕运，漕河沿岸各兵备道、军卫都听总河节制。明后期总河在大运河管理体系中地位上升的重要原因之一，是当时的黄河经常泛滥而冲决运河，影响了漕运，这必然导致负责治河的总河地位的上升[2]。

---

[1]《明神宗实录》卷一九七，万历十六年四月甲寅条。

[2] 王在晋：《通漕类编·序》，《四库全书存目丛书》史部第 275 册，齐鲁书社 1997 年版，第 242 页。

到了清代，为了恢复明清交接之际失修的漕运，首先设立河道总督一职，这是清代管理漕运的最高官职，其职责是总揽一切跟运道有关的政令，包括疏浚河道、修筑堤防、维护闸坝等，并兼管黄河、永定河事务等。运道分为三段，设置三位河道总督管理，分别是山东河南河道即东河总督，总督府驻山东济宁；江南河道即南河总督，总督府驻江苏淮安；直隶河道即北河总督，由直隶总督兼理。河道总督下还设置各种河道水利官员：设河库道1人，驻清江浦，管理出纳沿河款项；设置专司或兼管河道6人，分别驻扎在运河沿线徐州、淮安、济宁、兖州、天津、通州6个重要城市。此外，长江以北运河，南起瓜洲，北至通州，全程共分17段，沿运河的府设同知或通判、州置判官、县立主簿进行分段管理，驻防在运河沿线要地，进行运河水闸等各类水利工程督修。每段下设闸、坝、汛，一共有62座重要运河闸座，共设置闸官43人，专门负责闸的启闭，按时蓄泄，其中江南共有14座重要运河闸座，设置闸官11人进行管理①。

总之，从明弘治至清乾隆朝（1488—1795），大运河管理制度不断完善与成熟，各管理机构之间分工明确、职责清晰，最终形成了一套巡抚、漕司、河道各部门职责明确的运行机制："兑毕过淮、过洪，巡抚、漕司、河道各以职掌奏报，有司米不备，军卫船不备，过淮误期者，责在巡抚。米具船备，不即验放，非河梗而压帮停泊，过洪误期，因而漂冻者，责在漕司。船粮依限，河渠淤浅，疏浚无法，闸坐启闭失时，不得过洪抵湾者，责在河道。"②

（三）清嘉庆朝至光绪朝（1796—1905）是大运河管理制度的衰败期

从清嘉庆朝开始，大运河管理制度逐渐衰败。光绪二十八年（1902），河道总督及其相关的河道管理体系"各卫所运官弁及运河道、厅、汛、闸各官"被相继裁撤，基本退出了历史舞台。光绪三十一年（1905），漕运总督也被裁撤，至此整个运河管理体系完全解体②。运河管理体系的终结是多种因素综合作用的结果，如清末政府吏治腐败、洪秀全领导的太平天国运动、海运的兴起等，

---

① 张廷玉，等：《明史》卷七九《食货志三·漕运》，中华书局1974年版，第1922—1923页。
② 李治亭：《中国漕运史》，文津出版社1997年版，第309页。

以及与铁路、轮船等新交通运输方式的出现有关。

总之，明清时期的中央设置工部都水清吏司，主要负责的是稽核、估销河道、海塘、江防、沟渠、水利、桥梁、道路工程经费制定和监督实施，其中就包含各种中大型水闸的建设。这些中大型水闸中，运河水闸比较特殊，由于属于漕运设施，事关全国的经济命脉，所以设置各种专职的河道官员负责建造和管理，而其他中大型水闸的建设和管理的具体事务是由水闸属地的地方政府负责。

二、地方层面

地方水闸分为官建和民建，官建的地方水闸通常都是地方中大型水利工程的附属水利设施，属于由政府出资建造并管理的用于造福一方的公共工程。民建的水闸通常都是基层社会为农田水利灌溉自行修建的简易水闸，属于民需、民建、民用、民管。

明代地方官建水闸的修建一般是由各省巡抚和府州县官主持修建，与河官采用分流域、分河段管事不同，各省巡抚和府州县官是以行政区域划分水闸的修建和管理职责。由于水闸的修建只是地方政府诸多职能之一，但地方政府层级通常不会设立专门的机构管理，而是由地方长官统筹管理。如有水闸修建任务，通常是由正印官督理，佐贰官分理。

明代地方民间水闸的修建一般是由各地的基层社会组织进行修建和管理。明代县以下设立"坊厢"和"乡里"基层社会组织，其中城镇设"坊"，近城之区设"厢"，"乡里"是乡村基层社会组织。明代乡村基层社会组织有乡、都、图、里、扇、区等，而最常用"里"代表里甲制这种行政建制[①]，"乡""都"仅作为地域名称而非行政建制。"乡"和"都"都曾经作为明初乡里一级行政机构，但随着里甲制度的建立，"乡"和"都"由行政层级变成了地域概念。里甲制度中，一个"里"一般辖100至110户。"里"下有"甲"，"甲"有"甲"首。明代地方政府职能无法顾及的众多民间水闸的修建都是由基层

---

① 王昊：《明代乡、都、图、里及其关系考辨》，《史学集刊》，1991年第2期，第14—17、28页。

社会组织或宗族族长负责修建和日常管理。

清代的地方行政区划体系在明代的基础上，形成了更为完善的省、道、府、县（州）四级行政区划制度。与前代一样，清代州县作为国家行政系统的末端，是一州县包括官建水闸等公共工程在内的各种具体政务的最终执行者。清代州县官事务繁巨，但其政权组织极为简单，知县之下仅设有县丞、主簿等少数佐贰官辅佐处理相关公务，且常因事而设。县衙日常办公机构设有和中央六部相对应的"三班六房"制，州县各种政务主要依靠"三班六房"去执行。"三班六房"中的工房管河道、水利、衙门和桥梁等建设。

清代县以下的基层社会实行保甲制度，与北方较常用的乡、里、社制不同，江苏地区则常用乡、都、图（里）制。"都"在江苏地区就是"圩田"的意思，"都"与"保"在乡级以下并称或互代，也有的是在都下设保的。"图"实际就是"里"的代名词。在很多情况下，县城及附郭十里之内称"保"，乡野地区则称"图"。清代江苏地区基层系统中"乡—都—图"不仅是一种田制体系，也是一种地方基层管理体系。乡村地区的农田水闸的修建就是由这些乡村的基层组织负责。

总之，与前代大致一样，明清时期关系公共利益的中大型水闸工程通常是由地方政府负责修建和管理，关系集体或者个人利益的小型简易水闸通常是由基层社会组织或个人本着"谁用谁建谁管"的原则，自行筹集资金建设和管理。

第七章 民国时期的江苏水闸

进入近代以来，伴随着西学东渐，西方闸工技术在民国初期传入中国，钢筋混凝土结构的水闸异军突起，逐渐代替了传统材料建造的水闸，并迅速取得统治地位。如江苏南通籍近代著名实业家、教育家张謇于民国五年至十年（1916—1921），在南通等地建成了遥望港九门闸等一批钢筋混凝土结构的水闸。这些水闸的建成，标志着民国时期江苏水闸建设技术的重大进步。

第一节 民国时期的江苏水闸

对于民国的江苏水闸，依然可以从运河通航、农田治水和城市水利三个主要应用场景去介绍。大部分的水闸兼具两个应用场景，在分类时将按照主要的应用场景去介绍。

一、民国运河通航水闸

（一）民国扬州邵伯船闸

邵伯船闸旧址位于扬州市江都区邵伯镇西部邵伯新船闸南边，横跨在南北流向的邵伯湖上，是民国时期典型的运河通航水闸。邵伯船闸在民国二十五年（1936）建成通航，是苏北运河段第一批兴建的新式船闸之一，为当时国内最新式的机械船闸。

民国南京国民政府时期，导淮工程是当时最大的公共工程，其中就包含邵伯船闸工程。当时蒋介石任导淮委员会委员长，陈果夫是导淮委员会的副委员长和江苏省政府主席，负责筹措导淮工程的巨额资金。当时的导淮委员会决定先借用"庚子赔款"以及自筹资金的方法来筹措工程资金。"庚子赔款"是清光绪二十七年（1901）帝国主义各国强迫清政府签订的《辛丑条约》所规定的赔款，共计四亿五千万两白银，年息四厘。清宣统元年（1909）美国为缓和中国人民的反帝情绪，决定退还庚子赔款的大部分，改成教育用途，用于中国留美学生的留学费用。英、日、法等国也相继仿效，但其使用支配权仍掌握在外国人手中，如英国的庚子赔款大部分投资于铁路修建及其他生产事业上。庚子赔款首期资金筹集到位后，先是用于淮阴张福河疏浚工程，第二期资金用于修建苏北运河上邵伯、淮阴、刘老涧三座新式船闸和开辟入海水道的工程费用。但这些工程所需资金庞大，单靠庚子赔款无法解决，当时还发行了2000万元公债用于补充导淮工程建设资金。

民国二十一年（1932），陈果夫制定了一期工程方案，由导淮委员会主任工程师林平一和副总工程师、代理总工程师须恺主持设计，从欧美留学归来的学子以及河海工程专门学校毕业生作为工程师担纲设计助手，由上海陶馥记营造厂承包施工，相继建成了邵伯、淮阴、刘老涧、高邮北四座京杭运河船闸，以及杨庄、周门、刘老涧三个活动坝。上海陶馥记营造厂是民国时期首屈一指的建筑企业，其创办人陶桂林（1891—1992），乳名逢馥，江苏通州吕四镇（今南通启东吕四港镇）人。陶馥记营造厂先后承接了一系列包括南京中山陵三期工程、广州中山纪念堂、上海国际饭店等在内的重大工程项目，是当时上海乃至全国最大的建筑企业之一。

邵伯新式船闸是长江进入苏北运河的第一道船闸，需要在不影响通航的情况下建闸施工。闸底基础工程完成后，开始闸体浇筑，上下闸门两侧之间的墙身与底部均用钢筋混凝土灌筑，形成坞式整体结构。邵伯新式船闸在民国二十五年（1936）八月放水验收，十二月正式通航。

邵伯新式船闸的建成，在当时无疑是一件轰动全国的壮举，其成为中国最早的现代化新式船闸之一。所谓"新式"，是指邵伯船闸无论是建筑材料，还是船闸设施，基本上都是从西方进口，如钢材、闸门、启闭机都是从英、德订购，木桩采用的是美国花旗松，只有水泥、石料和黄沙采用的是国货或者就近采购。在建闸期间，施工单位也是使用当时稀少的发电机发电，采用机械设备辅助施工。

建成后的邵伯新式船闸闸室长 100 米，宽 10 米，上下游最大水位差为 7.7 米，可以维持运河邵伯至淮阴段之间的航运水位不低于 2.5 米。上下游闸门采用每扇重 6 吨的钢质对开人字门，只需要 4 人即可操纵手摇式启闭机进行启闭。每次过闸时间只需要 40 分钟，可一次性通过 15 艘载重 30 吨的机帆船和小客轮。这种以机械作为动力的轮船，直到清光绪二十四年（1898）才开始出现在苏北运河上，在中华人民共和国成立以前，行驶在江苏运河上的船只仍以木帆船为主[①]，所以当时的邵伯新式船闸具备了一定的前瞻性。

邵伯新式船闸建成后，历经民国三十六年（1947）、1956 年、1963 年、1967 年四次大修。1979 年，因闸室狭窄，不能满足现代船舶通航，且船闸技术状况日益恶化，以及闸旁的高水河成为"江水北送"的主要输水通道，需扩大过水断面等原因，船闸被停止使用并拆除，现只保存有闸室东侧 100 米钢板桩和上游闸首部分建筑遗址。

图 29　民国扬州邵伯新式船闸旧址

（二）民国宿迁刘老涧船闸

刘老涧船闸位于宿迁中运河与总六塘河交汇之处，也是民国时期建造的三座新式船闸之一。

宿迁一带的水路航行历史可以追溯到战国时代的泗水和睢水。自古以来，

---

① 徐从法：《京杭运河志（苏北段）》，上海社会科学院出版社 1998 年版，第 491 页。

在宿迁境内的黄河、运河、皂河、骆马湖、六塘河、崇河等各大水系中都有船舶航行。由于运段水情不同，自古以来都通过设置过闸、坝、埭、堰等设施辅助航运。

清代漕运改为海运以后，官方不再整修中运河运道，导致运道通航能力急剧下降，只有清江浦到窑湾、邳州这一段在夏秋之际丰水季节才可以通航小火轮和载重30吨以内的货船，平时中运河航道水深只能保持一米上下，在冬春枯水季节，航运几乎陷于停顿状态。当时南通实业家张謇在宿迁投资兴建耀徐玻璃厂和永丰面粉厂，常年需要大宗货物的水运运输，因痛感宿迁有航道而无法行船的苦处，几次上书朝廷提出"导淮"策略，要求兴建和修复中运河各大船闸等助航设施，但一直都没有得到实施。

民国十八年（1929），当时的南京国民政府成立了导淮委员会，制订了导淮入江计划，实施江海分流和治运通航。在整治运河方面，准备在苏北运河内兴建新式船闸，以达到苏北运河可以常年通航的目标。民国二十三年（1934），导淮委员会在京杭运河苏北段利用庚子赔款的退款和发行的公债，开始兴建刘老涧等三座新式船闸。

民国二十三年（1934）四月二十七日，导淮委员会选址在宿迁清代刘老涧滚水坝上建设新船闸，并成立了刘老涧船闸工程局，由当时的著名水利专家戈福海任工程局局长。船闸工程由上海陶馥记营造厂承包，利源建筑公司承建，建闸民工有2500余人，其中宿迁籍民工1000余人，涟水籍民工1500人。船闸主体工程和引水河工程同时开工，共挖土方263000余立方米，筑堤21000余立方米，打基桩1600根，杉木排桩500余根，钢板桩600余块，浇制混凝土3700余立方米，建闸总费用达到93.9万元。

刘老涧船闸采用的上下闸首均为钢筋混凝土坞式整体结构，闸室为石砌斜坡，这在当时是国际上最为先进的船闸设计。上下闸首闸墙总高分别为8.45米、16.95米，闸室为13.7米。输水系统采用长廊道形式，以直径2.5米圆形钢管作为输水道，使用3吨手摇螺杆启闭机进行启闭。刘老涧船闸上闸门高4.2米、宽5.35米，下闸门高12.2米、宽5.35米，使用5吨链条卷扬机进行启闭。刘老涧船闸的闸室设计容量是可以通过900吨的船只，或同时通过10艘40吨的船只。刘老涧船闸过船方式和现代船闸基本相同，过闸时间约需40分钟至1个小时。

刘老涧船闸同样大部分采用的是进口材料：钢材全部从英国进口，木材使用的是从美国进口的花旗松，巨大的人字形闸门和启闭机都是在英国雷莎麦斯·雷皮尔有限公司定制。即便是国内采购的水泥材料，也是采用当时的名牌产品、中国第一家水泥厂生产的启新牌水泥。刘老涧船闸和淮阴、邵伯两船闸同时施工，但由于刘老涧船闸所在地土质为砂礓土，坚硬如石，造成引水工程进度极为缓慢。淮阴、邵伯两船闸在民国二十五年（1936）七至八月全部完工通航的时候，刘老涧船闸因引河工程尚未完工而推迟了通航。随后抗日战争全面爆发，刘老涧船闸在整个抗日战争和国内战争期间一直都未能投入使用，直到1953年，经过江苏省治淮指挥部的修复，才正式通航，为新中国的经济建设立下了汗马功劳。

刘老涧老船闸后又经过1955年、1964年、1970年的几次大修，进入20世纪80年代以后，刘老涧老船闸原先的设计通航能力逐渐落后。为了适应航运事业发展，1984年10月，拆除老船闸，并在原船闸闸址兴建了新的复线船闸。刘老涧老船闸被拆除后，保留了部分设施作为复线船闸下游的护坦和引航道，继续默默地发挥着作用。

图30　民国宿迁刘老涧船闸旧影（来源：宿迁网）

(三)民国扬州高邮船闸

高邮船闸位于高邮市高邮镇湖滨路南段的大运河西侧,建于民国二十四年(1935),是民国时期建造的典型运河船闸,目前是江苏省不可移动文物。

民国二十三年(1934),国民政府为了对苏北运河实施渠化,堵闭了高邮湖通向运河的通湖港口,但考虑到运河与高邮湖之间的通航,民国导淮委员会次年选址于高邮城南运河对岸的越河港二马桥建造高邮船闸。高邮船闸的修建经费源于英国退回的庚子赔款中的部分资金。英国退回的庚子赔款的三分之二用于建筑铁路,三分之一用于兴办水利及电气事业,其中用于水利及电气事业的庚子赔款中的40%用于导淮工程,导淮委员会利用庚子赔款开始了高邮船闸等几处急办工程。

高邮船闸由导淮委员会负责施工,主任工程师为林平一,总工程师为须恺,设计为刘光熙。建成后的高邮船闸净长30米,闸室净宽10米,出入口净宽5.8米,以钢板桩做闸墙,上下游闸门亦为钢制,整个工程从民国二十四年(1935)六月开始,到民国二十五年(1936)五月竣工。民国二十五年(1936)五月五日,导淮委员会副委员长陈果夫视察高邮船闸,观看了整个通船过程。当时,船闸每次能过小船8艘,大船4艘,平均每天过船100多条。

抗日战争期间,高邮船闸遭到了破坏。民国三十六年(1947),国民政府运河复堤工程局对高邮船闸进行了修复。新中国成立后,从1953年到1955年,国家对此分批拨给专项经费,进行全面系统的大修,使高邮船闸恢复了通航的功能。改革开放以后,高邮船闸的宽度、长度和深度都不适应新

图31 民国扬州高邮市高邮船闸1983年旧影(左)和改建后的高邮湖调度闸(右)
(图片来源:江苏省不可移动文物数据库网站)

的航运要求。1984年，由交通部拨款，在高邮船闸以南800米处，新建一座现代化的珠湖船闸，原高邮船闸被改建为调度闸。现在该闸上面有白底红色的油漆大字"高邮湖调度闸"。

（四）民国扬州高邮救生港水闸

救生港水闸位于扬州市高邮经济开发区马棚运河西堤与高邮湖之间，是原高邮湖和里运河之间重要的泄水闸。现存救生港水闸建于民国二十五年（1936），是民国时期建造的典型的运河补水和泄水节制闸，目前是高邮市文物保护单位。

民国二十二年（1933），设立才四年的民国导淮委员会为改善里运河航运和灌溉功能，兼减轻水患考虑，决定在邵伯、淮阴兴建新式船闸，以维持里运河水位。这项工程的前期是要实现里运河的航道渠化，这就必须对里运河东、西堤闸洞及湖河通连的缺口进行堵塞。

里运河东堤涵闸较多，其功能是放水给运河以东的农田灌溉，所以这些涵闸被保留，但需要逐闸进行改造。里运河西堤的涵闸和缺口，则根据已损坏程度，分别进行了修理和堵塞。如与航运有较大关系的越河港等交通要道，就采用建造船闸的方式，与航运无太大关系的救生港等处一律堵塞，以达到完成运河航道渠化的要求。

但到了民国二十四年（1935），由于高邮地区雨水偏少，导致运河水位陡落，急需补充运河航运水源，于是只能将宝应境内堵塞的七里闸以及高邮境内堵塞的救生港开启，引氾光和高邮湖水济运。此时的救生港并没有水闸，即使有也早已废弃，而到了当年秋天，运河涨水严重，需要泄水才能保证运道安全，于是又开启宝应境内的叶云闸等通湖闸洞，加上已经开启的七里闸及救生港，将运河水分泄入宝应、氾光和高邮等湖。如此，高邮救生港具备了两个功效：运河缺水时，可以从高邮湖引水济运；当运河水位高涨，高于高邮湖时，可以将运河水排入高邮湖。因此，当时的里运河管理机构——江北运河工程局便向上建议在救生港上新建救生港闸和重修旧的七里闸，以达到蓄泄兼顾的目的。导淮委员会最终决定改变原来的计划，不再堵闭救生港，而是变成在救生港上建闸。

民国二十五年（1936）五月，救生港闸建设开工。导淮委员会在兴建救生港闸时，根据高邮湖历年最高和最低水位，进行了科学的选址，并采用运河旧存条石进行水泥砂浆砌筑。建成的救生港闸东西长21米，闸口宽5.8米，高5.4米，闸底高程4米，闸门孔宽5米。闸顶各竖有三根开闸用的绞关石，闸旁是明清时期就开始使用的高邮湖避风船坞。救生港建成后，时任江北运河工程局局长的徐鼎康还专门为救生港闸题写了奠基文"中华民国二十五年五月一日江苏省江北运河工程局高邮救生港水闸奠基 徐鼎康"，并勒石于闸墙下方。

1951年苏北灌溉总渠开挖以后，苏北治淮总指挥部确定由淮安节制闸放水入里运河，作为里运河沿线农田灌溉的水源，但是由于高邮城至界首段运河浅狭，淮安闸所放的水没法南送。于是，从灌溉送水角度出发，1956年对里运河高邮城至界首段进行拓宽，新筑高邮城至界首二里铺的运河新东堤，把运河原东堤加筑改为西堤，形成"两河三堤"。这样，位于原运河老西堤上的救生港闸从此便被废除。

总之，里运河高邮救生港闸作为民国时期里运河航道渠化的产物，承载了民国导淮委员会为改善里运河航运和减轻水患的一段历史，是研究民国时期高邮湖、里运河和京杭运河三堤二河一湖关系的重要水利实证，对研究扬州大运河的变迁具有重要意义。

图32 民国扬州高邮救生港水闸（图片来源：江苏省不可移动文物数据库网站）

（五）民国淮安双金闸

双金闸位于淮安市淮阴区凌桥乡双闸村中运河北岸，属于淮北盐河与中河交汇处的节制闸，是世界文化遗产京杭大运河的遗产点之一。现存的双金闸是一座典型的民国时期建造的运河节制闸，2021年12月，入选《江苏省首批省级水利遗产名录》。

双金闸始建于清康熙二十四年（1685），当时是为了解决黄河汛期水量较大时，在清口处向运河倒灌的问题。时任河道总督靳辅奏请在清口上游修建一座双金门节制闸，简称"双金闸"。该闸双门总宽三丈六尺，每孔宽为一丈八尺。汛期时，双金闸承担减水的作用，闸下引河向盐河分减黄河河水，可以降低清口枢纽的黄河水位一至二尺，便于漕船渡黄。清康熙二十六年（1687）靳辅开中河，在仲家庄建闸，运道从仲庄闸进入中河，可以避开黄河百八十里之险。又开下中河即盐河，从安东南潮河入海，双金闸处于盐河和中河的交汇处，成为盐河的渠首闸。双金闸曾多次迁址重建、移建，如清道光八年（1828）、清光绪九年（1883）。

民国十年（1921），双金闸被洪水冲毁。民国十一年（1922），民国政府聘英国工程师莱茵规划设计双金闸，现存的双金闸就是民国十一年（1922）重建的。1957年由于开挖淮沭新河，截断了盐河通道，双金闸也随之失去了

图 33　民国淮安双金闸今貌

作用并逐渐被废弃。现双金闸保存状况良好，成为大运河上重要的水工遗存。

二、民国农田治水闸

（一）民国南通遥望港九门闸

遥望港九门闸位于南通市通州区三余镇恒兴村境内的遥望港河入海口处，因建在遥望港河东端而得名，遥望港河是如东县与通州区中东部的一条天然界河。遥望港九门闸建成于民国八年（1919），设计流量为 120 立方米每秒，由荷兰工程师亨利克·特来克设计和督造，是中国近代首座引进西洋闸工技术建造的钢筋混凝土大型水闸。

清光绪三十四年（1908），南通籍著名实业家、教育家张謇聘请上海浚浦局荷兰工程师约翰斯·特来克（时称奈格）来南通考察水利。由于约翰斯·特来克设计的治水工程项目，与张謇在南通地区开展的棉纺、农垦等工业经济密切相关，所以张謇聘请其为长江南通段筑堤保坍。当时亨利克·特来克就曾经作为父亲的助手，跟随其来南通查勘长江形势，并协助写成了《荷兰工程师奈格通州建筑沿江水楗保护坍田说明书》，对南通地区水情了如指掌。民国五年（1916），时年 26 岁的亨利克·特来克受聘于南通保坍会，为张謇在南通地区开展的工业经济进行前期的水利基础设施建设，其中就包括遥望港九门闸等水闸设施。

南通地区属于长江泥沙沉淀形成一个个自然沙洲并逐渐相连成片，再与内陆连接而成的平原，地势外高内低，容易积水成灾。同时，南通海岸线较长，沿海又有大面积荒滩和可围垦的滩涂，可以种植棉花，用于纱厂的纺织原料。但这些滩涂需要兴建引排蓄水的水利设施才能大面积改土植棉，于是张謇在沿海建了多个盐垦公司，并且让亨利克·特来克现场设计并主持施工了歇御港闸（又称老三门闸）、蒿枝港闸（又名合中闸）、遥望港闸等水利基础设施。

亨利克·特来克采用的是当时西方先进的水闸建造技术，他在遥望港闸选址时非常注重水文条件，在仔细勘察河道地形的基础上，将遥望港闸选址在距海口2.5千米远的四贯河外侧。对于闸门的门宽、孔数也是反复计算分析，进行综合考虑。张謇原本只想在遥望港建一座五门闸，但特来克经过实地勘测，根据来水面积进行水闸孔径的核算，建议将遥望港闸设计成九门大闸。他还亲自绘制设计图，编制施工规范，最终设计方案被治水经验丰富的张謇认可。根据之后几十年间的当地水情，验证了特来克当时的主张是正确的。遥望港河流域面积达到200多平方千米，雨季泄洪量大，确实需要九孔这样的大型水闸。

图34　民国南通遥望港九门闸旧影

虽然亨利克·特来克在民国八年（1919）年底不幸染疾身亡，但其助手宋希尚仍然按照其设计图样完成了余下的一批工程。随后20年，西方水闸规划、设计和施工技术被广泛运用在南通、盐城一带的沿江沿海地区，到20

世纪30年代后期，这些地区兴建的西式挡潮闸、节制闸已达40余座。

这些新式水闸设施虽然采用的是近代西方水闸设计和施工技术以及钢筋混凝土等新材料，但闸门大部分采用的是传统的中式叠梁式木闸门，依然依靠人力手摇绞关启闭，后面才发展为钢面板叠梁式闸门。

遥望港九门闸建成后，对南通市、如东县两地沿海地区的排涝、挡潮发挥了重要作用，这对当地保护农田、提高农业生产具有重要意义。遥望港九门闸经过50多年的运行，老化损毁严重，于1974年拆除，并在原址建起了一座新的遥望港排涝挡潮闸。

（二）民国南通三门闸

三门闸是民国时期江苏沿海地区典型的挡潮排涝灌溉综合型水闸，是由大有晋盐垦公司先后建造的三座相同类型、相同功能的三孔混凝土系列水闸，但目前只保留了一座。

清光绪三十四年（1908），张謇邀请荷兰等国的水利专家进行南通治坍方案的规划设计。民国三年（1914），张謇兄弟在黄海边的三余地区创办了大有晋盐垦公司，进行筑堤围垦造田，并修筑了北起九门闸、南至同兴村，全长16.16千米、宽4米、高2米的黄海滩涂海堤。民国五年（1916），张謇请来荷兰工程师亨利克·特来克，在歇御港的出海口修建了歇御港闸。该闸是一座中大型的三孔拦河挡潮闸，闸南北两侧是张公堤。因为是由歇御港入海，所以取名"歇御港闸"。又因为该闸是大有晋公司修建的沿海南部的第一座排涝挡潮闸，所以又称"南三门闸"或"老三门闸"，而"歇御港闸"的原名反而很少有人提及。南三门闸采用混凝土结构，闸身长20米，宽5米，3孔，中门宽度达5.2米，两侧边门各宽4.2米，门高4.5米，中孔上扉门高4.2米，设计最大流量为81.3立方米每秒，可以用于灌溉海门新岸河以北地区的25万亩农田。

民国六年（1917），大有晋盐垦公司又在海晏镇北2.5千米的环本港出海口修建了环本港闸，因其在大有晋公司沿海中部地区，所以习惯称其为"中三门闸"。中三门闸闸身同样采用混凝土三孔结构，中门宽5.2米，两边门宽均为4.2米，闸门采用铁皮包边木质闸门，设计流量为192.17立方米每秒，以解决垦区中部水利问题。中三门闸是闸桥一体结构，处于张公堤中段，是当时启东、海门、如东的交通要道。

民国十五年（1926），大有晋盐垦公司又在恒兴镇东3千米处与环本区之间的新闸竖河（运料河）上修建了环恒闸，同样是为了解决海水倒灌和抗旱排涝问题。该闸是亨利克·特来克生前设计，张謇、张詧兄弟当时定名为"东渐三闸"，其名字来源于《禹贡》中的"东渐于海"。因为该闸后于歇御港闸和环本港闸建成，所以称"新三门闸"。又因其地处大有晋公司沿海地区北边，因此又称"北三门闸"。北三门闸闸身同样是混凝土三孔结构，中门高3.4米，宽5.4米，两边边门高2.4米，宽4.6米，最大流量是140立方米每秒。闸门同样是木质铁边，采用人力绞关启闭。闸顶有一座木质结构的小瓦盖顶的闸房，闸房北壁刻有"环恒闸"三个大字。北三门闸同样是闸桥一体结构，

图35 南通南三门闸（上左）、中三门闸（上右）旧影和北三门闸今貌（下）

闸门北侧是混凝土结构闸桥，长18.5米，宽5米，两边有栏杆。在抗日战争时期，环恒闸闸门板和木质闸房全被日军烧毁。为了挡海潮，当地群众将三孔闸门用泥土堵塞，造成闸下游港道逐渐淤浅。1970年，南通县政府重新修复了北三门闸，闸门仍是木质铁边，但采用螺杆式电动机启闭。闸房被改造成混凝土结构、平瓦盖顶，闸房北侧有"环恒闸"字样。

三门闸系列水闸工程以及黄海滩涂海堤建成后，对堤东地区的围垦建设起到重要作用。经过十余年的开发，三余地区形成了全国著名的棉产区。同时三门闸也对堤东地区的安全度汛起到了重要作用，特别是1954年大水，三门闸确保了沿线人民的生命财产安全。

随着海滩不断向东迁移，三门闸的作用逐渐减弱。南三门闸使用50多年后，闸身结构陈旧，加上海滩东移，港道加长。为了充分发挥排涝挡潮作用，1971年，地方政府拆除南三门闸，在距原址东5千米处的黄海岸边新建了一座出海挡潮新闸，取名为"团结闸"。中三门闸同样因为闸体结构陈旧，港道太长，而于1973年往东迁移5千米重建。新闸于1974年4月竣工，改名"新中闸"。北三门闸即环恒闸在1973年遥望港闸东移后成为内河节制闸，现保存基本完好，仍发挥着水利调节作用。2014年三门闸成为南通市级文物保护单位。

（三）民国苏州常熟白茆闸

白茆闸位于苏州市常熟市新港镇三江村白茆塘上，是一座民国时期江苏地区典型的中西结合的排涝灌溉节制闸。

常熟的新港地区地势低平，水网交织，但历来是水利要冲，从五代时期就在此设闸抵御水害，自此以后，历代皆在此建闸。清末民初，由于旧闸毁弃，致使当地水涝灾害十分严重。民国二十四年（1935），当地政府在白茆塘上重建了一座节制闸，即白茆闸。建成后的白茆闸有"江南第一闸"之称，发挥了控制太湖水位的作用。2009年，白茆闸被常熟市政府公布为第七批常熟市文物保护单位。

白茆闸由当时的扬子江水利委员会主持修建，由扬子建业公司承建，时任中央博物院建筑委员会委员傅汝霖，以及著名水利建筑专家孙辅世等皆参与设计修建。民国二十五年（1936）一月，扬子江水利委员会在常熟举行白茆闸开工典礼，七月，五孔白茆闸竣工。

扬子江水利委员会的前身是民国十年（1921）由北洋政府成立的"扬子江水道讨论委员会"，后在民国十七年（1928）由国民政府改组为"扬子江水道整理委员会"，民国二十四年（1935）四月，扬子江水道整理委员会、太湖流域水利委员会、湘鄂湖江水文站合并为"扬子江水利委员会"。民国三十六年（1947）六月，改名为"长江水利工程总局"，新中国成立后改组为"水利部长江水利委员会"。

白茆闸采用钢筋混凝土建造，通体灰白色，闸身雄伟高大，南北走向，总宽43米，高约30米，通航净高3.7米。每孔闸门长37.3米，宽8米，采用升卧式木板闸门，手摇启闭机启闭。白茆闸虽然采用的是西方水闸的建造技术，但其在建筑风格和装饰手法上采用的是中式风格，不仅横梁雕有云纹，而且闸柱柱头处有斗拱状装饰物，远望犹如巨大的华表。正面闸身上部正中还刻有"白茆闸"三个阳雕楷体大字，原闸名据说是由时任财政部长孔祥熙题写。

白茆闸作为民国时期江苏地区规模较大的水闸工程，又是一座中西结合的近现代水利经典建筑，是不可多得的水工遗产。2001年，白茆闸停止使用，2009年建成白茆闸遗址公园。

图36 民国苏州常熟白茆闸旧影和今貌

（四）民国扬州刘公闸

刘公闸位于扬州市广陵区头桥镇九圣村淮河入江水道与长江交汇的三江口南岸，是一座通江大闸，也是民国时期典型的集挡潮、排涝、灌溉功能于一体的综合型水闸。2021年12月，入选《江苏省首批省级水利遗产名录》。

刘公闸所在的头桥镇地区主要由古沙洲"安阜洲""九帖洲"等组成，

曾属于江都、邗江，现隶属于扬州广陵区。刘公闸始建于民国六年（1917），又叫"大套口闸"，是头桥乡贤刘志成、刘厚之兄弟等人所建，以解决当地的水患问题。刘公闸闸身采用传统的条石结构，糯米汁黏合，闸门采用整块杉木制成。闸孔高 4.3 米，孔宽 3.6 米，闸底真高 0.8 米，闸顶真高 6.6 米，设计流量为 26 立方米每秒。

刘公闸在当时是江州第一大闸，闸建成以后，九帖洲所属的八个小洲和安阜洲所属的开元洲、墩子洲的七千余亩稻田因此受益。

图 37　民国扬州刘公闸今貌

（五）民国镇江丹阳练湖闸

练湖闸位于镇江市丹阳练湖东南角，连接当时的练湖与京杭大运河，是一座典型的民国时期建造的满足蓄洪和灌溉功能的水闸。2021 年 12 月，练湖闸入选《江苏省首批省级水利遗产名录》。

练湖的历史悠久，其形成于西晋末，主要贮蓄宁镇山脉的地面径流水，用以灌溉周边农田。隋代建立了全国范围内的大运河体系后，练湖的地位因其与漕运的重要关系而变得重要。从唐代开始，随着北方政治中心与南方经济中心的分离，历代中原王朝都需要依靠大运河漕运将南方的财赋与粮食运到北方。练湖所在的镇江虽然地处江南水乡，但运河镇江段的地势相对高，水源不足，练湖成为运河镇江段重要的水柜，"京口漕河，自城中至奔牛堰一百四十里皆无水源，仰给练湖"①，"镇江之水利以漕河为先……受练湖之水以济运也"②。

从唐代中期开始，练湖就已经具备了灌溉、济运与泄洪等多重功能。然而随着江南人口的持续增加，练湖开始受到地方围垦的影响。唐永泰二年（766），转运使刘晏命时任润州刺史的韦损恢复练湖旧观。韦损通过恢复湖面、复修斗门等措施，解决了练湖周边丹阳、金坛、延陵三县农田的灌溉问题，"以溉丹杨、金坛、延陵之田，民刻石颂之"③。当时只要练湖"湖水放一寸，河水涨一尺，旱可引灌溉，涝不致奔冲"④，使逾万顷稻田获利。同时，疏浚后的练湖可引重新为江南运河丹阳段和京口段提供充足的水源，因此练湖的恢复，在当时意义十分重大。

从唐代开始，练湖的水利功能完成了从以"灌溉为主"向以"蓄水济漕为主"的转变与定型，基本形成了"七分济运，三分灌田"的水利功能。随着练湖地位的上升，历代政府都会对它进行频繁的管理与维护。如南唐昇元五年（941），丹阳县令吕延祯再次整治练湖工程。原练湖木斗门损毁，吕延祯为了使新斗门更加坚固，向上申请采用不易腐烂的优质木材，"如将久远，须置斗门，方得通济。其斗门木植，须用槐楠，乞给省场板木起建"⑤。经过整治，练湖又具备了济运和灌溉功能，"累放湖水灌注，使命商旅，舟船往来，免役牛牵。当县及诸县人户，请水救田，臣并掘破湖岸给水"⑥。

北宋以后，由于东南漕运关系到国计民生，练湖的地位依然突出。北宋绍圣年间（1094—1098），练湖逐渐淤塞，丹阳知县趁着旱年，招募民工疏浚练湖，"募民浚湖，复度地之宜，易置斗门十数，以时潴泄。是岁不知饥。

---

① 卢宪：《嘉定镇江志》卷六《地理》，《宋元方志丛刊》第三册，中华书局1990年版，第2365页。
② 姜宝：《镇江府水利图说叙》，《练湖志》卷七《书叙》，海南出版社2001年版，第228页。
③ 董诰，等：《全唐文》卷三七〇，中华书局1983年版，第3762页。
④ 周绍良：《全唐文新编》第四部第四册，吉林文史出版社2000年版，第10973—10974页。
⑤ 周绍良：《全唐文新编》第四部第四册，吉林文史出版社2000年版，第11974页。
⑥ 卢宪：《嘉定镇江志》卷六《地理》，《宋元方志丛刊》第三册，中华书局1990年版，第2369页。

继是湖水有余，公私两便"①。南宋偏安东南，北方移民再次大批南下，当时的镇江地区属于北方移民侨寓集中的地方。人口的大量增加，加上练湖因社会动荡之际"堤岸弛禁"，再次产生侵占现象，水利功能再次受到影响。

随着南宋政权的逐渐稳定，作为军国命脉的运河地位上升，练湖也再次得到修复。绍兴七年（1137），两浙转运使向子谭、丹阳知县朱穆等人重修练湖水利设施，"增置二斗门、一石䃕及修补堤防，尽复旧迹，庶为永久之利"②，形成"（湖）中置横埂，分上下湖，立上、中、下三闸。八十四溪之水始经辰溪冲入上湖，复由三闸转入下湖"③的练湖水利布局。此后经过乾道、淳熙、

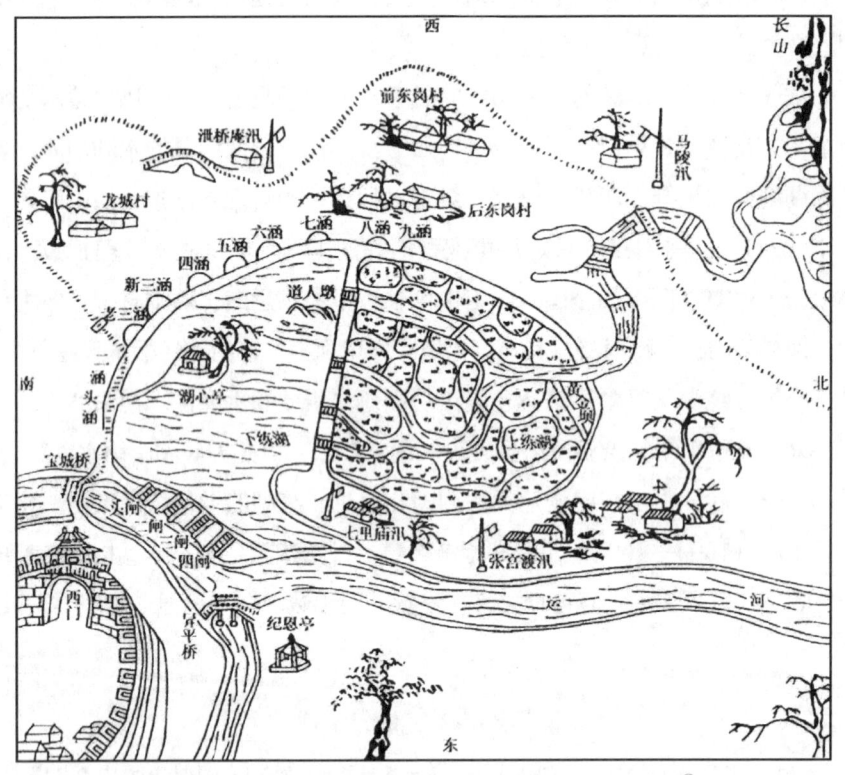

图 38 《中国古代灌溉工程技术史》中的练湖水利工程图④

---

① 俞希鲁：《至顺镇江志》卷七《山水》，江苏古籍出版社 1990 年版，第 286 页。
② 脱脱：《宋史》卷九七《河渠七》，中华书局 1977 年版，第 2404—2405 页。
③ 张廷玉，等：《明史》卷八六《河渠四》，中华书局 1974 年版，第 2107 页。
④ 张芳：《中国古代灌溉工程技术史》，山西教育出版社 2009 年版，第 267 页。

嘉定、淳祐、景定年间的多次重修改建后，练湖最终稳定地形成上下两湖。《中国古代灌溉工程技术史》中大致还原了当时的练湖水利工程，图38中可以看出，上练湖蓄积上游来水，上练湖水高于下练湖水数尺，上下练湖之间通过水闸进行水量控制。下练湖水又高于运河水数尺，下练湖和运河之间也是通过水闸控制，用下练湖蓄水补充运河水源。下练湖周围有数不清的涵洞式水闸，用于控制附近农田的灌溉。

宋元之际，社会秩序混乱，练湖再次被侵占围垦，但随着元政权的稳定，又很快恢复。元成宗大德年间（1297—1307）、英宗至治年间（1321—1323）及泰定年间（1324—1328），练湖均得到兴修。如至治三年（1323）江浙行省反映："镇江运河全借练湖之水为上源，官司漕运，供亿京师，及商贾贩载，农民来往，其舟楫莫不由此……练湖潴蓄潦水，若运河浅阻，开放湖水一寸，则可添河水一尺。近年淤浅，舟楫不通，凡有官物，差民运递，甚为不便。"英宗和尚书省很快批准了疏浚练湖的建议，决定"用三千余人浚潆练湖，九十日可完"[①]。

明清时期，日益完善的漕运制度使练湖与运河的关系始终非常紧密，但同时，练湖的盗垦之风也愈演愈烈，围田、灌田与济运之间的矛盾也始终存在。为了解决矛盾，明清时期的地方政府先后在明建文二年（1400）、明隆庆三年（1569）、明万历五年（1577）、明崇祯四年（1631）、清康熙四十八年（1709）、清嘉庆十五年（1810）、清道光十四至十六年（1834—1836）、清同治七年（1868）、清光绪十九年（1893），多次对练湖实施了疏浚、复湖或重修堤闸等水利工程，直到清末漕运停罢，练湖不再需要济运为止。

现存的练湖闸建于民国二十四年（1935）十一月，由江苏省建设厅江南水利工程处设计，陈宏记营造厂承包建设，民国二十五年（1936）七月竣工投入使用。练湖闸是一座钢筋混凝土五孔泄水闸，全闸长17米，每孔宽2.5米，净宽2.14米，闸墩高3.5米。闸门依然是传统的木制门，长2.78米、高2.7米、厚0.15米，采用手摇螺杆启闭机启闭。练湖闸的底板采用钢筋混凝土浇筑，厚0.6米，底板高程为吴淞零上6.7米。练湖闸的上游是长7米、宽20

---

① 宋濂，等：《元史》卷六五，中华书局2000年版，第1084页。

米、厚 0.6 米的块石护坦，下游有口宽 50 米、里宽 20 米、厚 0.6 米的陡坡，以及 1:4 坡度的驳岸与运河河底相接。

总之，纵观练湖的历史变迁，其主要功能始终围绕灌溉与济运而不断变化。练湖在唐代之前基本上只具备灌溉功能，随着隋唐大运河的贯通，其在唐代以后开始以蓄水济运为主，但灌溉的功能始终存在，并一直维持到清代。与此同时，练湖也承担着拦蓄上游来水的重要功能。由此可见，虽然在某些历史时期，练湖的水利功能可能有所偏重，但在大多数时期，练湖是作为集灌溉、济运、蓄洪多重功能于一体的综合性水利工程而存在，而随着清末漕运停止，练湖不再需要具备济运功能，民国时期建造的练湖闸，已经纯粹是为了满足蓄洪和灌溉之用，不再需要具备济运功能了。

图 39　民国镇江丹阳练湖闸今貌（图片来源：江苏省不可移动文物数据库网站）

（六）民国镇江句容赤山闸

赤山闸位于镇江句容市赤山湖管委会三岔集镇西南，是一座混凝土框架结构的三孔水闸。赤山闸是典型的民国时期建造的蓄水灌溉水闸，2021 年 12 月，入选《江苏省首批省级水利遗产名录》。

赤山闸是附属于赤山塘的水利设施。赤山塘位于今镇江句容市西南 30 里，是一座用于蓄水灌溉的人工塘泊，又称"赤山湖""绛岩湖"。赤山塘历史悠久，早在约 1700 年前的三国孙吴赤乌年间就筑有赤山塘。由于句容地处宁镇山脉，东、南、北三面高山起伏环绕，而西南圩区地势低洼，一旦山洪暴发，就会向西南低洼地区冲去，形成一个囤水滩。因此赤乌三年（240），东吴政权将赤山下的沼泽地凿成赤山湖，用以旱时灌溉、涝时蓄洪屯水，减轻下游的洪涝灾害。

此后，历代王朝都对赤山塘进行维修巩固，并修建斗门进行塘水总量控制。如东晋南朝时期，对赤山湖进行了两次较大的修治，新增了斗门、溢流坝、活动坝等引水、节制、溢洪建筑物。修缮后的赤山塘周长120里，通过两斗门控制塘内水量。不仅消除了周边茅山丘陵雨季洪水的威胁，而且还为塘下大片农田储蓄了比较充裕的灌溉用水，使得镇江句容、江宁湖熟一带成为东晋南朝时期重要的粮食基地。唐麟德年间（664—665）、唐大历十二年（777）又两次重修湖堤，重修后的赤山湖周长约120里，用两座斗门控制蓄水量，可以灌溉当时句容和上元（治今南京市）二县万顷稻田。五代南唐保大年间（943—957）修筑湖埂，又新建三所斗门，通过斗门控制赤山湖蓄泄。明万历二十九年（1601）句容知县茅一桂建陈家边闸，用于低乡灌溉。清光绪八年（1882）湘潭侯左宗棠主持兴挑赤山塘，并重建陈家边闸。

民国二十五年（1936）江南水利工程处负责兴建赤山闸，后称"赤山东闸"，这是句容最早使用钢筋混凝土新材料建造的水闸。新建的赤山闸闸长

图40　民国镇江句容赤山闸今貌

16米，宽4米，闸底高程5.103米，闸顶高程13.233米，中孔净宽4米，边孔净宽各3米，每孔有上下两扇闸门，共装设6台手摇启闭机启闭闸门。闸的顶部南立面上刻有"民国二十五年冬建"，西端还有一个碉堡。新闸建成的同时，废陈家边老闸，改建为一座长34米、顶高程10.765米的陈家边滚水坝，并在坝身留有九孔泄水。1975年，由于原有的赤山闸的调控能力不适应现代需求，在陈家边湖口重新修建了一座六孔节制闸。新闸的建成对消减句容河洪峰、提高赤山湖调蓄控制能力发挥了重要作用。

（七）民国淮安杨庄活动坝节制闸

杨庄活动坝节制闸位于淮安市淮阴区王家营街道杨庄村的废黄河上，是一座典型的民国时期建造的具有蓄水和泄洪功能的水闸。2021年12月，入选《江苏省首批省级水利遗产名录》。

杨庄活动坝节制闸属于杨庄水利枢纽的一部分，杨庄水利枢纽又名淮阴水利枢纽，是分泄淮河干流洪水和沟通京杭运河与淮北诸河航运的重要水利枢纽工程。其地处中运河和里运河衔接处，废黄河、盐河和淮沭河均在此交汇。杨庄活动坝节制闸始建于民国二十五年（1936），其建设目的是排泄淮、沭、泗河洪水入海。杨庄活动坝节制闸共5孔，总长89.4米，总宽67.7米，单孔净宽10米，净高5.1米，闸墩顶高程为16.5米，胸墙底高程为13米，设计流量500立方米每秒。杨庄活动坝节制闸采用松木和杉木桩作为基础，

图41　民国淮安杨庄活动坝节制闸今貌

混凝土浇筑底板，闸墩、胸墙、工作桥、公路桥均为混凝土结构。两侧岸墙原为钢板柱，抗日战争期间遭到破坏，在新中国成立后修复时，改为混凝土空箱式墙。工作桥净宽 3.7 米，顶高程 21.6 米。公路桥采用梁板结构，净宽为 4 米，顶高程 16 米。闸门是桁架结构钢质平面直升闸门，采用英国进口的卷扬式启闭机进行启闭。当时的很多建闸材料和设备如钢材、钢门、启闭机是向英国定制，木材向美国购买。

总之，杨庄活动坝节制闸作为民国时期导淮入海的起点闸，是洪泽湖经废黄河泄洪入海的节制闸，同时也是节制经中运河分流的沂河洪水和调节里运河水位的重要节制闸，是淮安地区重要的近现代水工遗存。

三、民国城市水闸

西被三闸，全称"西被第一至第三闸，以及相关的涵洞"，是民国时期江苏地区典型的城市水闸。西被第一闸位于南通城西大有坝，即今西公园绿地北首仟港河和濠河交界处。西被第二闸位于南通市通州区平潮镇大力坝，即今平五河和通扬运河交汇的二坝桥处。西被第三闸位于南通市通州区五接镇顾二圩村东北角。2021 年 12 月，西被三闸入选《江苏省首批省级水利遗产名录》。

旧时南通城通过任港河引长江水进入城中母亲河濠河，作为濠河水的主要来源。原来调节进出濠河的水量是通过通扬运河与任港河相汇处附近的盐仓坝闸，该闸有正闸和耳闸各一座。正闸年久失修而常年封闭，耳闸虽能开启，但由于闸口狭小，导致流水不畅，已经不能满足进出濠河的水量调节需要。于是民国十四年（1925）在任港河和濠河交汇处修建了西被第一闸，由于当时通扬运河与任港河直接相通，两河之水经西被闸可以直接流入濠河。不仅南通城内受益，而且西寺、刘桥、唐闸等处的农田也可以得到灌溉用水。西被第一闸始建时宽 6.73 米，闸顶高 4.3 米，闸底高程 -0.48 米，属于闸桥一体结构。1969 年改建为长 17 米、宽 7.6 米的钢筋混凝土三孔 T 梁桥，原闸体下部结构完好，成为内河节制闸。

西被第二闸建成于民国十六年（1927）二月，现已报废。西被第三闸建成于民国十七年（1928），原为出江引排闸，1966 年改建成套闸。此外，还有相关的涵洞，如被称为"西被第一涵洞"的崇川区芦泾港西涵，被称为"西被第二涵洞"的东港涵，被称为"西被第三涵洞"的崇川区姚港涵，以及被称为"西被第四涵洞"的平潮镇云台山涵，这些设施共同构成了西被三闸水利系统的一部分。

西被闸的设计同样出自年轻的荷兰水利工程师亨利克·特来克之手。当时张謇为改变南通城区水利落后的现状，规划修建内河水闸，请亨利克·特来克进行规划设计。三座水闸建好以后，在为水闸定名时，把在南通城以东的都取名"东渐"，即"东流入海"之意；把在南通城以西的都取名"西被"，即"西流入江、泽被南通"的意思。根据民国十七年（1928）十月三十日《通通日报》记载，当时冠以"东渐"的有四闸，冠以"西被"的有三闸四涵。

图42　民国南通西被三闸今貌

第二节　民国时期江苏水闸的修建和管理

一、民国时期水闸修建和管理的行政体系

民国时期水闸工程建设的组织和管理变化较大，水闸工程作为水利设施建设，属于水利行政范畴，下面依然从中央和地方两个层面分开阐述。

（一）中央层面

民国元年（1912）一月，孙中山颁布《中华民国临时政府中央行政各部及其权限》，民国临时政府中央共设置包括内务部在内的9个机构部门，其中内务部的主管职能包括田土、水利工程、善举公益和地方行政等事务。内务部下又设置了土木等六局，其中土木局的职能包含管理水利工程修整事项并监督地方水利工程的建设。土木局下辖四科，其中第一科执掌的是中央所辖土木工程的费用预算、结算及出入账款事项，以及对各地方土木工程的经费补助等事项。第三科执掌的是中央直辖的水利工程和各种河道工程，以及监督各地方的水利工程事项。

北洋政府时期，水利机关由多个部门共同管理，包括内务部和农商部，以及全国水利局。内务部的职权方面同南京时期的临时政府相差不大，除了将"六局"更改为"六司"，其他没有变化。内务部中的土木司和农商部中的农林司共同掌管全国的水利工作。民国二年（1913），北洋政府公布的《修正内务部官制》撤销了土木等二司，其职掌的水利等事项分别划归职方司职掌。民国三年（1914），北洋政府以导淮局为基础，设立全国水利局和各省水利分局，以综合管理全国水政，但由于职权不统一，遇事需要和内务、农商两部商量。当时的农商总长张謇兼全国水利局总裁，丁宝铨为副总裁。

南京国民政府成立之初，在水利管理方面继承了北洋政府时期的水利管理制度，并奉行"分而治之"的管理思想，将水利行政权力分割成条条块块，由各相关部委负责，如内政部分管水灾防御，建设委员会统辖水利建设，实业部负责农田水利，交通部负责河道疏浚等。由于系统十分庞杂，导致了水利管理的混乱和低效，无法有效地应对日益复杂的水利问题，造成水利工程建设和维护工作进展缓慢，但已经在探索如何将水政职能由综合性向专职性转变。

南京国民政府时期水利管理以民国二十三年（1934）为界，大致可分为两个阶段。第一阶段从民国十七年至民国二十三年（1928—1934），水利建设分属不同部委，水利工作由建设委员会、内政部、实业部等共同负责。如由内务部演变过来的内政部负责水利的调查测绘及水源水道的保护等，但由于内政部对水利管理的系统性不强，在水利工作中的作用有限，因而难以全面有效地推动水利事业的发展。为了更加有效地推动专业性较强的水利建设事业，国民政府还成立了诸如华北水利委员会、导淮委员会等水利机构。如民国十七年（1928），在国民政府建设委员会下设立了整理导淮图案委员会。民国十八年（1929）七月正式成立了直属国民政府的导淮委员会，负责治理淮河的一切事务。邵伯等运河船闸的建设就属于当时的导淮工程之一。

第二阶段从民国二十三年（1934）十二月至1949年9月，南京国民政府逐渐建立了相对统一的水利管理体系，形成了中央主管最高水利机关—各流域分机关和中央主管最高水利机关—省建设厅—县政府的"双轨制"水利行政系统，这一系统的建立在一定程度上改善了之前水利管理分散混乱的局面。南京国民政府在全国经济委员会下设水利委员会，以全国经济委员会为全国水利总机关，并颁布了《全国经济委员会水利委员会暂行组织条例》《统一水利行政及事业办法纲要》《统一水利行政事业进行办法》等条例和管理方法，全国水政自此逐渐走向统一。全国经济委员会下设的水利委员会统筹规划全国的水利事务，如在一些大型水利工程的规划和建设中，协调各方资源，制定科学合理的方案等。各流域分机关则负责具体区域的水利工作实施和监督。同时，各省建设厅和县政府也在水利管理中发挥了相应的作用，如负责具体的征地、施工组织和后续的维护管理工作等。"双轨制"的水利行政系统形成自上而下的管理链条，有利于提高水利管理的效率和质量，对当时的水利建设和社会经济发展起到了一定的促进作用。

抗战期间，南京国民政府裁撤全国经济委员会及水利委员会，在经济部内设立水利司。民国二十九年（1940）九月，南京国民政府为了确保战时粮食的供应，积极从事开发农田水利及整理后方河道等各种计划，进行水利管理机构改组，成立了中央水利行政机构——行政院水利委员会，直接隶属于行政院，并公布了《行政院水利委员会组织法》。1947年，行政院水利委员会组织进一步扩大，改为水利部。

（二）地方层面

民国时期各地水利机构的设置情况较为复杂且多有变化，江苏水利机构同样根据国家政策和地方实际情况，经历了多次调整和改革。民国成立后，江苏巡抚署改为江苏都督府并驻苏州。根据江苏临时省议会议决公布的《江苏暂行地方官制》规定，"凡地方无论旧称为州、为厅、为县者一律称县，设一县民政长；同城州、县均裁并为一，一律改称为县"①。江苏各地设立民政长公署，署内设总务、警务、学务、劝业、主计5课，由劝业课负责水利建设事宜。民国二年（1913），省劝业道改为实业司，第二年改建为实业厅，由实业厅负责全省水利事务。随后，县府机构也相继裁并，由5课并为3科，实业科兼管水利建设。

民国十六年（1927），南京国民政府实行省、县二级制，成立江苏省政府，所有县公署改称县政府，县府内分民治、总务、财政三科，下设公安、建设、教育三局。省实业厅改为建设厅，水利建设被列为建设事业而归属建设厅主管。

各县实业科（局）也相应改称建设科（局），负责各县的水利事业。有的县还自行成立了水利委员会，如民国二十二年（1933）江宁自治实验县成立后，其成立水利委员会统筹全区水利，负责兴修水利事宜。区水利委员会以区长、乡镇长、警察局长、中心小学校长为当然委员，此外另行聘请地方公正人士担任名誉委员。水利委员会的工作包括调查全区水利工作、确定水利计划、联络其他区办理水利工程等。在区水利委员会下，按照各区实际情形，还设立了乡、镇、圩水利委员会，由乡、镇、圩长组织基层水利工程的建设和管理。

江苏地区还根据自身的水利情况，在各个层面成立专门水利机构，以应对区域性或者流域性的水利问题，如民国三年（1914），在江北大旱、运河干涸、航运断绝的背景下，江苏民政长韩国钧主导推动在全国水利局下设"筹浚江北运河工程局"，隶属于江苏省政府，办公地点在扬州江都，由高邮人马士杰担任总办，负责江北运河地区的水利治理工作。同年韩国钧经过北洋政府同意后成立了江南水利局，专门负责江苏省水利疏浚事务。民国九年（1920）四月，"筹浚江北运河工程局"改组为"督办江苏运河工程局"，

---

① 苏州市地方志编纂委员会办公室编：《苏州往昔》，古吴轩出版社2015年版，第35页。

张謇、韩国钧被北洋政府任命为督办江苏运河工程局督办、会办。同年十月，江苏还申请成立了"督办苏浙太湖水利工程局"。民国十六年（1927）四月，南京国民政府成立，江苏省建设厅随之组建，"督办江苏运河工程局"改组为"江北运河工程局"，直属于省建设厅管理。民国十八年（1929）一月，江苏省建设厅附设水利局，"江北运河工程局"改为"江北运河工程处"。民国二十一年（1932）七月一日，江苏省政府恢复成立江北运河工程局，下设江都段工务所、高宝段工务所、淮邳段工务所，后来这些机构于抗战期间基本停摆。

民国二十三年（1934），江苏省建设厅还成立了江南海塘工程处，后于民国三十二年（1943）改组为江南水利工程处，负责办理常熟、太仓、松江三县的海塘岁修、抢修等工程事项，以保护江苏沿海地区的安全。抗战期间，江苏省建设厅实际停止工作，民国三十四年（1945）十二月在镇江恢复办公，其下属的省江南水利工程处于次年二月恢复办公。民国三十五年（1946）重新成立江北运河工程局，直隶于省政府，由建设厅代管。

值得一提的是，由于民国初年欧美的钢筋混凝土技术开始应用于我国水闸工程，当时的民众认识到现代科学技术的重要作用，因此，民国四年（1915），时任北洋政府农商总长和全国水利局总裁的张謇创办了一所隶属于全国水利局的新学校——"河海工程专门学校"，它是中国历史上第一所水利高等学府，也是河海大学的前身。民国期间，江苏很多中大型水闸的建设，招聘的很多年轻的辅助技术人员就是来自这所新式学校。这些年轻人参与各种水工设施的施工，学习各种实用的水工技术，从而成为行家里手。如亨利克·特来克的助手宋希尚当时就是一个刚从河海工程专门学校毕业的年轻人，经过三年参与南通水闸工程的实践锻炼，在亨利克·特来克突然去世、遥望港闸却处于施工紧张阶段的时候，他立即代替亨利克·特来克，主持遥望港九孔大闸的施工，按时保质保量地完成了该闸的施工任务。此后，宋希尚还在张謇的资助下赴美留学并考察水利。民国十七年（1928），宋希尚任交通部扬子江水道整理委员会委员兼工程处长，逐渐成长为我国著名的水利专家。

总之，在民国时期，从中央到地方，包含水闸建设在内的水利工程修建和管理的行政体系都是一个复杂而多变的系统。它经历了从分散到统一、从无序到有序的发展过程，为后来的水利事业奠定了重要的基础。

二、民国时期的江苏水闸建设资金

民国时期的江苏水闸建设资金的来源，主要有以下几个渠道：

（一）政府拨款

有的水闸工程并不是单个的水利建设工程项目，而是属于一些大型水利工程的配套设施，对于这些大型的、具有战略意义的水利工程，如导淮工程，中央政府和地方政府会从财政预算中拨出资金用于水利建设。中央政府会给予专项拨款支持，工程受益的地方政府也会根据自身财政状况，拿出部分资金投入该水利项目中。

（二）发行债券

为筹集更多资金，地方政府会发行水利建设债券，向社会公众募集资金。购买债券的民众在一定期限后可获得本金与利息回报。政府就是通过这种方式吸引社会资金参与水利建设。如在建设苏北运河上邵伯、淮阴、刘老涧三座新式船闸和开辟入海水道时，由于工程所需资金庞大，单靠庚子赔款无法解决，于是又发行了2000万元公债。

（三）民间集资

对于民间的小型闸坝等水利工程项目，主要鼓励民间资本投入水利建设。一方面，地方政府通过优惠政策吸引地方绅士投资水利工程，给予他们一定的经营管理权或税收优惠等；另一方面，发动当地民众以捐款、捐物、出工等形式参与水利建设。江苏地区农田水利中一些小型的灌溉渠道、水闸等水利设施的建设，基本上通过当地民众集资与出工合力建成。

总之，民国时期江苏水闸建设资金的来源主要包括政府财政拨款、发行债券、社会资本参与等。这些资金来源的多元化和灵活性为江苏水闸等水利工程的建设和运营提供了有力保障。

第八章 新中国的江苏水闸

新中国成立以后，江苏重视水利建设，通过实施包括水闸工程在内的各种水利工程，为全省的社会经济发展提供了坚实的保障。

这一时期江苏的水利建设历程可以分几个阶段。第一个阶段是从新中国成立初期至 20 世纪 50 年代中期。这个阶段的江苏水利建设主要是集中力量大规模治理淮河，实施了"导沂整沭"工程，治理沂沭泗洪水，拉开了江苏乃至新中国治淮的序幕，相继建成了苏北灌溉总渠、被标为"千里淮河第一闸"的三河闸等一批治淮骨干工程和中大型水闸设施工程，还有见证中国和苏联亲密友谊的徐州新沂的华沂闸等等，初步改变了苏北地区洪水漫流的状况。

第二个阶段是从 20 世纪 50 年代中期至 20 世纪 60 年代。这个阶段，江苏在继续治理流域洪水的同时，逐步转入治涝治旱，开挖、整治了一大批重点灌排河道，兴建了大量调蓄水库和水库节制闸，如治理太湖骨干工程中湖西高片治理的主要水闸工程——常州的小河水闸，以及全国最早的"上闸下涵"类型的水闸——沭阳闸等等，形成了各区域相对独立的灌排调蓄水系，增强了各区域的排涝抗旱能力。

第三个阶段是 20 世纪 70 至 80 年代。这个阶段，江苏全面掀起了以治水改土运动为重点的农田水利建设高潮，推进以中低产田改造为主要特点的农田水利基本建设，兴建了一大批农田治闸设施。与此同时，在江水北调、淮水北调工程系统基本建成的基础上，继续实施了一批重点区域治理的骨干工程，江苏水利的基础保障能力又上了一个新台阶。

第四个阶段是 20 世纪 90 年代至今，特别是进入 21 世纪以来，江苏积极转变治水理念，按照以人为本和可持续发展的新要求，创新治水实践，形成了综合治理的治水新思路，开创了江苏现代水利发展的新纪元。

综上所述，新中国成立以来，江苏水利建设取得了显著成就，中大型水闸如雨后春笋般出现，涌现出一批有代表性的水闸工程，进一步提升了全省水利基础设施的保障能力。

第一节 新中国的江苏水闸

由于新中国时期江苏地区建造的水闸数量远大于前面的各个历史时期，所以只能将各种类型的水闸按照地域或年代选择几座，作为典型代表进行介绍。

一、新中国运河通航水闸

（一）泰州船闸

泰州船闸位于泰州古城西北的西城河与鲁汀河的交汇处，始建于20世纪50年代，是新中国治水史上泰州地区的一号工程，是典型的新中国成立后江苏地区建设的船闸之一。它的建成不仅解决了泰州地区长期以来的水运交通瓶颈问题，还极大地促进了区域经济的发展。泰州船闸作为展示泰州地区水利建设成就和文化底蕴的重要窗口，是泰州市为数不多的水利工程历史建筑，目前是泰州市文物保护单位。

新中国成立后，为了突破苏南地区与苏北里下河地区的水上运输瓶颈，改变里下河地区贫穷落后的面貌，江苏省人民政府克服种种困难，决定在泰州城西北兴建一座船闸。1952年7月3日，水利部治淮委员会以"淮工工字第927号通知"，批准兴建泰州船闸。工程由江苏省水利建筑工程公司承建，工程总投资现款68亿元（旧币），粮食80万斤。

在设计泰州船闸时，考虑到泰州水系与长江相通，沿江各港尚未建立控制水闸，因此在设计上闸最高水位时，参考了1931年特大洪水时长江大潮水涌入上河的最高水位4.84米这个数据，决定将上闸水位定为4米，下闸最高水位定为2米，闸顶高度为4.5米。建成后的泰州船闸闸室长80米，宽10米，闸门均宽8米，年设计通航能力150万吨，每次可通过8条60吨的普通船只。

泰州船闸从1952年9月25日开始施工,至1953年12月8日建成通航,历时15个月的工期。1966年2月10日,泰州船闸进行扩建工程,加长闸室100米,增设输水廊道,拓宽下游引航道,将原来的上下人字形木质闸门改为钢质闸门,增设红绿灯等通航辅助设备。工程于1966年6月17日完工,年设计通航能力增加了250万吨。

改革开放后,国民经济大发展有力地促进了水上运输事业的大发展,泰州船闸出现了千舟竞发、百船等待过闸的景象。川流不息的百吨沙船和千吨油船队伍,使泰州船闸趋于高负荷运行,闸门伤痕累累,年年小修,三至五年就要大修一次。1999年,随着泰州引江河工程建成通航后,泰州船闸的通航功能逐渐被弱化,到2011年时,泰州船闸已基本完成了它水上运输的历

图43 泰州船闸

史使命。

（二）宿迁皂河老船闸

皂河老船闸位于宿迁市湖滨新区皂河镇大运河北侧约 100 米，东侧是骆马湖，西侧是新建的皂河船闸、皂河节制闸和黄墩湖闸。该船闸建成于 1963 年，是一座典型的建于 20 世纪 60 年代的江苏船闸，目前是宿迁市文物保护单位。

皂河老船闸长 100 米，宽 10 米。随着航运需求的增长和技术的发展，当地异地重建了皂河新船闸，皂河老船闸于 1988 年起停止使用。年久失修使船闸主体结构已经损坏，仅剩南、北两部分残余闸体，且残体上有不同程度损裂，闸室大部分被填埋。

据信，皂河老船闸的设计有苏联专家的参与，这种合作在当时的中国并不罕见，因为新中国成立后，为了加快工业化进程和基础设施建设，中国积极寻求与苏联等社会主义国家的合作。

总之，皂河老船闸作为宿迁近现代重要史迹及代表性建筑之一，不仅具有历史价值和文化价值，还承载着当地民众治水的深厚情感和记忆，是宿迁重要的历史文化水利遗产。

图 44　宿迁湖滨新区皂河老船闸（图片来源：江苏省不可移动文物数据库网站）

二、新中国的灌溉、防洪、排涝水闸

（一）南京市高淳区茅东闸

茅东闸位于南京市高淳区东坝街道茅东引河上，上游经胥河连接固城湖，下游经南河连接太湖，是分隔水阳江和太湖流域的控制工程。茅东闸是一座典型的新中国"二五"计划内苏南地区建造的集蓄洪、灌溉、防洪、排涝等功能于一体的综合性水闸。2021年12月，茅东闸入选《江苏省首批省级水利遗产名录》。

明初以南京为都城，受地形和山系走向的影响，南京周边的人工运河一般呈东西向分布，往西在安徽芜湖、当涂可以连接长江支流水阳江，往东在镇江可以与江南运河连通。再加上南北向的秦淮河，构成了一个十字状的水路运输体系。在这个人工运河体系中就包括胥河，相传周敬王十四年（前506），吴王阖闾伐楚，命伍子胥开凿此河，因而得名。

明洪武二十五年（1392），明太祖朱元璋为使江南漕运避开长江风险，下令大规模疏浚胥河，如此江浙漕运可以经过胥河、胭脂河，再顺着秦淮河进入南京城。为了保证通航水位，在原银林堰处建造了一座坝闸一体的石质船闸，取名"广通闸"，又称"广通镇坝"。因广通镇坝坝址在固城湖东，后改称"东坝"，它是水阳江和太湖两个水系的分水坝。明成祖朱棣迁都北京后，由于江南漕运改由镇江渡江北上，胥河运道逐渐荒疏。永乐元年（1403），广通闸被改建为土坝，取名"东坝"。

明嘉靖三十五年（1556），又在坝东增筑一坝，名为"下坝"，而原来的东坝改称"上坝"，合称东坝的上、下坝。下坝的兴建，对上坝起了升水护坝的作用。至此，胥河被东坝上下坝分为固城湖口到上坝的上河段、上坝至下坝的中河段和下坝至朱家桥的下河段三段河道。当上游水阳江大水时，两座水坝可以保证下游太湖流域安全，而当溧阳、宜兴一带干旱时，又可以开坝放水，支援下游抗旱。

堰埭工程体系的建设，保证了胥河运河的通航水位，实现了分水岭的跨越。然而，运河筑坝虽然有利于航运，却阻碍了上游水阳江泄洪，如清道光二十九年（1849），水阳江发生特大洪水，高淳、溧水等县大批圩田沉没。众多圩民强行拆东坝放水，上游各处水患得以缓解，却给下游地区带来洪水损失，因此在不同历史时期，关于筑坝还是拆坝的争论不断。

1958年6月，太湖湖西高地地区旱情严重，当时的镇江专署根据水利部批准的"同意将东坝改造为节制闸"的精神，组织溧阳、高淳两县民工8000余人先动工拆东坝，引上游水用于湖西地区抗旱，然后于当年10月在胥河上动工兴建茅东闸，1960年8月竣工。1963年冬又动工开挖茅东引水河，1964年春竣工。兴建茅东闸并开通茅东引水河，解决了茅东闸下游地区的灌溉用水问题。此外又于1991年兴建了下坝船闸，这样既解决了下游的防洪排涝和蓄水灌溉问题，又解决了水阳江与太湖之间的通航问题。至此，胥河上拆坝建坝的争论不复存在。2008年，茅东闸移址至其上游90米处，原茅东闸仅保留闸身和一座石拱桥。

图45 南京高淳茅东闸

（二）苏州太仓浏河节制闸

浏河节制闸位于苏州太仓浏河镇，是一座典型的建于新中国初期苏南地区的具有防洪、排涝、调度水源及航运等多重功能的综合性水闸。2021年12月，入选《江苏省首批省级水利遗产名录》。

浏河上建设水闸的历史可以追溯到清康熙十年（1671），当时所建闸位于老浏河塘上，史称"天妃闸"。天妃闸在清雍正十年（1732）和道光十四年（1834）分别进行了重建，并在道光年间被称为"新闸"，是一座四孔石闸。新中国成立前，由于河道长年淤积，不仅影响汛期的行洪，而且还导致流域内的农田频繁受涝。

新中国成立以后，随着太湖水利工程的发展，浏河作为太湖东北地区排水入长江的骨干河道，其重要性日益凸显。为了改善浏河的通航条件、提高防洪排涝能力，并满足周边农田的灌溉需求，浏河节制闸的建设被提上了日程。

1958年冬季，苏州地区行政公署进行浏河第一期拓宽整治工程，将浏河由"曲"改"直"，同时在其尾闾新建一座大型钢筋混凝土节制闸，代替了原有的四孔石闸，以控制引泄、调度水源，兼利航运。当时还没有大型的施工机械，如此浩大的土方工程全部靠人拉肩挑的"人海战术"来完成。1958年开工建设，1959年7月就建成投入运行（如图46）。

浏河节制闸总长130.1米，总净宽75米，共19孔，中间17孔为泄水孔，单孔宽3.6米，南北两端各为宽6.9米的通航孔。闸顶高程7.5米，底板高程负1米。闸设计最大泄水流量840立方米每秒，最大引潮流量750立方米每秒。节制闸按Ⅲ级水工建筑物标准建设。

图46 苏州太仓浏河节制闸建设中和竣工后的旧影

（三）南通九圩港闸

南通九圩港闸位于南通市西郊长江北岸的九圩港口，距长江1300米，是长江下游南通地区的第一座大闸[1]，也是典型的新中国初期苏中地区建造

---

[1] 林苇一：《振兴南通的一曲凯歌——九圩港建闸浚河工程建设追忆》，《江苏水利》，2007年第2期，第41—43页。

的集引水灌溉、城市供水、行洪排涝、航运等功能于一体的综合性水闸。2021年12月，入选《江苏省首批省级水利遗产名录》。

南通地区滨江临海，水资源丰富但分布不均，旱涝问题频发。为了更好地调控水资源，解决旱涝问题，建设九圩港闸成为迫切需求。同时，由于农业是南通地区的重要产业，水稻、棉花等农作物的灌溉需求量大，建设九圩港闸可以保障农业生产的顺利进行。九圩港闸是九圩港的一部分，后者历史可以追溯到明隆庆元年（1567），当时九圩港只是一条长约5千米的小港，因港口近于九圩而得名。新中国成立之初，南通地区的水利设施相对落后，无法满足当时的生产生活需求。特别是沿江地区的小闸数量有限，无法满足大规模的灌溉和排涝需求。

随着社会经济的发展，南通地委、南通专署于1958年作出了"向长江要水"的决断，制定了包括九圩港闸在内的6座沿江大型水闸的建设规划。九圩港作为引江灌溉工程进行开挖，大部分河段都是人工平地开挖而成，同步还进行了九圩港闸的建设。参与该项工程建设的工人近2万人，还有包括当时的南京师范学院师生、南通水利学校师生、地专机关干部近500人参加施工。工程进展十分顺利，1958年11月28日浇筑闸底板，工程建设期仅用了10个月，次年6月6日就正式开闸放水了。九圩港闸的建成，在调控九圩港的水位、水量以及保障航运安全的同时，为南通创造了优越的水环境，极大地

图47　南通九圩港闸今貌

改善了南通的缺水状况。

九圩港闸按照省水利厅的设计进行建设，共 40 孔，每孔净宽 5 米，连同闸墩全长 236.55 米，国家共投资 353.7 万元。九圩港闸工程共使用水泥 4043 吨，土水泥 598 吨，钢筋 279.7 吨，木材 1500 立方米，石子 27936 吨，卵石 3234 吨，块石 61265 吨，共做 240 万个日工，是南通史无前例的大型水利建筑工程。

（四）南通市海安北凌闸

北凌闸位于江苏省南通市海安市海安街道北凌河老坝港口，是海安市排涝入海的重要口门。北凌闸是典型的 20 世纪 60 年代新中国南通地区建造的集排海、排涝、防洪、挡潮、引水、改良盐碱地、通航等多种功能于一体的综合性中小型水闸，目前是江苏省不可移动文物。北凌闸于 1963 年 8 月竣工，由当时的南通专署水利局设计室设计，南通水利工程队施工，耗费 87.3 万元。北凌闸净宽 24 米，共 6 孔，每孔净宽 4 米，闸底板高程负 1.5 米，闸墙顶高 8 米，闸门顶高 3.4 米，设计流量为 108 立方米每秒。北凌闸是闸桥一体结构，石墩木闸门，采用齿杆式启闭机启闭闸门，闸上设公路桥，桥面净宽 5 米，高程 8 米。值得一提的是，北凌闸的闸墩采用类似悬臂梁结构，模仿古代的斗拱结构，桥栏也采用回字形栏杆，使整个北凌闸多了一份古典的文化内涵。1972 年，北凌闸原有的木质门改为钢丝网水泥闸门，螺杆式启闭机

图 48　南通海安北凌闸（图片来源：江苏省不可移动文物数据库网站）

改为油压式启闭机。

（五）扬州江都邵伯节制闸

邵伯节制闸位于扬州市江都区邵伯镇，是京杭运河苏北段由南向北的第二个梯级控制枢纽，具有重要的历史、文化和经济价值，是一座典型的新中国成立初期建造的具有蓄水灌溉、防洪排涝功能的水闸。2021年12月，入选《江苏省首批省级水利遗产名录》。

邵伯地区建闸最早可以追溯到东晋太元十年（385），谢安在扬州东北20里的步邱（今邵伯）筑城屯兵时筑埭挡水，并设立绞关，拖船过埭。这标志着邵伯地区水利工程的初步形成，也为后来的节制闸建设奠定了基础。此后，从唐宋时期的单斗门、三门两室船闸，到民国时期的新式船闸，再到如今的综合性水利枢纽，邵伯建闸已有1600多年的悠久历史。

图49　扬州江都邵伯节制闸今貌

新中国成立后，随着经济建设的需要，邵伯地区迎来了新的发展机遇。1952年10月，邵伯节制闸工程正式动工兴建，次年5月建成。这座节制闸位于邵仙引河与大运河衔接处，主要是为里下河地区和邵伯境内农田灌溉提供充裕的水源。邵伯闸长25米，宽13米，闸底高程0.5米，闸顶高程8.5米。共2孔，每孔净宽5米，设计流量150立方米每秒。交通桥净宽4米，工作桥净宽2.7米。闸门为弧形钢闸门，采用电动、手摇两用启闭。

总之，邵伯节制闸不仅是一座水利工程设施，更承载着丰富的历史文化内涵。其悠久的历史和变迁过程见证了邵伯地区乃至整个大运河的兴衰与发展。同时，邵伯节制闸还见证了众多文人墨客在此留下的诗词歌赋和历史佳话，成为大运河文化的重要组成部分。

（六）扬州江都水利枢纽

江都水利枢纽位于扬州市境内京杭大运河、新通扬运河和淮河入江水道尾闾芒稻河的交汇处。江都水利枢纽是典型的20世纪六七十年代新中国苏中地区建造的综合性水利工程，它由江都东闸、江都西闸、江都送水闸、宜陵闸、宜陵北闸、芒稻闸、运盐闸、邵仙闸洞、土山坝涵洞、宜陵地下涵洞等10座涵闸，以及五里窑船闸、宜陵船闸、邵仙套闸等3座船闸和新通扬运河、高水河、三阳河等3条河道共同构成，具备防洪、灌溉、排涝、航运等多重功能。2021年12月，入选《江苏省首批省级水利遗产名录》。

江都水利枢纽既是江苏江水北调工程的渠首工程，也是国家南水北调东线工程的源头工程，被誉为"江淮明珠"。1952年10月，毛泽东同志在视察黄河时提出，"南方水多，北方水少，如有可能，借点水来也是可以的"，"南水北调"宏伟构想由此生发。1958年，江苏结合国家"南水北调"东线规划，开始分两路实行"引江济淮，江水北调"规划：一路由南官河自流引江入里下河地区；一路建抽水站，由廖家沟抽水入高宝湖后北送。

江都水利枢纽利用1958年开挖的新通扬运河作为输水河道，从长江引水，向里下河地区自流灌溉，并利用同年建造的江都闸，控制长江引水或里下河排涝。1963年，在新通扬运河河口以东一里处建成了江都西闸；1963年1月至1964年5月，疏浚和利用原有归江河道芒稻河、运盐河及1953年开挖修建的邵仙河的部分河段修筑成高水河，作为江都抽水站向北送水的输水干渠；1964年建造了芒稻闸，作为高水河与芒稻河的交叉控制工程；同年还在高水河与运盐河、邵仙河的交汇处建造了运盐闸和邵仙闸洞，使北送的江水与邵伯湖分开，并用邵仙闸洞下部的涵洞引邵伯湖水入通扬运河；1963—1965年还建成了宜陵闸、五里窑船闸、宜陵船闸；1975年又建成了作为新

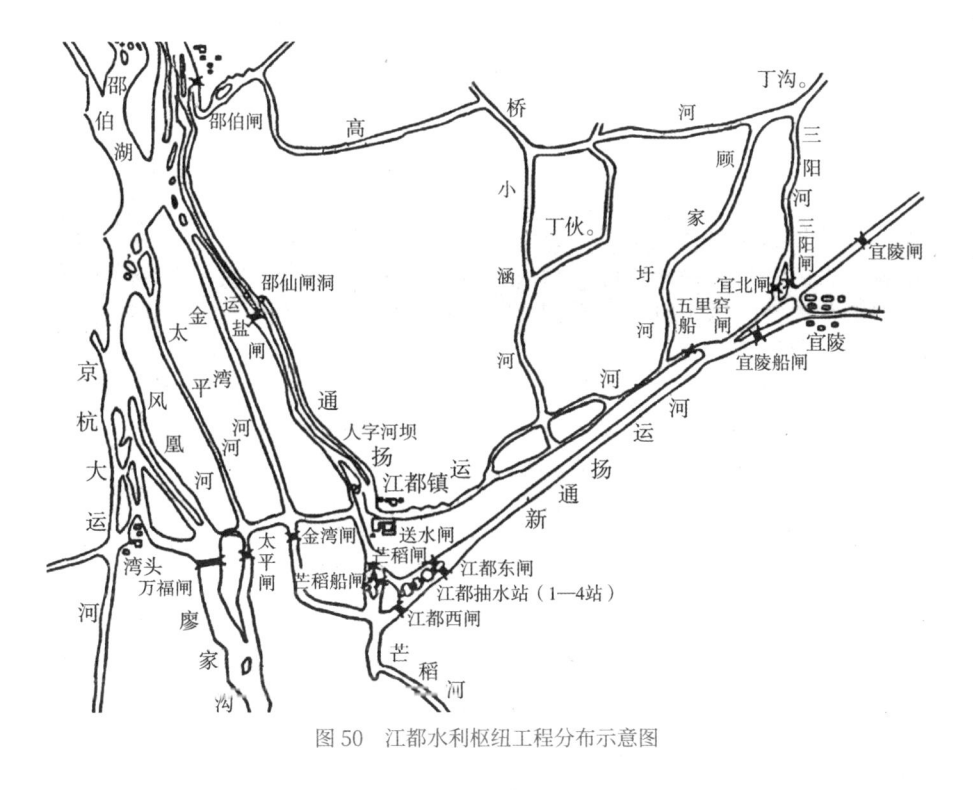

图 50　江都水利枢纽工程分布示意图

通扬运河与三阳河交叉控制工程的宜陵北闸；1978 年又建成了江都东闸、江都送水闸，并拆除了江都闸；1980 年建成了宜陵地下涵洞，从而完成了通扬运河和新通扬运河的交叉控制工程。江都水利枢纽一系列配套工程的陆续建成，拓展了其综合功能，与金湾闸共同承担起长江水北上和千里淮河入江的重任。

下面重点介绍江都水利枢纽的几个典型的配套水闸工程。

江都西闸位于扬州市江都区新通扬运河之上，建于 1964 年，是一座典型的具备蓄水、排涝和挡潮作用的综合性水闸。2021 年 12 月，入选《江苏省首批省级水利遗产名录》。江都西闸闸长 103 米，宽 106 米，共有 9 孔，每孔净宽 10 米，中孔为通航孔，设计流量 505 立方米每秒。交通桥净宽 4.5 米，工作桥净宽 4.5 米。闸门与通航孔采用弧形钢闸门。江都西闸是江都水利枢纽工程的配套工程之一，该工程位于京杭大运河、新通扬运河和淮河入江水道"三水"交汇处，是江苏江水北调工程的龙头和国家南水北调东线工程的源头。江都西闸主要承担里下河区域的水排入长江的任务。当发生涝水

图 51　扬州江都西闸今貌

时，关闭西闸，用抽水机将里下河的水抽排到长江；当缺水时，则打开西闸，引江水进入，再配合其他闸门的启闭，实现水资源的合理分配和调度。

芒稻闸位于江都区，1964年4月18日动工，1965年6月10日竣工。闸总长157米，宽81.25米，共7孔，每孔净宽10米。闸底高程负1米，闸顶高程10.5米。闸门采用弧形钢闸门，手摇或电动启闭。该闸的主要功能是排泄淮河洪水入江，按三百年一遇的排洪流量830立方米每秒设计。

万福闸位于扬州城区和江都城区之间的淮河入江水道的廖家沟上，是江都水利枢纽工程的第一大闸，也是省内仅次于三河闸的第二大闸。1959年10月动工，1962年12月竣工，是淮河入江的主要控制工程。目前是江苏省不可移动文物。2021年12月，入选《江苏省首批省级水利遗产名录》。万福闸闸长466.8米，宽141米，共65孔。交通桥净宽12米，工作桥净宽4米。上闸门采用钢架钢筋混凝土面板直升门，下闸门采用钢筋混凝土直升门，电动启闭。

万福闸属于闸桥一体结构，其名起源于清道光年间建造的万福桥，1959年在整治淮河入江水道时，老万福桥被拆除，建设了新的万福闸桥。万福闸的北面是闸体，南面是桥，其建成不仅保证了陆地交通的便利，而且还发挥了重要的水利枢纽作用：承担65%的淮河入江泄洪量；拦蓄邵伯湖灌溉水，解决仪征、邗江、扬州等地100万亩农田灌溉用水；引江潮补给邵伯湖湖水，

图 52 扬州江都芒稻闸

改善了邗江、仪征的灌溉用水条件和扬州的城市用水；还具有调节京杭大运河（苏北段）通航水位的功能。总之，万福闸对于改善邵伯湖沿湖地区灌溉用水条件发挥了显著的作用，对扬州城乡以及周边地区社会经济发展作用巨大。

太平闸位于万福闸以东一里左右的淮河入江水道的太平河上。1971年11月动工，1972年建成。太平闸闸长167米，宽113米，共24孔。交通桥净宽10米，工作桥净宽4.6米。上闸门采用钢筋混凝土波浪板平面直升门，下闸门采用钢筋混凝土双曲扁壳平板直升门，通过油压启闭。

邵仙闸洞位于江都区邵仙路南200米处，即高水河上，是邵仙节制闸和邵仙地下涵洞的统称。邵仙闸洞采用立体交叉的闸洞结构形式，邵仙地下涵洞在邵仙闸底板下部，沟通邵仙河和运盐河。邵仙闸洞于1963年5月12日兴建，1964年5月14日竣工。邵仙闸闸长110.6米，宽59.83米，共4孔，其中两孔可通航。交通桥净宽2.2米，工作桥净宽5.4米，工作便桥净宽1.5米。闸底高程1米，闸顶高程10.5米。闸门采用弧形钢闸门，电动启闭。邵仙地下涵洞长91.8米，共7孔，洞径为2.35×2.3米。洞底高程0米，闸底板高程2米。闸门采用钢板结构平板闸门，齿杆式启闭机启闭。邵仙闸洞在江都

图53 扬州江都万福闸（上）和太平闸（下）

抽水站抽江水北送时开闸，江水流入京杭大运河苏北段，灌溉300多万亩农田。在江都抽水站排里下河涝水时关闸，河水经芒稻闸入江。在里下河地区需补水时，邵仙地下涵洞可引邵伯湖水入通扬运河，以保证灌溉和南北通航。

图54 扬州江都邵仙闸洞今貌

此外，江都水利枢纽工程还包括分别竣工于1963年3月、1964年8月、1969年10月和1977年3月的江都抽4座大型电力抽水站，江都抽水站是新中国成立后国内第一座自行设计、自行制造、自行安装的大型抽水站；还有1963年7月建成的宜陵船闸，该船闸不仅是新通扬运河引排控制工程，也是引江工程的配套工程，对里下河地区的农业生产具有重要的影响；1964年建成、1965年投入使用的宜陵五里窑船闸，其主要功能是解决了通扬运河的灌溉、排涝和通航问题。

（七）扬州江都金湾闸

金湾闸位于扬州市江都区仙女镇七闸村西首的金湾河上，1974年建成，是一座典型的新中国成立后江苏修建的大型综合性水闸，目前是江苏省不可移动文物。金湾河北起邵伯湖，南入芒稻闸下游，连接长江，与万福闸、太平闸一起构成淮河入江水道的控制性工程。金湾闸在防洪、排涝、控制内河水位方面都起着重要的作用，同时还具备蓄水、引潮等综合效益，对于调节区域水资源、改善生态环境具有重要意义。

金湾闸闸长160米，有22个闸孔，每孔净宽6米，设计流量3200立方米每秒。金湾闸的闸底板为分期浇筑混凝土连续反拱底板，底板高程为负3米，闸顶高程7.5米。闸门上节为双曲扁壳钢丝网水泥结构，下节为钢筋混凝土板梁式，上下两节用支铰联结成一体，每孔用双点双节活塞杆顶升式油压启闭机驱动。金湾闸上设有交通桥和工作便桥，交通桥净宽7米，工作便桥净宽3米。

图55　扬州仙女镇金湾闸

（八）扬州市仪征新城镇卧虎闸

卧虎闸位于仪征市新城镇仪扬河与沙河交汇处，是一座具有悠久历史和重要功能的水利设施。卧虎闸是典型的新中国成立后建造的双孔石砌防洪泄洪小型水闸，目前是江苏省不可移动文物。

卧虎闸建闸历史悠久，明嘉靖十四年（1535）始建，明崇祯七年（1634）和 1971 年重建，在明清时期就已经是当地重要的水利设施。卧虎闸东西长 13.4 米，南北宽 8.7 米，采用双槽门设计，闸孔宽 4.3 米，木叠梁门，条石垒砌。1971 年重建时配置闸门和启闭机，1974 年改造时扩建了东孔，净宽 4.5 米，闸底高程 1 米，采用上下扉闸门和 3 台 8 吨螺杆启闭机。

卧虎闸作为仪扬河与沙河交汇处的重要节点，具有挡洪、输水、分洪等多种功能。它是十二圩翻水站的骨干配套工程，对于调节内河水位、保障灌溉和防汛抗旱具有重要作用。卧虎闸不仅是扬州地区水运发展的重要见证者，也是古代扬州水利工程发展、运河文化传承以及地方社会变迁的生动史书。

图 56　扬州仪征卧虎闸

（九）扬州邗江瓜洲水利枢纽

瓜洲水利枢纽位于扬州市邗江区瓜洲镇四里铺街中段，由瓜洲节制闸、瓜洲船闸、抽水站、排涝闸和枢纽景区组成，是建于 20 世纪六七十年代的典型的多功能中型综合性水利枢纽，瓜洲闸于 2021 年 12 月入选《江苏省首批省级水利遗产名录》。

瓜洲位于长江与运河交汇之处的长江北岸，明代属扬州府江都县。瓜洲虽然是个弹丸之地，但地理位置特殊，可以"瞰京口，接建康，际沧海，襟大江，实七省咽喉，全扬保障也"[①]。明清时期，每年有数百万艘漕船要往还于此，在此停泊，等候渡江。由此可见，瓜洲虽然规模不大，但确是明代大运河和长江沿线的经济重镇，因此建设了如瓜洲闸、瓜洲坝、通惠闸和广惠闸在内的很多保障漕运的水利设施。

瓜洲闸建设历史悠久，最早可以追溯到唐代，瓜洲运河自唐开元开挖以来，就在通江口门设立了埭和斗门（单闸），成为最早的瓜洲枢纽。此后，瓜洲闸经历了多次改建和扩建。宋代时，瓜洲运河改堰为闸，以便漕运和商贾通行。然而，在宋徽宗宣和年间，由于连年干旱，瓜洲闸一度被废弃，恢复为龙舟堰。

明清时期，瓜洲闸又经历了多次变化，包括和坝的联合运用等，是明清时期漕运制度演变的产物和见证者。明永乐十三年（1415），随着会通河开通，漕粮可以直接运输到北京，漕运开始实行"支运法"。江南地区苏松等府的漕粮由民运到淮安仓交兑，庐州、凤阳等府的漕粮由民运到徐州仓交兑，而徐州、兖州等府的漕粮由民运到济宁仓交兑，河南、山东等府的漕粮由民运到临清仓交兑。其后，由沿河的卫所运军到淮安、徐州等处支运漕粮到北京。由此可见，在"支运法"实行期间，江苏的淮安、徐州等处是兑运漕粮的关键节点，当时的瓜洲还没有成为漕粮转运和交兑的重要处所。

明宣德五年（1430）开始实行"兑运法"，收兑江南漕粮的地点发生了改变，"令官军运粮各于附近府州县水次交兑，江南府州县民运粮于瓜洲、淮安二处交兑"[②]。瓜洲成为军民交兑漕粮的水次之一，等待南京总及江北总等三总运军到瓜洲和淮安收取漕粮。与"支运法"相比，"兑运法"缩短了江南民众亲身应役运输漕粮的路程。明成化年间，开始推行"长运法"，交兑地

[①] 嘉庆《瓜洲志》卷一《疆域》，《中国地方志集成·乡镇志专辑》第15册，江苏古籍出版社1992年版，第167页。

[②] 杨宏、谢纯：《漕运通志》卷八《漕例略》，方志出版社2006年版，第112页。

点由原来的瓜洲、淮安南移到了江南州县水次，运军需要面临过江过坝的问题。"长运法"再次改变了运军和纳粮民众交兑漕粮的地点，即交兑漕粮水次从瓜洲改为江南各州县的水次仓。

"长运法"刚开始实行时，江北三总等卫所漕船仍然停泊在瓜洲坝，只有部分运军参与运输漕粮到瓜洲的过程。运军的漕船并不过坝，而是派部分运军雇用民船到江南水次领兑漕粮，然后将漕粮运输过江，盘瓜洲坝过后，再装运到等候在坝下的漕船中。在这个环节中，每石会多向江南民众征收一斗三升的"过江米"，作为雇船盘坝的费用。

明隆庆六年（1572），瓜洲建闸后，改变了漕船的运输方式。对于运军的漕船来说，由于过江方式的变化，简化了"军雇民船"和"盘坝"的漕运环节，可以实现运军全程运输。瓜洲建闸后，只是方便了漕粮的运输，瓜洲坝依然存在，商民船依然以盘坝为主，出现了闸坝并用的格局，直到康熙年间，商民船过闸过坝才可以自由选择。

总之，明隆庆年间的瓜洲建闸影响了漕运制度的具体运作环节，改变了明代漕运制度中的过江方式，并且对漕运制度及国家财政产生了一系列重要影响。同时，由于建瓜洲闸影响了靠瓜洲坝为生的地方利益群体，所以他们百般阻挠建闸。因此瓜洲建闸后，瓜洲坝并未马上废弃，而是闸坝并用。工部支持由闸过江可以收取过闸税，而地方群体支持盘坝收取过坝费，选择过闸还是盘坝一直到清代仍然纠葛不断。

明清时期的瓜洲闸已经消失在历史的长河中，现在的瓜洲水利枢纽建于1969年，包括瓜洲节制闸、瓜洲船闸等。瓜洲船闸是专为通航而设计，其按照5级航道标准建设，上下闸首净宽均为10米，闸室长136.4米，闸室宽13.9米，闸室顶真高6米，底板真高负2米。瓜洲节制闸是一座5孔闸，闸总长154.54米，闸孔总净孔宽23米，闸顶真高8.2米，其中中孔是宽7米的通航孔，其余4孔是泄水孔，单孔宽均为4米。

瓜洲水利枢纽作为一座中型水利综合工程，具有多种功能。首先，它具有灌溉引水的功能，为周边农田提供充足的水源。其次，它在防洪排涝方面也发挥着重要作用，能够有效地控制内河水位，防止洪水泛滥。当长江水位过高时，瓜洲闸会关闭，以防止洪水倒灌内河。而在需要排水时，瓜洲泵站则会启动抽排功能，将内河多余的水量排入长江。最后，作为长江进入淮扬运河的重要闸口，瓜洲闸还具备通航功能，可以使船只安全、顺畅地进入或离开内河航道。

图 57 扬州瓜洲节制闸和瓜洲船闸今貌

（十）徐州新沂华沂闸

华沂闸位于徐州邳州炮车街道龙池村与新沂草桥镇华沂村之间的老沂河畔，建于1955年，是一座典型的新中国成立初期徐州地区修建的集蓄水、灌溉、防洪、排涝功能十一体的中大型水闸。2021年12月，入选《江苏省首批省级水利遗产名录》。

沂河发源于山东省淄博市沂源县鲁山，南流经邳州市入江苏，从华沂闸前分流后形成老沂河与新沂河东西两支，分别南下汇入骆马湖，其中西支为老沂河，东支为1949年人工开挖的新沂河，后改称沂河。

新中国成立前，骆马湖已经几乎淤没，愈演愈烈的围湖垦田活动，使得骆马湖大量低滩地被改造为耕地。新中国成立以后，为了根治苏北地区的水患水灾以及解决耕地灌溉的问题，当时的华东水利部采取了一系列整沭导沂的措施，如通过开挖新沂河、疏浚老沂河故道等工程，使骆马湖部分恢复为一个可供蓄洪排险的临时性水库[①]。

华沂闸就是在这样的背景下建造的，该闸由苏联专家设计并亲临现场指导施工，是当时中国和苏联亲密友谊的见证，在民间素有"洋闸"之称。当时苏联援助中国的江苏水利工程还有三河闸、苏北灌溉总渠等。在新中国成立初期的中苏水利合作中，苏联专家发挥了重要作用，带来了先进的水利技

---

① 徐州市地方志办公室编：《徐州要览》，1987年版，第257页。

术和经验,为我国水利工程的规划、设计和建设提供了专业指导。

华沂闸是一座7孔节制闸,流量设计为700立方米每秒,其主要功能就是在旱季闭闸蓄水,保证下游的灌溉用水,洪水季启闸泄洪,避免水灾。1960年,沂河上源洪水全经新沂河流入骆马湖,导致上游需要经过老沂河下排的水量锐减,保留7孔闸门泄洪就显得有些过剩。华沂闸经过改造,只保留中间3孔继续使用,其余两边4孔用浆砌块石封堵。1966年,为了使老沂河保持一定量的水位,在华沂闸的上游,即新老沂河分流处,修建了华沂涵洞,用新沂河的水补充老沂河的水,平衡新老沂河之间的水量,以维持华沂闸的正常运作与排灌。

图58 徐州新沂华沂节制闸

(十一)徐州睢宁凌城节制闸

凌城节制闸位于徐州市睢宁县凌城镇凌闸村,是新中国成立后睢宁县内兴建的第一座集防洪、排涝、蓄水等功能于一体的综合性大型节制闸,目前是江苏省不可移动文物。凌城节制闸作为徐州地区近现代重要史迹及代表性建筑之一,不仅具有实际的水利工程价值,还承载着睢宁县人民改变自然、战胜灾害的历史记忆和文化价值。

1958年,当时的中共睢宁县委为改变睢宁十年九涝的局面,一方面北建庆安水库防洪、蓄水,另外一方面南建凌城闸蓄水、泄洪,希望短期内能够消除水、旱灾害。凌城闸工程从1958年12月8日开工建设,到1961年10月竣工,历时近三年,共完成土方20万立方米,石方14732立方米,混凝土 6628 立方米。建成后的凌城闸，主要服务于睢宁县东面和南面地区的排涝，总受益面积达 1364 平方千米，占睢宁县总面积的 77%。除防洪排涝外，凌城节制闸还承担着蓄水灌溉的任务，为周边农田提供稳定的水源保障，同时还改善了当地的生态环境，促进了睢宁县经济的可持续发展。

凌城闸按照能排、能蓄、能通航的规划要求，五十年一遇的排涝标准进行建设。闸体采用钢筋混凝土浇筑，桥墩由青石砌成，用水泥砂浆填缝。设计河底高程上、下游分别是 11 米和 10 米。开闸时上游水位 18.4 米，下游 18.2 米。关闸时上游水位 18.4 米，下游水位 13.5 米。闸宽 4.25 米、高 20 米。闸底板高程 11 米，比洪泽湖控制水位低 1.5 米，底板长 16 米，门坎高程 13.9 米。交通桥长 105 米、宽 7 米。凌城闸共有 25 孔闸门，目前其中的 16 孔可以正常使用。

图 59　徐州睢宁凌城节制闸

（十二）徐州贾汪区红旗防洪闸

红旗防洪闸位于徐州市贾汪区汴塘镇汴西村南主流河道上，又名"七孔闸"。该闸所在位置原为十八孔桥旧址，后因泄洪需要，改建为现在的七孔石闸，是典型的新中国初期建设的中型防洪节制闸，是徐州地区近现代重要史迹及代表性建筑，目前是江苏省不可移动文物。

贾汪区位于江苏省徐州市的东北部，地势复杂，水系发达。由于地处河流交汇处，防洪需求尤为突出。红旗防洪闸所在的汴西村南主流河是当地重要的水系之一，其防洪能力直接关系到周边地区的安全与稳定。红旗防洪闸建于 1958 年，属于闸桥一体建筑，闸长 18.8 米，闸顶宽 7 米，两侧引桥长 7 米，共有 7 孔，每孔宽 2 米。原两侧护栏上各装饰有一排小石狮，但现已全被破坏。

闸体全部用当地青色长条料石建成，料石长度在2米以上，厚度在0.4米左右，打磨平整，有的还进行了雕花刻字。

红旗闸桥当时在蓄水、防洪上起到了重要的作用。贾汪区是一个农业大区，农业生产对灌溉水源的需求较大。红旗防洪闸的建设不仅提高了防洪能力，还兼顾了灌溉功能。在蓄水期，它可以储存水源以供农业灌溉使用；在防洪期，则可以调节水流以防止洪水泛滥。因此，红旗防洪闸的建设对于促进当地农业生产和经济发展具有重要意义。

图60　徐州贾汪红旗防洪闸（来源：江苏省河长办）

（十三）徐州铜山区单集镇幸福桥闸

幸福桥闸位于徐州市铜山区单集镇单集村蝉河上，建于1959年，是典型的新中国初期建设的中型防洪节制闸，是徐州地区近现代重要史迹及代表性建筑，目前是江苏省不可移动文物。

幸福桥闸属于闸桥一体结构，有几个较为特别的地方。第一是该闸桥是一座石砌闸桥，新中国成立以后，虽然江苏各地已经大规模采用混凝土浇筑水闸，但当时的水泥还是属于成本较高的建筑材料，因此在石料比较丰富的地区，依然采用传统的条石修建水利设施。第二是该闸桥有四个顶部是圆弧形拱孔的闸门，保留了传统石拱桥的建筑特征。第三是闸桥上的题字，如桥墩上刻"利交通、便灌溉，促进生产""世界和平""1959年春单集镇人民公社立"等题字，是当时中国农村集体化运动的重要历史见证。1958年，单集镇成立了人民公社，在单集镇幸福桥闸的建设中，充分体现当时国家"利交通、便灌溉，促进生产"的水利工程和交通建设的基本宗旨和目标。

图61　徐州铜山区单集镇幸福桥闸

（十四）徐州睢宁庆安水库泄洪闸

庆安水库泄洪闸位于徐州市睢宁县古邳镇双河村，目前是江苏省不可移动文物，属于庆安水库防洪体系中的关键水利设施，是一座典型的新中国初期建设的集蓄水、防洪、灌溉等功能于一体的综合性陂塘节制闸，具有重要的历史意义和现实价值。

庆安水库位于睢宁县古邳、姚集等乡镇之间，是由东、南、西三方作坝的平原型水库，于1958年3月动工建设，1959年5月大坝及部分配套设施建成，是新中国成立后睢宁县境内的最大水库。庆安水库的主坝长7100米，顶宽6米，最大坝高8.8米，总库容6030万立方米。

庆安水库泄洪闸是庆安水库的主要配套工程之一，呈南北走向，闸长12.4米、宽2.43米、高3.5米，采用青石砌筑。在汛期，庆安水库泄洪闸能够有效调节水库水位，确保大坝安全，并减轻下游河道的防洪压力。其设计精细的泄洪系统，包括表孔、深孔及辅助孔等多种类型，能够灵活应对不同等级的洪水。同时泄洪闸与水库的主坝、副坝、进水涵闸、溢洪闸等其他设施共同构成了完整的灌溉系统，确保了水库功能的全面发挥。

庆安水库泄洪闸不仅保障了水库及周边地区的安全，还促进了农业生产和生态环境的改善。同时，作为水利工程的重要组成部分，其也展示了睢宁人民在防洪减灾方面的智慧和努力。虽然该闸现已停用，但保存完好，对于研究徐州地区的水利建设历史，是一件重要的实物例证。

图62　徐州睢宁庆安水库泄洪闸（图片来源：江苏省不可移动文物数据库网站）

（十五）盐城射阳新洋港闸

新洋港闸位于盐城市射阳县与亭湖区交界的新洋港入海口处，作为新洋港的入海挡潮闸，曾是苏中里下河腹部地区涝水外排入海的主要通道之一。新洋港闸建成于1957年7月，是典型的新中国初期苏北地区建造的防洪排

图63　盐城射阳新洋港闸今貌

涝挡潮闸。2021年12月，入选《江苏省首批省级水利遗产名录》。

新洋港源出大纵湖，至盐城射阳新淤尖东入海，与射阳河、黄沙港、斗龙港和川东港并称为里下河"五港"，是里下河腹部地区涝水自排入海的主要通道之一。新洋港闸的上游是沿河城镇的水源河道和泄洪通道，闸下港道是渔船的母港和避风港。随着盐城地区经济社会的发展和防洪排涝需求的增加，原新洋港闸的排涝能力已明显不足。与此同时，新洋港闸下港道淤积严重，外排能力进一步削弱。2023年，盐城市启动了新洋港闸下移工程，主要目的是扩大外排入海流量，提高里下河腹部的排涝能力，保障盐城地区的防洪安全。

（十六）宿迁泗阳庄滩闸

庄滩节制闸位于宿迁市泗阳县的六塘河上，建成于1959年，是新中国成立之后泗阳县第一座中大型水闸，是一座典型的新中国初期苏北地区建造

图64 宿迁泗阳庄滩闸

的集防洪、排涝、灌溉功能于一体的综合性节制闸。2021年12月，入选《江苏省首批省级水利遗产名录》。

泗阳县庄滩节制闸共有12孔，净宽达42米，底板高程7.5米，最大泄水量达到800立方米每秒。庄滩节制闸属于闸桥一体结构，限于当时的建设经费，桥面没有用水泥板，而是用黄夹滩的粗的大榆树、槐树、桑树，制成板子铺在闸面上。庄滩闸见证了泗阳人民治理水患的历史，1977年该闸北首兴建越河工程后，废止不用。

（十七）淮安淮阴闸

淮阴闸位于江苏省淮安市淮阴区王家营街道杨庄村、淮沭新河与中运河交汇处，是淮水北调、分淮入沂淮阴枢纽的主体工程之一。淮阴闸以灌溉为主，辅以防洪、通航和发电等多种功能，是典型的新中国成立初期苏北地区建造的大型水闸工程。2021年12月，入选《江苏省首批省级水利遗产名录》。

图65　淮安淮阴闸今貌

淮阴闸的建设时期正值新中国成立初期国家大力发展水利事业的阶段，其由省水利厅勘探设计院于1958年设计，1959年建成竣工。淮阴闸共30孔，每孔净宽10米，总宽345.4米，底板高程6米，闸顶高程17米，设计流量3000立方米每秒。建闸初采用的是木质闸门，因长久使用腐烂严重，于1974年更换为钢网水泥面板闸门。

淮阴闸上游与二河、废黄河、淮沭新河相交，下游与里运河相通，在苏北水利工程体系中具有重要地位。它是为了实现淮水北调、分淮入沂等水利规划而建设的，承担着淮水北调、淮河入沂、引沂济淮等功能，在防洪、供水、灌溉、通航、发电等方面发挥着综合效益。

（十八）淮安洪泽高良涧进水闸

高良涧进水闸位于淮安市洪泽区境内，是苏北灌溉总渠的渠首闸，也是洪泽湖的控制工程之一，是一座典型的新中国成立初期苏北地区建造的大型节制闸。2011年12月，江苏省人民政府公布其为第七批省级文物保护单位。2021年12月，入选《江苏省首批省级水利遗产名录》。

高良涧进水闸由治淮指挥部设计，1951年11月开工建设，由高良涧工程处负责施工，1952年6月竣工。高良涧进水闸所跨的苏北灌溉总渠是一条使淮河水沿渠归海、造福里下河地区的人工"天渠"，它是新中国首个开挖的治淮工程，也是新中国成立后江苏治淮的第一项大型水利工程。1952年5月10日，苏北灌溉总渠这条西起洪泽湖畔高良涧闸、东至黄海之滨扁担港的，以灌溉为主、结合排涝的干渠建成竣工，全长168千米，设计行洪流量800立方米每秒，在下泄淮河洪水的同时，可以满足沿线淮安、盐城两市的灌溉需求，兼有航运、发电等功能。1954年、1958年和1978年，高良涧进水闸进行了三次加固。

高良涧进水闸作为苏北灌溉总渠的渠首闸，总长173.06米，共16孔，每孔净宽4.2米，闸孔净高4米，闸顶高程19.5米，闸底高程7.5米，底板为混凝土平底板，采用消力池消能。闸门是平板直升钢闸门，采用8台卷扬式启闭机启闭。闸上交通桥净宽8米，桥面高程19.5米；工作桥宽4.5米，桥面高程19.5米；岸墙及上游翼墙为圆弧形空箱式钢筋混凝土结构，下游翼墙为重力式浆砌块石结构。

图66　淮安高良涧进水闸竣工旧影和今貌

三、新中国江苏城市水闸

新中国成立以后,由于不再以城墙作为城市的界限,所以城市水闸也几乎不再以城关作为控制设施。水闸一般建设在城市河道上,用于调节城区防洪排涝和改善城市水环境,如南京武定门节制闸、扬州闸等。

(一)南京武定门节制闸

武定门节制闸位于南京城南武定门旧址附近的老秦淮河干流上,是1960年9月建成投运的武定门水利枢纽工程的一部分,与武定门泵站、秦淮新河水利枢纽共同担负南京市城南防洪排涝和改善外秦淮河水环境,以及秦淮河流域内江宁、溧水、句容的蓄水灌溉、防洪排涝、通航等任务。武定门节制闸作为近现代重要史迹及代表性建筑,于2021年12月入选《江苏省首批省级水利遗产名录》。

武定门节制闸是由被称为"近现代中国建筑第一人"的杨廷宝先生设计的。在杨廷宝为南京留下的数十座建筑精品中,武定门节制闸是唯一一项水利建筑作品。武定门节制闸作为在水利工程设施中占比较少的城市水利设施,其外形简洁、大方、朴素,功能布局合理,兼具科技与美学价值。

武定门节制闸于1959年11月开工建设,1960年9月建成,共6孔,每孔净宽8米,设计排洪流量450立方米每秒,引潮流量150立方米每秒,建成以后成为当时南京地区最大的中型以上水利工程设施,对南京城南地区秦淮河流域的排涝、抗旱、防洪、通航等发挥了重要作用。

武定门节制闸运行几十年后,设施老化日趋严重,曾经在1997年、1999年和2007年进行了三次加固改造,在保持原有工程结构不变的基础上,增设了流线飘面型屋顶和蓝色玻璃外立面。尽管其外观已经发生了巨大变化,

图 67 南京武定门节制闸旧貌和今颜

但内在结构仍然保留至今。

（二）扬州邗江扬州闸

扬州闸位于扬州市邗江区竹西街道黄金村太平北路16号、京杭大运河西侧的古运河河口。扬州闸是20世纪70年代建造的一座集防洪、灌溉、航运、排涝、冲污等多种功能为一体的城市综合性水利工程设施，目前是江苏省不可移动文物。

扬州闸始建于1970年冬，1972年5月投入运行，主体工程由套闸、船闸、公路桥等部分组成。其主要作用包括防御淮河洪水入侵扬州城，保障市区人民财产安全；在灌溉季节引邵伯湖水补给仪邗丘陵地区农田；汛期可与瓜洲闸、泗源沟节制闸相配合，作为城市防洪重要设施，排泄区间洪水；还可以沟通市区与京杭大运河之间的水上运输及古运河南北的陆路交通。

2021年2月，扬州市对扬州闸进行改造提升，开工建设扬州闸泵站，2023年3月完工。工程主要建设内容包括在原闸址新建泵站及控制室、上下游清污机桥、对南侧套闸局部维修加固等。

图68 扬州闸旧影和今貌

总之，随着城市化进程的加快，江苏各地为了保障城市安全、促进经济发展，都非常重视城市水闸建设，不断加大投入力度，完善水闸设施体系。由于城市水闸以中小型为主，数量众多，此处不再一一阐述。

第二节 新中国江苏地区水闸的规划、布局、设计、施工和管理

新中国成立以后，江苏地区包含水闸工程在内的水利工程的规划、布局、设计、施工和管理由不同的水利机构负责。跨地区的流域性水体如长江、淮河、

太湖等由长江水利委员会、治淮委员会、太湖水利局等流域性水利机构主管，地区性的水体由地区水利机构如苏南水利局、苏北水利局、省水利厅、市县水利局等机构主管。

长江水利委员会成立于1950年，主要负责制定和实施长江流域的治江战略计划等工作。治淮委员会同样于1950年成立，主要负责治理淮河。1958年治淮委员会被撤销，1977年恢复，1990年更名为淮河水利委员会，作为水利部的派出机构，在淮河流域内实施淮水管理。太湖流域的水利则由1964年成立的太湖水利局负责，由水利电力部与华东局双重领导。1984年12月，又成立了水利部太湖流域管理局。

江苏境内的地区性的水利则由各地区的水利部门负责。新中国成立之初，苏南地区延续了民国时期的水利机构，由苏南水利局负责苏南片区的水利建设。苏南水利局的前身是江南水利局，成立于民国三年（1914）9月，负责管理今江苏长江以南地区与上海市属各县的河湖浚治、海塘修筑、水利测量等事宜。长江以北地区的水利建设则由随苏北行政公署一起成立的苏北水利局负责。苏北行政公署于1949年4月21日在泰州市成立，下辖泰州、扬州、盐城、淮阴、南通5个行政分区，41个县市。苏北水利局作为苏北行政公署的下属行政机构，也于同时期成立。1952年1月，苏北治淮工程指挥部更名为"苏北治淮总指挥部"，由国家"淮委"和苏北行署双重领导，具体负责淮河下游地区的治理工作。1952年6月，为响应毛主席发出的"一定要把淮河修好"的伟大号召，苏北治淮总指挥部从移驻扬州市，与苏北行政公署下辖的苏北水利局合署办公，具体负责指挥江苏省境内的淮河治理工作。1953年1月，苏北行署区撤销，苏北水利局和苏南水利局合并成立江苏省水利厅，隶属于省人民政府，主管全省水利建设计划，重大水利工程的勘测、设计与施工。

总之，新中国成立以后，江苏地区包含水闸工程在内的江苏水利的规划、布局、设计、施工和管理分别由流域性水利机构和地区性水利机构负责，既有职能分工，又有相互协作。

下面从规划、布局、设计、施工和管理几个方面介绍新中国成立以后的江苏水闸建设历史。

一、新中国江苏水闸的规划

新中国成立后,江苏水利开始系统性规划,其中包含水闸的建设规划。每一次重要规划出台,都会在一个较长时期内指导江苏各地水闸的建设实施。

(一)新中国成立初期江苏水闸的建设重点——泄洪闸

虽然早在民国二年(1913)的北洋政府时期就发布了《导淮计划宣言书》和《治淮规划之概要》,并提出了《江淮水利施工计划书》,而且民国十八年(1929)南京国民政府也成立了导淮委员会,提出了《导淮工程计划》,但由于外侵内乱等各种原因,始终未能从治本入手,对江苏水闸进行统筹规划和长效治理,所以成效甚微。

新中国成立后,政务院与水利部连续在1950年和1951年两次召开治淮会议,确定了治淮方针,提出了新中国第一个治淮规划——《关于治淮方略的初步报告》。江苏苏北行署全力落实这个治淮规划,一大批防洪水闸工程如皂河闸、高良涧闸、杨河滩闸、运东分水闸、三河闸等相继开工建设。

但由于治淮初期的防洪标准偏低,导致了1954年的水灾。1956年,治淮委员会出台了新的《淮河流域规划报告》,提出在淮河中下游地区建设包含58座大型水闸在内的一大批大中型水闸的建设规划,其中江苏地区是该时期建设水闸数量最多的省份。在这批建设的规模有大有小的水闸工程中,射阳河闸、宿迁船闸、二河闸、沭阳闸、南通闸、芒稻闸、淮阴闸、泗阳闸等19座大型水闸全部集中在苏北地区。1958年,长江水利委员会也提出了太湖水利规划,随后建成了包括谏壁闸、太浦闸、小河水闸、浏河闸在内的一大批大中型水闸及配套的小型涵闸。

总之,从新中国成立后到20世纪50年代末这一时期,江苏的水闸建设以治洪为重点,同时也建设了一大批挡潮闸、控制闸和船闸。

(二)20世纪50年代末至60年代末江苏水闸建设重点——梯级河网节制闸

1958年,江苏召开水利会议,专题研究梯级河网化规划,规划在全省形成13纵11横的连通江湖的梯级新河网水系,用于灌溉和发电。随后的十年内,江苏水利建设先后完成江水北调工程调水线的14座大中型节制闸和船闸,并在全省各地兴建了30多座承担拦蓄功能的腰闸和控制闸,以及50多座承担灌溉功能的大中型灌区首闸等。

在这个阶段，由国务院治淮规划小组提出的《关于贯彻执行毛主席"一定要把淮河修好"的情况报告》及其附件《治淮战略性骨干工程说明》，成为江苏水利建设的主要规划指导文件。这个阶段修建的各类节制闸有很多遗存至今，而且很多节制闸上还保留了原汁原味的时代标语，具有鲜明的时代特色。

（三）20世纪70年代初至80年代末江苏水闸建设重点——农田小型水闸建设

"文化大革命"期间，江苏以联圩并圩、深沟密网、"三分开、两控制"等主要规划原则指导农田水利工程建设，江苏各地兴建了大量满足联圩并圩、内外分开需要的圩口闸，灌排分开、旱涝保收需要的斗渠首和农渠首，控制水位、高低分开需要的排水闸等小型涵闸配套工程，其建设高潮一直持续到20世纪80年代中期。这些水闸广泛分布于苏北、苏中、苏南等地区的灌溉渠道、排水河道上，为农田灌溉、排水提供了重要保障。

（四）20世纪90年代以来的江苏水闸建造考虑综合效益

20世纪90年代以来，江苏水闸建设规划的一个显著特点是会综合考虑水闸工程与建设的整体性和综合性。水闸单体工程的设计、施工，会与相关法规、环境、管理进行综合协调与衔接，还要综合考量景观、生态、旅游、文保、交通等各个方面的因素。

总之，从新中国成立初期开始并一直持续进行的包括治淮、治太在内的水利建设事业，让江苏水利在水闸建设等各项水利工程的规划上一直保持在国内前列，创造了灿烂的新中国江苏水闸文化。

二、新中国江苏水闸的总体布局

（一）江苏水闸总体布局情况

江苏水闸工程的总体布局是在新中国成立以后历次治淮、治太和治洪挡潮、抗旱防涝的专项规划引领下逐渐形成的，是随着新中国成立以后三次治水高潮和治水重点而逐步建设的，其分布与江苏区域内社会经济发展需求、各地水资源的特点，以及调度、保护等需求基本相适应。

新中国成立以后江苏水闸的总体布局主要集中在五个区域内：

一是沿北、西、西南部山丘岗地分布的千余座水库陂塘而建的三千余座溢洪闸和灌溉水闸，这些水闸主要承担水库陂塘防洪、蓄水、灌溉的重任。

二是沿江、沿淮、沿运、沿湖，以及沿流域性主干河道分布的三千余座引排涵闸，这些涵闸单体规模有大有小，工程等级和防洪要求都相对较高。

三是在洪泽湖、骆马湖周边和沿运、沿江地区的千余座大中型灌区中分布的干、支、斗、农四级渠首和退水闸，这些用于调节农业灌溉用水的水闸数量庞大且星罗棋布。

四是主要在长江以北的里下河地区和长江以南的太湖地区分布的同样数量庞大且星罗棋布的圩口闸，也是属于农业灌溉水闸。

五是梯级控制闸，如淮河流域自省界至沿海一般都有4～5个梯级，京杭运河沿线更是设有十几个梯级，所以需要建设如三河闸、二河闸、高良涧闸等梯级控制闸，这些控制闸基本是集防洪排涝、灌溉供水、航运功能于一体的综合性水闸。

总之，从新中国成立至今，江苏几百座大中型水闸工程主要分布在大中型水利枢纽、梯级控制、沿江和沿海或流域性主干河道一线处，数量庞大，呈线状和点状分布。除此之外，还有数量更加庞大的小型农田灌溉水闸。

（二）江苏水闸布局的影响

江苏水闸的总体布局不仅顺应了江苏以平原坡地为主，西北面高、东面和东南面低的自然地形，还统筹了上下游、左右岸、干支流等关系，符合分区、分片、高低分开和高水高用、低水低用的统筹用水规划要求，比较科学地支撑了防洪、排涝、灌溉、挡潮、降渍五大水利工程体系，符合国家南水北调的战略要求和沿江沿海社会经济发展布局要求。

首先在防洪方面，由于过去几十年不间断地实施洪泽湖进、泄洪控制工程及归江六闸工程、淮河入海水道二期工程及入江水道整治工程、沂沭泗河洪水泄洪工程、太湖洪水治理工程，以及地级和县级城市的中小型闸站防洪体系等一系列大中小型防洪水闸工程的建设，这些水闸工程在江苏地区的防洪排涝中发挥了关键作用，有效减轻了洪涝灾害对江苏人民生命财产安全的威胁。

其次在水资源开发利用方面，由于江苏水资源年际、年内分布不均，通过实施闸坝工程，与河床和湖库结合，构建了多级河川、湖泊水库，有效拦蓄了大量洪水，同时还以水闸工程为主体建立起全省引水、调水、供水和控水的水利工程体系，不仅能增加水资源调蓄能力和承载能力，而且还基本解决了水资源时空分布不均带来的防洪、排涝、灌溉等问题。

再次在发展航运方面，江苏通航类水闸工程集中在以京杭运河为核心，以Ⅲ级及以上航道为主体、Ⅴ级航道为补充的高等级干线航道上，在缩短运输距离和时间、提高运输质量、降低运输费用等方面都发挥了显著的作用。

最后在城市水环境和水景观方面，大大小小的各种城市水闸工程可以灵活调节城市区域内的河道水位，可以创造各种小型城市水景，还可以提高水体自净能力，给城市区域内增加灵气和美感，给市民创造了优越的戏水、赏水条件。

当然，大量的水闸工程也会带来一些负面影响，如在河流水环境方面，水闸的建成引起了水文情势的改变，对闸下游影响较大，闸下纳污能力却较无闸状态有所减小。有些水闸由于非汛期长时间拦蓄，很容易形成水体污染集聚，存在汛期开闸下泄时形成污水团的风险等。又如在水生态方面，水闸的建成改变了河流自然形态，阻断了闸下游鱼类等洄游生物的洄游通道，对部分生物的产卵和栖息条件也会产生不利影响。

总之，新中国成立以后，江苏水闸工程体系的建设和总体布局是比较科学和合理的，但仍然需要进一步完善。

三、新中国江苏水闸的设计

（一）新中国成立初期的江苏水闸设计

新中国成立初期，党和政府高度重视包括治淮工程在内的水利工程建设，江苏的高良涧闸、三河闸等水闸工程吸引了一大批向往并投身新中国水利建设的年轻知识分子，江苏的第一批水闸设计就是由导淮老专家指导他们完成的。

这个时期的水闸设计学习的是苏联经验，大都采用轻型结构，其基本特征是无框箱式岸翼墙、框架墩架、钢架钢面或钢架木面板的闸门、绳毂式或螺杆式人力和电动两用启闭设备。如果建闸的地基特别松软，多采用基础换砂、空箱轻型底板和立体双层结构等来满足闸座基础处理设计要求。

这个时期的水闸设计涌现出了很多创新之处，如传统水闸设计和民国时期引入的欧美水闸设计其实都是有桩基础，而此时的水闸设计是在学习欧美技术和苏联技术的基础上，改变了原有水闸设计不管地基如何都要打桩的惯例，成功地设计和建设了三河闸、高良涧进水闸等一批无桩基础水闸。以63孔的三河闸为例，当时的方福均、王厚高等青年技术人员奋勇攻关，经过周密分析和计算，研究出空箱墙的设计方案，采取无桩基础的同时，将上游翼墙及岸墙设计为空箱式，以减轻重量，成功解决了因地基不均衡而沉陷的问题，还降低了12%的工程建设造价。又如35孔的射阳河闸同样如此，虽然射阳河闸的地基为粉砂土和软细质黏土层，但闸基仍然是采用无桩基础，闸底板的应力分析也由传统的倒置梁法改用更加符合实际的弹性地基梁法。

总之，新中国成立后的十多年时间，江苏水闸设计以各种类型的防洪水闸为主，老一辈江苏水利人发挥主人翁精神，在前人造闸经验的基础上，敢于突破创新，使得建造的水闸不仅工程质量高、安全有保障，而且还有效降低了工程造价，体现了老一辈江苏水利人的情怀和责任担当。

（二）20世纪50年代末至70年代末的江苏水闸设计

1964年11月1日，毛泽东主席发出了关于开展群众性的设计革命运动的号召，要求设计人员"下楼出院"。于是，全国各设计单位中很快就形成了到工程现场进行设计的群众性革命运动的高潮。实际上，早在1958年，包含水闸设计在内的水利工程设计革命化就已经开始了，当时设计革命化的主要思想是追求"多快好省"。以江苏水闸设计为例，在1959年建成的镇江谏壁闸、1961年建成的宿迁嶂山闸、1962年建成的扬州万福闸等水闸工程的设计中，设计人员就采用了很多措施来体现"多快好省"的设计思想，如采用一块底板用两个闸墩分隔，使之成为悬臂式的方式，可以减少三分之一闸墩；取消空箱岸墙、采用边墩挡土，可以减少建筑工程量；采用上下扉门的"活动胸墙"的启闭方式，可以实现一台启闭机开多扇闸门等，千方百计节省原材料和建设投资。

到了1964年，全社会正式开展设计革命化运动以后，江苏水闸设计行业主要呈现几个特点：第一个特点是大力推广新技术、新工艺、新材料，如改变了过去只在软地基上做空箱式翼墙和只在墙高8米以下时才用重力式的常规做法，开始在中等密度的地基上采用重力式或钢筋混凝土扶垛式岸翼墙的新设计方案。

第二个特点是追求一闸多用的水闸工程结构创新，如1971年兴建的江都通江闸，有上下两个闸首，上闸首的两侧各建有一座抽水站，下闸首东侧还建了鱼道，又在两侧闸墙内各建水电站一座。同时，闸上还建了公路桥。由此可见，江都通江闸经过结构创新，实现了集引水、排水、抽水、挡潮、交通、发电、过鱼等多种用途于一闸。

第三个特点是追求"轻、巧、薄、预"和"以土代洋"。如在水闸建筑材料上，选择就地取材，如盛产石料的地区在建造水闸时大量采用块石砌置闸体，代替当时价格更高的混凝土。又如在水闸结构设计上，大量采用"拱结构"——一种在中国传统建筑如桥梁建筑中常见的结构，如淮安引江闸、黄沙港闸、太平闸等都将过去习惯采用的平面厚底板改为反拱底板。采用拱结构最大的目的是节省钢筋，因为当时中国的钢铁产量不高。此外，采用钢丝网水泥浇筑而成的双曲扁壳闸门也成为盛行一时的门形，这种门形也可以节省钢材。

设计革命化在推进设计人员深入工程现场、注重设计实践等方面起了很好的作用。但是，也存在许多问题，如"一闸多能"的设计愿望很好，具有综合利用、节省土地等优势，但实际上运行工况复杂，有些用途会相互影响，不能同时发挥效益。同样，反拱底板结构虽然的确能节省钢材和建设投资，但是建在砂土和软土地基上时很容易产生不等沉降而导致裂缝。双曲扁壳闸门虽然节省了钢材，但它只能承受正向水压力，且门的厚度小，易锈易损，所以当时的这些水闸设计的创新成果后来逐渐被淘汰了。

总之，这个阶段，江苏水闸设计以节制闸和农用水闸为主，完成了一大批各种类型的大中小型节制闸和农用水闸的设计和建设。水闸设计理念增加了"综合"的内容，强调水闸工程的多用途和水资源的综合利用，各种类型的水闸设计也有了较深的技术积累，水闸设计实践已非常丰富。

（三）20世纪70年代末至80年代末的江苏水闸设计

从20世纪70年代末期开始，随着国家更加严格执行基本建设程序和重视加强勘测设计管理，水利主管部门组织着手编撰了1987年版的《水工设计手册》，其中《水闸》和《水闸设计规范》章节就是主要由江苏技术人员和江苏省水利设计院编写。在"文化大革命"期间撤销的省、地两级勘测设计单位也陆续恢复，甚至部分市县也成立了勘测设计室。设计单位内部建立和健全了设计质量保证体系，建立了以图纸署名制度为核心的技术负责制，推行全面质量管理等新制度，开启了新时期水闸设计的新局面。

具体来说，新时期水闸设计的几个主要标志是：一是勘测设计行为逐渐规范化。原先的边勘测、边设计、边施工的施工流程被基本建设程序所取代，初步设计审查制度等措施在设计系统内外各层逐渐建立、规范并贯彻实施。

二是勘测设计单位的内外部动力和压力都相应加大。随着我国经济体制改革的逐渐深入，水工设计任务由指令性计划下达逐渐变成了协商承担，部分甚至形成了竞争性市场行为。部属、省内外、市县级专业队伍在一个平台上争取项目，造成了"找米下锅""抢米下锅"的竞争性市场场景。特别是勘测设计单位改制成为企业后，失去了原有的"行业保护"和"系统内待遇"，需要自己争取项目。同时勘测设计单位内部动力和压力也在加大，找项目和技术责任制使每一个勘测设计单位人员都感到有压力，但收入、职称与项目挂钩，又使每个人觉得有动力。

三是设计创新和技术进步逐渐成为水闸设计与建设的推手。江苏的水闸设计者经过多年水闸设计经验的积累，开始积极探索技术创新，提高水闸设计的质量和水平成为水闸设计者的自觉行为。如苏北地区常见一种高水河与低水河交叉的情况，过去常用的办法就是修筑四门闸，或者是在其中一个方向建地下涵洞或船闸。原本通榆河与苏北灌溉总渠在滨海南交汇处也是按照传统做法拟建总渠地涵，后实施了一种采用新型的立交式水工结构物——上槽下洞立交工程的水闸设计方案。

（四）20世纪90年代以来的江苏水闸设计

20世纪90年代以来，特别是进入21世纪以后，江苏水闸设计在高效节能与环保可持续性、自动化与智能化、抗灾能力与安全性、技术创新与优化和综合效益等方面呈现新的特点。

首先在高效节能与环保可持续性方面，随着全球资源稀缺和环境污染问题的加剧，江苏水闸设计越来越注重节能和减排。通过采用智能控制系统和新能源技术，优化水闸的运行方式、提高能源利用率、减少能源消耗。同时在设计中融入环保理念，采用生态修复、河道治理等措施，保护水闸周边的生态环境。同时还考虑水闸对周边环境的影响，减少对水生态系统的破坏，实现水闸与环境的和谐共存。

其次在自动化与智能化方面，通过传感器、遥控和自动控制系统实现水流量、水位和水质的实时监测与调控，以提高水闸的运行效率和降低人工操作的难度和成本。同时利用大数据、云计算等现代信息技术，对水闸的运行数据进行收集、分析和处理，实现水闸的智能化管理和决策支持。

再次在抗灾能力与安全性方面，考虑到全球气候变化和自然灾害的影响，江苏水闸设计通过优化结构、采用高强度材料等措施，提高水闸在极端天气和自然灾害中的稳定性和安全性，加强水闸在抗洪、防风、抗地震等方面的性能。同时在一些大中型水闸中建立了完善的安全监测体系，对水闸的运行状态进行实时监测和预警。一旦发现异常情况，立即采取措施进行处理，确保水闸的安全运行。

从次在技术创新与优化方面，通过引进如新型防洪闸门、自动控制系统等新技术和新材料，提高水闸的性能和可靠性。同时，运用仿真技术优化水闸的结构和流动特性，提高水闸的运行效率和安全性。

最后在综合效益方面，江苏水闸设计注重水闸多功能性的开发。例如，一些水闸工程兼具发电、供水、灌溉、景观等功能，不仅提高了水闸的综合效益和利用率，而且植树造林、水土保持、休闲娱乐等水景观设计理念的引入，可以使水闸工程实现人、闸和环境的自然和谐。

总之，新中国江苏水闸设计的演变过程可以概括为从新中国成立初期注重防洪、排涝、通航等基本功能的实现，逐步向高效节能、自动化智能化、抗灾能力强、多功能性以及技术创新等方向发展，在不断提升水闸的综合效益和服务水平的同时，还积极适应时代变化，融入了环保、可持续发展等现代理念，推动了江苏乃至全国水利事业的进步。

四、新中国江苏水闸的施工

新中国成立后，中央政府重视水利建设，包括江苏在内的各地水闸工程的施工很快形成高潮。以当时江苏地区的淮河第一大闸——三河闸施工为例，1952年，苏北行政公署成立"三河闸工程指挥部"，具体负责三河闸工程的施工。施工人员分技术人员和普通劳动民力，技术人员由苏北治淮总指挥部负责安排，从各地抽调60多名干部和青年学生，从荆江分洪工程调来技工550多人，以及从上海、南京等地招聘各类技工4800多人，组成半军事化管理的施工技术人员队伍，其中一部分分配到三河闸工地，其余普通劳动民力则是由地方政府动员和组织。

虽然限于各方面简陋条件，三河闸工地缺乏足够的机械化建闸工具，建闸材料供应也跟不上，但是由于苏联专家布可夫和水利部专家多次现场指导，省水利厅主要领导驻工指挥，各级地方政府组织有力，还有民众爆发出来的人民当家作主后巨大的建设热情和创造力，三河闸这座淮河下游、洪泽湖东南岸的大型水闸仅仅花费10个月工期就建成了。

实际上，不单是三河闸工程，可以说新中国成立初期所有的大型水利工程在进行施工时，除了使用混凝土拌和机、发电机和运输工具等少数施工机械，基本上各工种施工都是以手工为主。1957年前，江苏的大中型水闸闸门都交由上海工厂分工制作安装，1957年后，江苏省内闸门和机电安装能力才逐渐提高，同时木工、钢筋工等工种也逐渐形成半机械化操作。到1980年后，泵送混凝土、土方挖掘、碾压、吊装等各种施工机械已经陆续发展起来，大大提高了工程施工效率。

将1952年施工的三河闸和1993年施工的通榆河总渠立交进行对比，可以看出施工条件有了极大的改善：1952年施工的三河闸工程共完成土方939.5万立方米、混凝土5.14万立方米，主要施工机械只有20台拌和机、3台轧石机、3台发电机和14台抽水机，因此人工预算需要638.63万工日，其中技工38.9万工日、普工27.7万工日、民工572万工日，即10万人苦战10个月，才能完成这些工作量。而1993年施工的通榆河总渠立交工程所需混凝土总量和三河闸工程相差不大，也有4.82万立方米，但施工机械是16台拌和机、3台发电机、4台装载机、40台翻斗车，以及其他机械120台。如此便大大节省了劳动力，工地上全部施工人员只有600余人。由此可以看出，四十年间，江苏水利设施工程的机械化程度提高了很多，土方施工几乎已全部实现机械化，不再需要动员更多的普通民力上施工现场。

除了施工条件改善，施工技术也在不断地提升。以混凝土施工技术为例，虽然早在民国时期就引入了西方混凝土建闸施工技术，但所用水泥、黄沙、石子都是按体积比计算，而水灰比则没有严格的控制。新中国成立初期，随着对混凝土的进一步认知，其配合比逐渐采用重量比计算，水灰比也有了较严格的控制，如三河闸采用140号混凝土，每立方米水泥用量为305公斤，水灰比为0.57～0.60。虽然20世纪50年代后期，由于水泥供应紧张，出现了不恰当地选用过大的水灰比或掺进不合标准的粉煤灰等情况，造成许多水闸工程混凝土强度不足、耐久性差等问题，但也从另外一方面推动了江苏水闸施工人员对混凝土耐久性认识的深入。此后，随着认识的逐步深化，江苏水闸重要部位的混凝土标号被提高，并通过掺进不同的添加剂以提高混凝土性能。

此外，江苏水闸的施工组织方式也发生了变化。一开始沿用的是民国时期所常用的水利工程招商承包方式。通常由工程主管单位拟定好投标章则、办料详则、施工细则以及承揽要求等项，然后招商、开标、签约，这种施工组织方式在新中国成立以后很长一段时间内一直沿用。1995年水利部发布了《水利工程建设项目实行项目法人责任制的若干意见》，要求水利工程建设市场全面推行项目法人责任制、招标投标制和建设监理制，完善各种规章制度体系、建设监管体系、市场信用体系和质量安全管理体系。项目管理方面多采取DBB，即"设计—招标—建造"模式，以及探索DB（"设计建造"）、PMC（"代建制"）、EPC（"总承包"）等模式。与此同时，水利企业内部也普遍推行全面质量管理和项目经理制，使施工技术创新、工地安全管理和工程质量管理有了强大的内在动力。

五、新中国江苏水闸的管理

新中国成立初期，新建成的江苏大型水闸都是先由施工单位代管。1953年以后，开始建立涵闸工程管理机构，分别由省水利厅负责管理苏南地区，由省治淮总指挥部负责管理苏北地区。1956年，省水利厅与省治淮总指挥部合署办公，建立起全省统一的管理结构，并制定了《江苏省涵闸水库管理通则（草案）》，对江苏水闸管理逐步规范。

此后又出台了《江苏省水利工程管理考核办法（试行）》，考核组织管理、安全管理、运行管理、经济管理，争创国家级、省级工程管理单位。到

2012年6月底，江苏省已有省级以上管理单位99家，其中国家级管理单位13家。2004年8月26日，江苏省水利厅公布了《江苏省水闸技术管理办法》。2017年7月1日，江苏省水利厅等单位共同起草了《江苏省水闸工程管理规程》。这些文件的出台有助于指导和规范江苏水闸的技术管理、控制运用、工程检查与设备评级、工程观测、养护维修、安全管理以及技术资料与档案管理等方面的工作，能够确保江苏水闸工程的安全、高效运行，并充分发挥其工程效益。

第九章　江苏水闸文化的塑造和实践

江苏水闸文化的塑造和实践是江苏水利事业发展的必然趋势和内在要求,进行江苏水闸文化的塑造和实践,是综合考虑了江苏水闸文化传承、团队建设和社会影响等多个层面的需求。

首先是可以传承和弘扬江苏水利文化,展示江苏水利成就。包含水闸文化在内的江苏水利文化作为中华优秀传统文化的重要组成部分,是江苏先民在生产生活活动中与水发生关系而产生的各种文化现象的总和。水闸工程作为水利工程的重要组成部分,其建设和管理过程中蕴含了丰富的水利智慧和经验。通过江苏水闸文化的塑造,可以展示江苏水利事业发展的成就和辉煌,提升公众对江苏水利工作的认知度和认同感,从而有助于传承和弘扬这些宝贵的水文化遗产,增强民族凝聚力和创造力。

其次是可以促进江苏水闸工程的生态保护,实现可持续发展,并满足群众对水环境的需求。由于水闸文化的塑造和实践通常基于强调尊重河流、顺应河流、保护河流的设计理念,这有助于推动江苏水闸工程的可持续发展。同时通过科学规划和管理,水闸工程能够更好地与生态环境相协调,可以更好地服务于江苏区域内的广大人民群众,提高他们的生活环境品质,实现经济效益、社会效益和生态效益的有机统一。

最后,还可以推动江苏水利系统的团队建设,提升江苏水利的社会影响力。水闸文化的塑造有助于江苏水闸管理单位形成共同的价值观和行为规范,增强管理队伍的凝聚力和向心力。通过共同的文化理念和目标追求,江苏水利系统团队成员能够形成更加紧密的合作关系,共同推动江苏水利事业的发展。同时，通过宣传和推广江苏水闸文化，可以吸引更多的社会关注和支持，为江苏水利事业的发展营造良好的社会氛围。

总之，进行江苏水闸文化的塑造和实践对于传承和弘扬江苏水利文化、实现可持续发展以及推动团队建设和提升社会影响等方面都具有重要意义。

以下重点介绍江苏几座大型水闸工程的文化塑造和实践的典型案例。

第一节 江苏盐城射阳河闸文化的塑造和实践

一、江苏射阳河闸建设发展史

射阳河闸位于盐城市射阳县海通镇，是苏北里下河地区主要排水干道射阳河出海口的挡潮闸。射阳河闸由苏联专家设计，1956年建成投入使用，是新中国"一五"计划期间建造的大型水利工程之一，也是新中国成立初期江苏省第一座挡潮闸。射阳河闸主要建筑物有挡潮闸、上下游引河、拦河坝及海堤等，规模宏大，素有"江苏沿海第一闸"之称。2021年12月，入选《江苏省首批省级水利遗产名录》。

射阳河，古称"射阳湖"，不仅河面宽阔，而且河道曲折，是一条典型的海积平原的自然河流。自古以来，射阳河就是盐城、兴化、高邮等里下河地区的主要入海水道。

黄河夺淮之前，海潮倒灌是盐城的主要水患。海水倒灌，不仅影响古代沿海地区的煮海为盐，还破坏了农耕方式，影响民众生活。尤其是射阳河地区地势低平、泄水不畅，每年汛期的里下河地区经常是一片汪洋，灾民流离失所。民国时期，许多关心民生、盐垦的有为之士为治理射阳河奔走呼号。如民国七年（1918），主持华成盐垦公司垦务的张佩严就提出建设射阳河闸的主张，得到张謇等人的极力赞同。民国九年（1920），水利专家王叔相实地视察射阳河，并派员实测流量。原本计划建造十五孔的钢筋混凝土闸，但因为建闸经费巨大，超出了张佩严等人的财力而只能作罢。此后，民国十八年（1929）省农矿厅召开的江北农业会议和民国二十二年（1933）中央实业部召开的江北垦务会议，都曾通过射阳河建闸议案。全国经济委员会、江苏省建设厅等也多次将建闸列入开发江北沿海土地的计划，但限于各种原因，建造射阳河闸的宏伟规划在新中国成立前始终没有实现。

新中国成立后，淮河流域发生了特大洪涝灾害，在毛泽东主席"一定要把淮河修好"的号召下，治淮委员会在1950年11月6日正式成立，分设河南、皖北、苏北三省区治淮工程指挥部，新中国水利建设事业的第一个大工程拉开了帷幕。盐城在治淮工程指挥部统一组织下，对射阳河流域实施全面整治，其中射阳河闸作为治淮的序幕工程和国家"一五"计划重点项目，被列为首批工程。

射阳河闸建设的主要作用是挡潮御卤、排涝降渍、蓄淡灌溉和交通航运。1953年至1955年，水利部在经过多次派工程人员实地勘查后，选定射阳县海通镇境内作为射阳河闸建设地点。射阳河闸由淮河治理委员会主持设计和建设工作，并外聘了苏联专家沃洛林参与设计，射阳河闸工程指挥部组织施工。射阳河闸于1955年9月开工，1956年，射阳河闸一期工程建成并投入使用。射阳河闸按国家二级建筑物标准设计，是大（Ⅱ）型水工建筑物，总投资达2699.2万元。全部工程用混凝土5.4万立方米，各种石工13.7万立方米，开挖土方1千万立方米。射阳河闸工程日均设计流量960立方米每秒，百年一遇设计流量是3360立方米每秒，千年一遇校核流量是4630立方米每秒，最大流量是6340立方米每秒。

射阳河闸闸总长500米，宽410米，总净宽350米，闸型为胸墙式水闸，共35孔，其中通航孔2孔，中间33孔的底板，每3孔一联，每孔设10米×5.5米弧形钢闸门。两端是一孔一块底板，闸孔设双扉直升式平面钢闸门，平潮时开闸通航。采用37台电动或手摇卷扬式启闭机进行闸门启闭。射阳河闸同样是闸桥一体建筑，河闸与整个海堤融为一体，是海堤公路南北交通的重要节点。

射阳河闸建成以后，与新洋港闸一起，使里下河地区改变了高潮顶托、海水倒灌的状况，是里下河地区人民从"与水抗争"走向"人水和谐"的历史见证者。

二、江苏射阳河闸文化的建设目标和具体实践

（一）依托闸文化，彰显光辉历史

射阳河闸的几个"历史之最"铸就了它在江苏乃至中国水利建设史上的丰碑。它是响应毛主席"一定要把淮河修好"号召而兴建的大型水利工程、

图 69　盐城射阳河闸竣工旧影和今貌

国家第一个五年计划重点工程、苏联专家全程援建的工程、江苏沿海第一闸等等。

在射阳河闸的丰功伟绩和不凡历程背后，是其几十年来默默守卫里下河地区水安全的光辉历史。新中国成立初期，为了根治里下河地区"锅底洼"状况，射阳河闸建设被作为治淮工程头等大事来抓。当时共有10万名民工参与大闸建设，工程建设力度十分罕见。因此，射阳河闸管理单位通过建立射阳河闸闸史陈列室，按照"兴建篇""管理篇""特色篇""关怀篇""荣誉篇""展望篇"六个篇章，系统介绍了射阳河闸的建设史和管理史。同时，还通过建设《射阳河闸赋》石雕和"共青桥"碑等方式，采用文言辞赋和汉白玉碑刻的形式彰显了射阳河闸几十年的光辉历史，讴歌了射阳河闸近七十年来泽被射阳河两岸人民的丰功伟绩，从而使后人在缅怀大闸历史的同时能够增强自豪感、使命感和责任感。

（二）挖掘水文化，实现人水和谐

射阳河闸作为新中国成立初期江苏地区建造的兴利除害的代表性水利工程建筑，蕴含了丰富的水文化内涵。它是新中国成立后党和政府领导人民改

图70　射阳河闸"共青桥"旧影和今貌

造自然的历史缩影,是一部江苏里下河地区人民在经历了"水侵人""人避水""人争水""人亲水"的过程之后,实现"人水和谐"的文明进化史。

因此,射阳河闸以"人水和谐"理念为指导,通过布局水文化景观建筑,如建设"听潮亭""观澜台""亲水长廊""鸣翠林""养生池"等小景,以及设置11块宣传古今水文化名言锦句的宣传牌,如老子的"上善若水"和"水善利万物而不争"、孔子的"智者乐水"、荀子的"水则载舟,水则覆舟"、李白的"君不见,黄河之水天上来,奔流到海不复回"、元稹的"曾经沧海难为水,除却巫山不是云"、毛泽东的"到中流击水,浪遏飞舟"等,使参观者置身水文化美景的同时,能够感悟水文化源远流长的魅力,从而达到挖掘和展示中国水文化丰富内涵的目的。

(三)宣传管闸人,展示守潮精神

大闸工程的管理者即守闸人,平时身处沿海涵闸地的基层水利战线第一线,伴随潮起潮落,日夜守护管理闸门的启闭,因此有"管闸人"和"守潮人"之称。守潮人几十年如一日坚守岗位,控制调度射阳河闸运行,保障了里下河地区的水利安全,他们是水利人"献身、负责、求实"的默默奉献精神的实践者。因此,射阳河闸景区通过建设"老闸门"雕塑来表现"守潮人"精神。在雕塑正中钢化玻璃上镌刻了描写守闸人精神的现代诗,该诗以拟人手法将"老闸门"喻为管闸人,颂扬了一代又一代守潮人扎根海边、坚毅执着的乐观主义精神和高尚的职业道德。此外,还组织创作了《守潮人之歌》和制作《大闸如城》宣传片,讴歌了守潮人扎根海边的敬业精神,生动再现了射阳河闸管理者在新形势下如何进行规范化、现代化、法治化、效益化、人文化等"五化"建设。

(四) 修缮老建筑，纪念中苏友谊

射阳河闸的设计和建造反映了苏联的建筑风格，尤其是在闸上的启闭机房的设计上，既满足了工程使用功能，又突出了建筑美感，其高低错落、凹凸有致的外观设计和浅灰色的主色调，与周围环境和谐统一，展现了苏联建筑风格的特点。

射阳河闸附近还有一座在1955年修建大闸时专门建设的俄式风格的二层别墅，这是由时任江苏省省长惠浴宇特批，供沃洛林等苏联建闸技术专家居住的，后人称之为"沃洛林别墅"。该别墅被完整保留，并依照"修旧如旧"的文物修缮基本法则进行修葺，使之成为大闸旁一道独特的历史人文景观。修缮后的沃洛林别墅外观仍保持原有的建筑风格，并保留建筑原有的会议、居住用途，同时又在内墙增设时任水利部副部长钱正英陪同沃洛林查勘闸址等部分历史照片，使后人能够在厚重历史氛围中重温中苏传统友谊的历史传承。

总而言之，射阳河闸建成投入使用近七十年以来，立足自身"悠久历史传承、深厚人文底蕴"的特点，走出一条文化引领创建的特色之路，成功创建国家级水管单位，成为大闸文化和运河遗产的守护者。

第二节　江苏淮安三河闸文化的塑造和实践

一、江苏三河闸建设发展史

三河闸位于淮安市洪泽湖下游东南角蒋坝镇附近，是淮河、洪泽湖入江水道的控制口门，是淮河流域重要的防洪控制工程之一，被誉为"千里淮河第一闸"。三河闸工程是中国治理淮河的重要成果之一，是新中国成立初期中国自行设计、自行施工的大型水闸工程。2021年12月，入选《江苏省首批省级水利遗产名录》。

三河闸所跨的三河不仅是淮河南下入江的一条主要河道，同时也是洪泽湖出湖的主要河道之一（如图71）。洪泽湖是江苏省内仅次于太湖的第二大湖，也是中国五大淡水湖之一，湖底高程高出下游地面4～8米，是一座悬湖，全赖湖东岸边大堤作为屏障。三河闸门建成后，三河实际泄水量占洪泽湖总出水量的60%～70%。

三河闸所在的位置，曾经是清代洪泽湖大堤"仁、义、礼、智、信"五座减水坝之"礼"字坝所在地。在清代，一旦洪泽湖水位过高，减水坝就会开闸泄洪，以保障洪泽湖大堤的安全。因"礼"字坝下原有三道泄水引河，"三河"由此得名。由于洪泽湖是一座悬湖，防洪压力极大，洪泽湖大堤上的减水坝先后有26座之多，这些减水坝也是屡毁屡建，"仁、义、礼、智、信"五座减水坝的位置也多有迁移。

图71　三河闸所处的位置

新中国成立初期，党和国家就开展了一系列大规模的治理淮河的水利工程建设。1952年春，苏北灌溉总渠建成后，为加大淮河汛期泄洪量，党中央决定兴建三河闸和淮河入江水道等一系列洪泽湖控制工程，以发挥洪泽湖蓄水、防洪和灌溉的效能，并控制入江流量。

三河闸于1952年10月1日开工，1953年7月25日建成，历时不到一年。工程集中了附近12个县的15.86万名民工，并从省内外招了各种技工2400多人，并抽调3690多名干部及部分解放军战士。建闸需要的设备和钢材、木材等各种材料32万吨，都是从国内9个省的几十个大小城市运来的，如木材和钢材是从东北和内蒙古运来，机器和钢筋是从天津、济南和汉口运来，闸门和启闭机是上海制造的，水泥和大量砂石材料则由本省自行解决。

三河闸建设面临的第一个问题就是闸址选定。当时有沿用旧址、在旧址的上游和下游三个方案。经过技术人员实地勘察、反复论证,最终因为下游的土质好,两岸又有高岭,可大大减少工程造价,而确定了选址在旧址下游的方案。第二个问题是在修建闸基时,按照当时欧美国家的办法,需要打深桩。但当时主持三河闸设计的沈衍基和总工程师陈志定都认为,无桩基础同样可以保证工程质量。最终技术人员奋勇攻关,经过周密分析和计算,研究出空箱墙的设计方案,成功解决了不均衡沉陷的问题。实施无桩基础闸基工程后,节省了12%的建闸经费,并缩短了施工期。三河闸工程总共完成土方939.5万立方米,混凝土5.14万立方米,砌石7.82万立方米,国家投资2618.1万元。

建成后的三河闸闸身为钢筋混凝土结构,总长697.75米,共63孔,每孔净长10米,闸孔净高6.2米,底板高程7.5米,宽18米。闸门采用钢结构弧形门,门墩上架设公路桥,净宽7米,采用双车道,是江苏和安徽的陆上交通要道。三河闸建设十分注重混凝土强度标准和浇筑质量,其建成后的第二年,就经受住了1954年大水的严峻考验,8000立方米每秒的设计流量,实际泄洪量却达到了10700立方米每秒。时至今日,三河闸仍然是淮河上规模最大的节制闸。

三河闸的建成结束了淮河下游地区300多年洪水肆虐的惨痛历史,为苏北地区经济和社会发展提供了至关重要的水安全保证。三河闸建成以后,分别于1968—1970年、1976—1978年、1992—1994年、2001年、2003年和2012年,进行过多次加固改造。

二、江苏三河闸文化的建设目标和具体实践

三河闸管理单位将三河闸文化与水文化、建筑美学和历史人文等因素进行有机结合,来建设三河闸水利风景区。通过提升三河闸水利工程及周边景点的文化内涵,形成了集水闸工程历史遗迹、重要历史治水人物与治水故事于一体的特色鲜明的三河闸治水文化,扩大了社会影响力,提高了社会效益。

(一)工程改造融入建筑美学和传统文化

三河闸管理单位根据淮安当地的古建筑特色,将古建筑美学、龙文化与三河闸闸体工程相结合,对三河闸水利工程进行外观整体改造,如将启闭机

图72　淮安洪泽三河闸竣工旧影和今貌

房的桥头中控室抬升，似龙头状，再与长度超过700米的启闭机长廊形成的"水上龙身"结合，整体上构成一条扼守洪泽湖咽喉的"卧波蛟龙"。其中桥头中控室即桥头堡共有九层，寓意"九层之台，起于累土"。同时在第八层设置可以登高远眺的观湖平台层，可以看到烟波浩渺的洪泽湖与对岸若隐若现的老子山。三河闸水利工程通过改造，成为当地标志性景观水利工程，与周围山水共同构成一幅"淮流天地外，山色有无中"的壮美山水画。

（二）充分挖掘各种类型的水利文化遗产内涵

不仅三河闸水利工程闸体工程是水利文化遗产，其周边范围也有各种类型的水文化遗产，有的甚至比三河闸水利工程历史更加悠久。如铸造于清康熙四十年（1701）的镇水铁牛，如今静卧于三河闸闸首附近。

在三河闸风景区内，还建设了一条展示从明代至新中国成立初期洪泽湖治水文化的"洪泽湖水文化长廊"，长廊内收集和展示27块与洪泽湖治水

图 73　淮安三河闸镇水铁牛

文化有关的记事文字和图案碑刻。同时风景区内还建设了两座分别安放"乾隆阅示河臣碑"和"乾隆三次题字碑"的御碑亭，两块碑文记载了清代乾隆年间治理洪泽湖时，乾隆皇帝对洪泽湖水利工程建设的批示以及对治理洪泽湖有功人员的赏赐记录。

此外，为了生动再现当年三河闸工程建设的历史场景，原淮河下游联防指挥部办公室旧址被改造成为"三河闸建设展示馆"，展示三河闸工程 70 多年来在科技创新、社会效益、景区建设、日常管理、领导关怀等方面的相关内容。通过展陈当年三河闸指挥部内的办公家具、施工图纸和相关资料，以及建闸测量工具和施工器具等老物件，向参观者述说新中国成立初期党领导民众改造山河的勇气和修闸壮举。

在三河闸建设展示馆的附近，是"刘少奇同志下榻处"。1958 年 9 月 21—22 日，刘少奇同志在视察三河闸工程时曾经下榻于此，房间内办公桌等设施均是当时的原物。现如今，"刘少奇同志下榻处"也成为三河闸风景区内一景，成为新中国成立初期党和国家领导人重视淮河治理、心系群众生命安全的历史见证。

此外，还陆续建造了"三河闸水文化广场""畅淮园"等水文化人文景点。如三河闸水文化广场内通过"望湖亭""三河闸记""千人合力打草坝"等纪念建筑，畅淮园内通过"治淮纪念碑""洪泽湖石工墙""淮河流域水系图"

等纪念建筑，展示了三河闸建闸时的雄伟场面，让参观者感受当年十几万名建设者们勇于担当、团结拼搏的治淮精神。

总之，对这些水文化人文景点进行改造和展示，不仅可以起到对水闸工程相关文物保护和合理利用的作用，还提升了三河闸水利工程的文化内涵，增强了洪泽湖水文化的历史底蕴。

（三）日常管理与水文化教育紧密结合

三河闸日常管理融入水文化宣传教育，把水文化教育作为重要内容纳入内部职工培训课程体系，同时通过网站、画册和标牌等多种载体，以及设立爱国主义教育基地和大学生社会实践基地等形式，进行对内对外的水文化和水法规宣传教育。同时在每年的"世界水日""中国水周"举行主题宣传活动，集中宣传水文化建设成果，以及水利改革发展的成效、经验和典型等内容。

通过以上一系列的水文化知识的普及和教育，对内提升了广大干部职工的水文化自觉和自信意识，对外增进了全社会对江苏水利工作的深入了解，增强了全社会对江苏水利改革发展的支持，增强了广大民众的水患意识、节水意识和水资源保护意识，提升了社会影响力，促进了人水和谐的先进水文化发展。

总之，今天的三河闸水利工程，已经不是一处普通的水利工程，而是一处充满治水、管水、兴水文化印记的集水情、爱国主义、廉政等主题教育于一体的基地，在更广阔的平台上继续发挥着更大的社会效益。

第三节　江苏连云港善后闸文化的塑造和实践

一、江苏善后闸建设发展史

善后闸工程位于连云港市徐圩新区与灌云县交界处，包含善后新闸、烧香河闸和车轴河闸三座水闸，与1.5千米的海堤构成了埒子口枢纽工程，是沂北地区防洪排涝的主要入海口门之一，发挥着挡潮、排涝、蓄水等综合功能。2021年12月，烧香河闸、善后新闸入选《江苏省首批省级水利遗产名录》。

善后新闸所在的善后河原来叫"鲁河"，旧时是沿海的盐场运盐至板浦古镇集散的主航道之一。善后河西起盐河，东至东陬山南麓，经善后新闸，由圩子口入海，全长 68 里。一开始东陬山前没有建挡潮闸，潮汛一来，引起海水倒灌，河水与海水相连，水咸如卤，故取名"卤河"，后演变成"鲁河"。民国二十五年（1936）改为现名。新中国成立前，民国地方政府根本不重视兴修水利，善后河河道日积月累，形成淤塞。每到汛期，暴涨的河水会淹没善后河两岸的民房和庄稼，当地民众只能背井离乡，去外地逃荒要饭。同时由于没有修建挡潮闸，海水倒灌，污染了善后河水，两岸民众要到几里，甚至十几里外的张宝山去挑水。新中国成立以后，党和政府十分重视兴修水利。1958 年 6 月，善后新闸工程建成以后，阻隔了海水入侵。经过几次疏浚，现在善后河又宽又深，能排能灌，成为灌云县北部地区的主要泄洪河道。

烧香河闸所在的烧香河发源于灌云县东北部的云台山南麓，相传自唐朝以来，历朝历代都有无数香客来云台山朝佛敬香，他们都是通过水路坐船，一直到云台山，因此这条水路被称为"烧香河"。烧香河不仅是连云港市重要的防洪排涝河道，同时也是为周边农田提供灌溉水源的重要河道。新中国成立前，由于云台山山高坡陡，暴雨后极易成洪，而烧香河道断面小，宣泄不畅，加上下游的水闸是盐业用闸，专供漕运和引蓄海水制卤与排淡，平时经常关闭，造成烧香河下游一带非涝即旱。新中国成立后，党和政府组织广大民众在 1952 年全面疏浚和整治了烧香河流域，不仅开挖了小烧香河，而

图 74 连云港烧香河闸

且还疏浚了埃字河。1958年又组织民工疏浚了烧香河全段，并在东陬山善后河新闸北修建一座6孔的烧香河南闸，使烧香河排涝能力有了很大提高。1973年1月10日至年底，在大板跳又修建一座7孔烧香河北闸，并重新开挖通向该闸的4.5千米引水河道。经过五次疏浚和整治、一次改道、二次建闸等大量水利工程，终于使烧香河流域变为旱涝保收，稳产高产的鱼米之川。

车轴河闸所在的车轴河位于灌云县境内善后河南部偏北地区，西起下车镇大柴市盐河，东行至圩丰镇小湾闸折弯，分为两支，一支向北至东陬山南车轴河闸，另一支向东至五图闸和图西闸，后同入埒子口入海，全长44.2千米。车轴河闸原名"善后河挡潮闸"，于1953年建成，服务的流域包括新沂河以北、卓王河、蔷薇河东南及盐河以东地区，为这些地区的防洪排涝和水资源调节奠定了初步基础。1958年6月，兴建善后新闸后，原善后河挡潮闸改名为"车轴河闸"，其服务的流域范围也相应调整。进入21世纪以来，随着经济社会的发展和水利技术的进步，车轴河流域的治理工作得到了进一步加强，通过疏浚河道、拆建沿线圩口闸等措施，提高了车轴河闸的防洪排涝能力，还改善了流域内的水环境质量。

二、江苏善后闸文化的建设目标和具体实践

（一）深入挖掘善后闸水利工程中包含的水文化元素

善后闸水利工程包含多种类型的水文化元素，如开山建闸水文化、海蚀地貌水文化和烧香河水文化等等。

首先，善后闸水利工程包含开山建闸水文化元素，是由于几座闸都是建造在东陬山下。东陬山是连云港最东部海边的山体，"陬"就是"山脚"的意思，因此取"陬"为山名。东陬山呈西北—东南走向，其东、西、北三面都是徐圩盐场的盐田，烧香河、善后河、车轴河三条河流在此交汇入海。三座闸都是新中国第一代江苏水利人开山修建而成，在六十多年前缺少先进设备的情况下，他们用简单的工具和血肉之躯开山辟岭、建闸修渠，这种奉献精神将成为善后闸水利工程文化之魂。

其次，善后闸水利工程包含海蚀地貌水文化，是由于善后闸水利工程周边区域有大量海蚀地貌，这是一种海水运动对沿岸陆地侵蚀破坏所形成的地

貌。这片海蚀区域充分证明了东陬山在古代曾经是海中一岛的演变历史，对于研究连云港地区陆海变化，以及做好水情教育和讲好水利故事，都有较高的科研价值和社会价值。

最后，善后闸水利工程包含烧香河水文化，不仅是因为烧香河闸是以烧香河命名，而且是由于烧香河历史悠久，烧香河水文化蕴含了很多当地的宗教信仰和民间习俗。

（二）将水文化元素融入文化园建设中

在善后闸水利工程附近建设文化园，将提炼出的开山建闸水文化、海蚀地貌水文化和烧香河水文化元素融入文化园建设中，建设"开山建闸石雕"、"名人说水文化长廊"和"海蚀地貌奇观"三大水文化主题景点。建设文化园一方面可以用来纪念和歌颂新中国第一代水利人开山建闸的奉献精神，另一方面也能用来激励新一代水利人学习前辈不屈不挠的毅力，用青春扎根水利事业。

总之，善后闸水利工程包含了丰富的水文化元素，这些元素共同构成了善后闸水利工程独特的文化魅力，也为我们了解和研究连云港地区的水文化提供了宝贵的资料和素材。同时，通过文化园的建设和运营，提升了公众对善后闸水利工程的认识和兴趣，增强了节水理念和节水意识，也为当地居民和游客提供了一个休闲娱乐、文化交流的场所。

第四节　江苏宿迁沭阳闸文化的塑造和实践

一、江苏沭阳闸建设发展史

沭阳闸位于宿迁市沭阳县沭城街道西南的淮沭河上，是淮河下游分淮入沂工程淮沭新河尾闾的水利枢纽控制工程，是新中国建造的第一座集灌、排、航、供多功能于一体的"上闸下涵"大型水闸立交工程。沭阳闸于2009年被列为市级文物保护单位，2021年12月入选《江苏省首批省级水利遗产名录》。

沭阳闸兴建于1958年8月，1959年10月竣工，共动员民工4万人，总投资1243万元。沭阳闸工程由省水利厅勘察设计院设计，省水利厅工程局二区队施工，采用双层交叉式的建筑构造，南北走向、高水位的淮沭河与东西走向、低水位的柴米河、南北走向的大涧河在此上下立体交汇，形成新中国第一座"上闸下涵"的集灌、供、排、航多功能于一体的大型水利立交工程。沭阳闸工程不仅能用于周边地区农田灌溉，而且可以用于防洪和排涝。

沭阳闸上层节制闸总长288.15米，共25孔，每孔净宽10米，闸底板高程5米，有13块底板，胸墙底高程12.5米，闸顶高程15米，闸孔净高7.5米。工作桥桥面高程24米，宽2.5米。沭阳闸设计流量3000立方米每秒，最西边一孔为通航孔，可通1000吨级船队。闸顶还设有公路桥，桥面高程15米，净宽6米，沭宿、沭泗公路途经该公路桥。沭阳闸建闸初原为木面板闸门，1972年改为钢架弧形闸门，20世纪90年代改为实腹梁式弧形钢闸门。上层节制闸的主要作用是在淮沭河枯水季节调节水位，防止新沂河河水倒灌。沭阳闸的下层是柴米河地下涵洞（闸），全长357.5米，涵洞共22孔，每孔高3米，宽3米，其主要作用是承接淮沭河西部雨水，通过地下涵洞流入柴米河，下泄入海，保证沭河西部地区不受水涝灾害。

如今，淮河入海水道主要有苏北灌溉总渠和新沂河两条，淮沭河向北过了沭阳闸之后，即向东拐弯进新沂河，东流入海。

图75　宿迁沭阳闸今貌（丁华明摄）

二、江苏沭阳闸文化的建设目标和具体实践

沭阳闸管理单位依托沭阳闸工程的水利遗产底蕴，以"两河三闸、三室五园"为布局，通过河、闸、景有机结合，建设"柴米向东流，淮沭来自南；两水交叉处，大闸卧其间"的沭阳闸水利风景区独特景观。通过打造闸史陈列室、水闸科普基地、楚汉文化园、梦溪园等特色景观节点，让参观者在赞叹沭阳闸伟大工程的同时，对沭阳地区的地域文化和江苏水文化也能有所了解。

（一）将水利文化和水利科普相结合

水利科普是展示沭阳闸文化最重要的环节，沭阳闸管理单位围绕"维护水工程、保护水资源、保障水环境、修复水生态、弘扬水文化"的建设理念，以亲水为基础，以文化为特色，通过闸史陈列室、测量展陈室和技师工作室来展示沭阳水利枢纽历史和沭阳治水历史，将水利文化和水利科普融为一体。

首先，在闸史陈列室展示的是沭阳水利枢纽的建设背景、规划设计、工程建设和社会效益等内容，这是沭阳半个多世纪治水历史的浓缩。一幅幅画面展示的是沭阳水利人的奋斗历史，一格格旧物铭刻的是沭阳水利人的水利精神，让参观者在历史的长卷中静心聆听老一辈沭阳水利人治水的故事，从中感受沭阳闸的水文化。尤其是沭阳闸上层为淮沭河节制闸、下层为柴米河地下节制闸的双层交叉的独特设计和构造，不仅向公众展示了沭阳闸卓越的工程技术成就，而且借此歌颂了新中国成立初期江苏水利人勇于创新的科学品质。

其次，测量展陈室展陈的是沭阳闸建闸时期使用的测量仪器设备、观测原始数据等物品，一件件水利测量老物件，记录的是包括沭阳闸管理单位在内的江苏水利工程测量发展的历史。

最后，技师工作室展陈的是一项项与沭阳闸工程相关的科研创新成果，如卷扬式启闭机吊装孔封闭装置、平面直升钢闸门门顶防卡阻装置、螺杆式启闭机高度指示器等，这些科研成果被当年的江苏水利人创造出来，并先后荣获国家专利，广泛运用到沭阳闸工程中。

总之，沭阳闸管理单位通过建设闸史陈列室、测量展陈室和技师工作室等科普设施，向公众普及水利知识、水文化常识和节水理念，达到了将水闸

工程文化与水利科普教育融合发展的建设目的。

（二）将水利文化和地方文化相结合

沭阳是两汉文化发源地的重要组成部分，拥有得天独厚的楚汉文化底蕴，素有"虞姬故里"之称。沭阳闸管理单位将沭阳闸工程与楚汉文化相结合，以"项羽故里"的楚汉文化为主题改造沭阳闸（柴米地涵）启闭机房，运用写意的大屋顶、灰色的外墙、原色木屋脊和外廊架、简约的斗拱、菱形的装饰，从造型上体现一种稳重朴素、古朴厚重的汉代建筑韵味。同时提取楚汉文化中的汉鼎元素，融入沭阳闸桥头堡改造设计中，以体现一种治水力量，寓意非常深刻。

与此同时，还将水利文化和楚汉文化相结合，精心打造了一座楚汉园。在楚汉园中，不仅可以观赏巨鹿之战墙绘，而且亭榭内可以诵读《乌江》诗句，藤廊间可以聆听《十面埋伏》。楚汉园内还有古代治水名人沈括的雕塑，沈括在宋皇祐六年（1054）初入仕途时曾任沭阳主簿，其间治水成就卓著，筑"百渠九堰"，造福沭阳百姓，晚年著《梦溪笔谈》。

图 76　沭阳闸风景区

第十章 闸官制度的历史演变

闸官是负责一些重要闸座的启闭、储泄等闸务管理的官吏，是与水闸直接打交道的水利官员，其地位比较特殊，历史演变过程也比较复杂，所以单独阐述。

第一节 运河闸官制度的历史演变

本章讨论的闸官主要指专门负责管理运河沿线的重要船闸的官吏，文献中记载的闸官主要也是指运河闸官。由于大运河对于历代封建王朝的重要性，运河船闸都是由国家投资建造的官闸，因此也是由政府派遣官员进行管理，以保障运河漕船通航顺畅。至于各地陂塘工程、灌区垦区等处设置的农田灌溉水闸，由于大部分是民建水闸，通常是由地方政府或者民间基层组织雇人看守，不属于闸官序列。如果是重要的官建水闸，通常会设置专门的"斗门长"进行管理，虽然也属于闸官的一种类型，但其只出现在某些历史时期，并没有形成完整的职官体系和历史传承。在大部分情况下，这些各府州县官建的农田灌溉水闸都由地方官府自行组织人员负责看守，看闸人并不属于政府职官序列。至于民间自用的农田灌溉水闸，则是由基层组织组织民间力量修建，属于民建、民用、民管，官府不参与闸坝的管理，只有发生纠纷时，官府才会介入。因此本章讨论的只是运河上负责启闭船闸、保障漕运畅通的运河闸官和相应的闸官制度。

一、宋代之前的运河闸官制度

闸官一职历史悠久，但职务名称在不同朝代有所不同。早在春秋战国时期，各地就有一些规模较大的人工河道水利工程建设，当时开凿人工运河的主要目的并非是运输物资，而是用于军事。如吴王夫差为了北上称霸中原，在江苏境内的淮扬之间开了一条邗沟，这是江苏地区有史籍记载的最早的人工运河。为保持运河水位，可以推测邗沟之上应该也设置了堰埭，这是与后世通航单闸功能类似的保航设施，属于船闸的前身。这种堰埭并不需要有人专职看守，负责启闭，因此春秋战国时期并没有专职闸官的出现。

秦汉时期出现了闸官的雏形，管闸的官吏称为"河堤员吏"[1]。"河堤员吏"是东汉负责管理黄河和淮河之间运河，即汴渠的河道专职官员，其职责与后世的闸官有些许相似，可以被认为是闸官的雏形。

隋唐时期，负责河渠、斗门管理的官吏被称为"渠长"或"斗门长"。《新唐书》记载："京畿有渠长、斗门长。"[2]唐代将堤堰中设置的用于泄水的闸门称为"斗门"，"斗门长"就是唐代政府为管理闸门设置的专官，这里的水闸主要是灌溉水闸。隋唐时期，随着大运河的贯通，运河闸官开始登上历史舞台。

二、宋元时期的运河闸官制度

宋代，随着当时经济重心南移，政治与经济中心相分离，需要更加完备的运河水利系统。南宋百年间由国家主持的大型水利工程至少在56次以上[3]，与之相适应的是较为系统的水利管理机构的产生。宋代始建立起独立完备的运河管理机构，运河闸官一职也随之正式出现。从北宋初年起，朝廷便规定各地方官多兼各地水官，掌管水政，并在各主要运河段和各处重要闸堰处设置专门官员，这些官员承担着"启闭挑撩""巡逻堤堰""时加修捺"的职责。如《宋史》所记载，南宋乾道六年（1170），杨家港（今张家港市杨舍镇）"东开河置闸，通行盐船。仍差闸官一人，兵级十五人，以时启闭挑撩"；乾道

---

[1] 刘昭注：《后汉书》卷七六《列传第六六》，吉林人民出版社1995年版，第1403页。
[2] 欧阳修，宋祁：《新唐书》卷四六《志第三六·百官一》，吉林人民出版社1995年版，第709页。
[3] 李文治，江太新：《清代漕运》，中华书局1995年版，第4页。

九年（1173），"又命华亭县作监闸官，招收土军五十人，巡逻堤堰，专一禁戢，将卑薄处时加修捺。"①

由此可知，宋代闸官的职责与后世闸官的职责极为相似，因此，宋代可以被认为是闸官正式形成的时期。需要指出的是，宋代闸官并不完全是专职，大多是由地方官兼任，如徐州的百步、吕梁堰闸，就是由徐州知州、通判"兼提举堤闸"，彭城令、佐"兼同管勾堤闸"等。

直到元代，"闸官"才作为官名正式出现。特别是元代开通会通河后，由于要保持运河山东段的水位，需要大量设置水闸，同时需要设置大量的闸官进行管理。等到元代中期，会通河已有闸官33人，管理有关的闸55座。

三、明清时期的运河闸官制度

明初定都南京，东南地区的漕粮不必经历长途转运就可就近输往都城，但由于明成祖"靖难之役"后又定都北京，此后漕粮和元代一样依旧运往北方，"成祖肇建北京，转漕东南，水陆兼挽，仍元人之旧"②。明代政府还在元代的基础上对京杭运河各段进行了大规模的疏浚整治，并建立了一整套与之匹配的漕运和河道管理体系。

明代大运河包括江苏段在内的一些重要的运河水闸都设置了闸官，明代《漕运通志》记载："板闸、移风闸、清江闸、福兴闸、新庄闸……戴家湾闸、土桥闸，每闸官一人"，包括一些重要的坝也由闸官兼管，如"仪真五坝，清江闸官领之"③。明代的闸官和坝官管理形式和管理对象差不多，"闸官主启闭蓄泄，坝官掌典守堤防，各率其役，以通舟楫之利"④，所以通常将他们统称为"闸坝官"，两者也经常相互兼管。

---

① 脱脱：《宋史》卷九七《志第五〇·河渠七》，中华书局1999年版，第1609—1611页。
② 张廷玉，等：《明史》卷八五《志第六一·河渠三·运河上》，吉林人民出版社1995年版，第1326页。
③ 杨宏，谢纯：《漕运通志》，方志出版社2006年版，第71—72页。
④ 永瑢，等：《钦定历代职官表》卷五九《河道各官》，《景印文渊阁四库全书》，台湾商务印书馆1986年版，第41页。

闸坝官属于河道官员，明代河道管理系统是一种双重体制：一是由朝廷派出的总河—都水司—分司机构系统，二是地方官府派出的监司—丞倅机构系统。在一些重要运河河段和重点水闸，中央机构即工部都水司会派出管闸主事直接管理保障漕运的重要船闸，主要分布在山东和江苏境内的京杭运河重要河段。如山东境内的济宁、南旺等闸，以及江苏境内的沽头闸等重要船闸，都水司都直接派出品级为六品官的管闸主事进行直接管理。除派驻管闸主事对闸坝进行管理外，中央政府还时常会派御史巡视闸坝事务，如明宣德三年（1428），派出左都御史刘观巡视河道和船闸。但无论是管闸主事，还是巡查御史，都只是针对重要船闸，普通的运河船闸大多是由地方官府派出的监司—丞倅机构系统的佐贰官或杂职担任闸官，最高不过从九品。

　　这些作为微末之官的闸坝官，几乎都是"丞倅"一级官员，大部分品级"未入流"，只有一些负责重要闸座的闸官，如淮安等府七名闸官的品级为正九品，而且还是在明初官制并未完全确定时。等官制勒定以后，所有的闸坝官均成为纳入吏部铨选序列的未入流官员。

　　重要闸坝的闸坝官也有自己的衙门，其衙署多修建在闸坝附近，也有一部分是租借民房暂作衙署。兼管两个或数个闸坝的官，还设有行署衙门，以便闸坝官往来巡视[①]。闸坝官有规定的辖区，其辖区大小主要根据闸坝位置的重要性及水源情况制定。辖区小的只管辖一个闸坝，辖区大的有几十千米，还管辖与闸坝相关的泉、浅、河、湖等。

　　闸坝官衙门设置比较简单，大体有官、吏、役三类人，除了闸坝官之外，还有闸坝吏一二人，并根据所在闸坝事务的繁简，设置闸夫、坝夫、浅夫、溜夫、纤夫等若干夫役。有些闸坝没有设置专门的闸坝官，则由老人、驿丞等兼管，或由州县佐贰官兼管，也配备一定额度的闸夫、坝夫等。这些夫役的工食银纳入州县力役预算之中，由州县支给，向朝廷奏销。这里的"老人"虽然也是由官府委任管理闸坝，其权限与闸坝官相同，但"老人"是没有俸禄和工

---

① 傅泽洪：《行水金鉴》卷一七〇《夫役》，《景印文渊阁四库全书》，台湾商务印书馆1986年版，第16—24页。

食银的编外管理者，其管理闸坝主要靠陋规收入。

闸坝衙门有一定的陋规收入，如每年闸坝维修所需要的物资采办的回扣，如修仓余银、巡仓赃罚等等。闸坝管辖范围内还有许多在册的附闸土地和许多不在册的滩涂地，闸坝官会便宜租给闸坝夫等夫役或者附近乡民耕种，其种地所得除少部分上缴财政外，大部分归闸坝衙门所有，不纳入官府征收范围。此外还有各类船只希望提前过闸缴纳的"帮钱"或孝敬的陋礼等等。因此，虽然闸坝官的俸禄不多，"闸坝官月米一石五斗"①，但因为有朝廷默许的陋规收入，所以闸坝官的总体收入还颇为可观。

清代承袭明制，并在明制基础上进一步完善运河管理体系。清代运河各段闸官的设置不尽相同，其职能也因其所处运段环境不同而有所侧重。一般来说，运河所处的地理环境和水域条件越复杂，闸座分布越密集，工作内容越繁杂，设置运河闸官的数量也越多。清代运河沿线闸官，山东最多，江浙其后，直隶最少，具体数目并不固定，而是随着运河管理情形变化和国家财政状况进行动态增减。原则上闸官的设置应该是"一闸一官"，但事实上一些非重要性的、较小的或者单闸的船闸并无专职闸官，其相应的闸门和闸夫管理工作由邻近大闸或者复闸的闸官就近兼管，"凡漕河正闸，各设闸官一员，吏一名，其无官吏者，以别闸带管"②。清代运河江苏段在雍正朝有十四座重要运河闸座，但只有闸官十一人，有一人管四闸的情况。③

清代闸官最早设于清顺治三年（1646），其官职同样低微，"未入流。掌潴泄启闭"④，且俸禄较少，每年只有薪银一十二两。清雍正朝开始，各地闸官可以领取数量不等的养廉银，江浙、山东的闸官因为管辖的事务较多，其养廉银相比直隶地区的闸官要多，每年达到了六十两。

清代闸官同样受河道官员和州县官员的双重管辖：河道官对闸官具有直接领导权，每年东南地区有数百万石漕粮经运河北上，所经之处的总河、总

---

① 张廷玉，等：《明史》卷八二《志第五八·食货六》，吉林人民出版社1995年版，第1280页。
② 王琼：《漕河图志》卷三《漕河职制》，水利电力出版社1990年版，第29页。
③《清通典》卷三三，《景印文渊阁四库全书》第六〇五册，台湾商务印书馆1986年版，第305页。
④ 赵尔巽，等：《清史稿》卷一一六《志第九一·职官三》，吉林人民出版社1995年版，第2290页。

漕等河道官会对运河各个闸座的管理工作进行提前安排，"委员专司启闭，兼稽查短纤人夫"。如果因闸官失职而导致延误漕运等情况，河道官会将涉事闸官"呈报究治"。各河道官员对闸官具有日常监管的职责，监管不严将要承担失察的连带责任，"其该管厅员不行稽查，以致误漕者降一级留任，如曲为回护徇隐不报者，降三级调用"①。因此每当漕运事务繁杂的季节，各级河道官员通常都会驻扎在运河干道旁，进行来往巡视，管辖稽查包括闸座是否按规启闭等各种漕运事宜，否则就是稽管不力。

由于清代闸官在河工文官体系中属于"道、厅、汛、堡"四级管理体制中汛一级机构的官员，主官称"主簿"，正九品，不仅是河道官员，同时也属于州县杂职官，因此闸官仍然受闸座所在地州县官的领导，闸官要协助州县官对入境漕船进行催趱。清代规定漕船经行各州县时，各州县官员首先要对入境的漕船在上一州县出境的日期与入境本州县的日期进行核对，"沿河州县注明入境出境时日"②，如果符合的，给予通行印花，"每帮头船入境，尾船出境，即在印花内确填时日"，不符合的要依律处罚，"如有先期查照上站出境时日，核计本境限期预行填给，以致日时不符者，照违令公罪例，罚俸九个月"③。州县官员领导闸官在催趱漕船时还要把握好分寸，既不能使漕船逗留时间超过规定时限，又不能不顾风色极力催趱，导致船只失事，"漕船过境，务须饬令酌量催趱，不可过于急迫，致令涉险失事"④。否则一旦出事，州县官和闸官都会被严厉查办。

由于当时的闸官、闸夫等都属于低微收入人群，难免会出现相互勾结，盗买盗卖漕米的事件，州县官员则有责任杜绝此种不法现象出现在其所辖运河河段内。当漕船重运入境时，沿河的州县官就会往来巡查，严禁盗买盗卖漕米现象的发生，如果稽查不严，在其辖内发生盗买盗卖漕米事件，州县官会依据情节大小遭受惩罚："如有盗卖失察一起者，州县官罚俸六个月，道

---

① 李宗昉等修：《钦定户部漕运全书》（第二册），海南出版社2000年版，第133页。
② 李宗昉等修：《钦定户部漕运全书》（第一册），海南出版社2000年版，第180页。
③ 李宗昉等修：《钦定户部漕运全书》（第一册），海南出版社2000年版，第181页。
④ 李宗昉等修：《钦定户部漕运全书》（第三册），海南出版社2000年版，第227页。

府罚俸三个月。二起者州县官罚俸一年，道府罚俸六个月。三起者州县官降一级留任，道府罚俸一年。四五起以上者，州县官降一级调用，道府降一级留任。"①由此可见，闸官是在州县官员的监督管辖范围内开展工作。

虽然明清闸官官职低微，在漕运管理体系中居于底层位置，但是其对于闸座管理的权力是很大的，这主要是因为闸官熟悉地方水域环境，了解各个闸座启闭配合的规则，是闸河漕运事务的直接领导者和政策实施者，因此要成为一名闸官也并不容易。如明清闸官大多由吏员担任，被纳入吏部铨选序列的闸官职位的增添与裁撤都有严格程序，需要由漕运总督向工部和吏部提出申请，如明万历十一年（1583），"工部复漕运尚书凌云翼题称：徐州戚家港溜急，运艘难行，议开新渠建闸，境山废闸曰梁境闸、新河中闸曰内华闸、新河口闸曰古洪闸，乞移咨吏部。于梁境闸专设闸官一员，内华、古洪二闸共设闸官一员，并铸给条记"②。奏书中的境山位于徐州主城区北的苏、鲁交界处，现属铜山区柳泉镇。境山附近的梁境闸是行船进入淮海地区的第一道关口，有"淮海第一关"之称。内华闸和古洪闸同样位于徐州山区。从奏书中的工部回复可见，闸官的增添与裁撤需要先由主管河道或地方的长官向工部申报设置闸官需求，然后由工部复核，再移交吏部确认闸官编制，有一套严格的程序。同时闸官在任职之前需要经过试署，类似于今天的实习期，一年期满之后才能申请正式授职。上级官吏会对其业绩进行评价，出具相应考语，合格的会向皇帝请旨实授③。

总之，闸官是地方运河水闸相关事务的具体领导者和实际指挥者，是连接上层河道管理机构和下层地方运河事务的纽带。闸官凭借自身对地方水域情况的熟悉程度，在地方运河管理活动中有着一定的自主权，职位虽卑，但职责犹在，不可或缺。到了清朝中后期，随着清王朝国力下降，运河管理日渐松弛，再加上海运等新的运输路径的冲击，导致大运河重要性下降，大量闸官开始逐渐被裁撤删减，"有天妃闸，闸官裁。……清江、芒稻河闸官，

---

① 李宗昉等修：《钦定户部漕运全书》（第三册），海南出版社2000年版，第244页。
②《明神宗实录》卷一三五，万历十一年三月己亥条。
③ 刘子扬：《清代地方官制考》，故宫出版社2014年版，第409页。

裁。……有彭口、杨庄二闸，闸官裁"①。清光绪二十七年（1901）清廷颁布了停漕改折的诏令，次年正式宣布漕运制度结束，负责漕河闸座管理的闸官也正式退出历史舞台。

第二节　运河闸官的职责

大运河贯通以后，成为封建社会重要的经济命脉，随之建立起一套完善的大运河闸座管理体系。闸坝官在辖区内不仅职掌闸坝事务，而且对辖区的其他事宜也有一定的管辖责任。将运河闸官的工作进行归纳，可以主要分为掌闸启闭、催趱漕船、维护闸座、疏浚运道和管理闸夫几项。

一、启闭闸门

运河闸官的首要职责是根据规章制度按时下令启闭闸门。一座运河船闸何时启闭不仅仅取决于自身，有时还需要与相邻闸座进行启闭时间的协调。如清代运河前后各闸座之间会以会牌为信号进行信息互通，传递启闭指令，协调相邻闸座的闸门启闭时间，以免走泄水势而贻误漕运，"各闸守候会牌，按时启闭……随宜筹办，方能速中求速，令东境各闸不分水势深浅，一概以等候会牌为主"②。为了确保实施效果，会牌的使用有着明确的严格制度规定，如清乾隆二年（1737）的漕运会牌使用规定："务遵漕规启闭，如上下会牌已到，而闸官尚未启板，一面暂令开闸放船，详报总河总漕查参。如会牌未到，不得逼勒启板。其会牌亦不得稽迟，如河水充足，相机启闭，以速漕运。"③

会牌的传递一开始是以人夫步行实施，但是各闸之间相距远近不一，离得近的相距三五里地，离得远的相距三五十里地，以人力步行传送会牌会造成指令延误，无法保证各闸启闭的时效性和有效性。为了解决这一问题，从雍正元年（1723）开始更改为骑马传递会牌，而且发出会牌时间也发生变化，"本闸所放漕船未完前，即发牌传上、下二闸。盖每进一艘，闸役

---

① 赵尔巽，等：《清史稿》卷五八《志第三三·地理五》，吉林人民出版社1995年版，第1336页。
② 中国第一历史档案馆编：《奏为遵旨查参各闸守候会牌启闭拘泥之员事》，《嘉庆朝朱批奏折》，漕运总督许兆椿奏，嘉庆十五年十一月初七日，档号：04-01-35-0214-021。
③ 李宗昉等修：《钦定户部漕运全书》（第二册），海南出版社2000年版，第134页。

驰马可一里，余艘进讫，而牌已达上、下二闸，此闸将闭，彼闸已启，中间不留余隙"①，类似现在的绿波路段交通灯设置。如此一来，原来相同时间段船只只能通过两闸，采用新方法后可以经过四闸，通行效率加倍，从而缩短了漕船等待和航行时间。

运河运力有限，因此对过闸船只通行次序有着严格的类别规定，如明代有规定，一切以漕船为首，漕船过闸之后官商民船才可过闸通行，而且即使是漕运或公务船只，也需要等闸水积到六七板高度时才允许开闸，再紧急的公务，也只能通过舍舟登陆，换乘马驴的方式，不许违例开闸。只有向皇宫进贡进鲜的船只享有河运特权，允许随到随开，"进贡紧要者，不在此例""令凡闸惟进鲜船只随到随开，其余务待积水"②。但由于进贡种类繁多、规模庞大，有司礼监、守备、尚膳监、司苑局、内府供用库、御马监等部门的进贡物品30种，进贡船100只，假冒进贡船更加不计其数③，都要享受随到随开的特权，必然严重破坏运河各闸递相启闭秩序。

与此同时，一些官绅豪强倚仗权势，不愿等候，企图抢先过闸，此时的闸官可以向上一级河防官员汇报。如果河防官员也不能处理，可以再向更高一级的河道官员汇报处理。由此可见，闸官的管理权力受到制度的肯定和保护，这也是中央赋予基层闸官对闸座的直接管辖和领导权力的体现。

然而在实际过程中，虽然闸坝官有约束官绅豪强、严申闸禁、保障通航的权力，但由于官职卑贱，所以在一般的情况下，闸坝官不敢稽察官绅豪强，因而不得不开闸，"今使客怙威，至即起闸，吏胥莫能禁"④。对于这些违反闸禁的官绅豪强，不仅闸官不敢得罪他们，即便是更高级别的河官吏或者地方官也无可奈何。即使设有御史巡查，但效果有限，以至于"诸闸

---

① 李绂：《漕行日记》，《清人文集地理类汇编》（第六册），浙江人民出版社1990年版，第916页。
②《明会典》，中华书局1989年版，第999页。
③ 顾炎武：《天下郡国利病书》第11册，《四库全书存目丛书》史部第171册，齐鲁书社1996年版，第483页。
④《明英宗实录》卷八十，正统六年六月壬辰条。

积水，旧有定规，而挠于豪横，启闭不时，水利日消，公私皆滞，甚者至于颓废"①。

二、催趱漕船

漕运是关系国家经济命脉的大事，为了防止漕运贻误，历代政府对漕粮抵京有着严格的时间要求。以清代漕运为例，"漕粮抵通定限，山东河南限三月初一日到通，江北限四月初一日到通，江南限五月初一日到通，浙江江西湖广限六月初一日到通，各省粮船到通俱限三个月内完粮，逾期以到通违限论"②。这里的"通"指的是北京的通州，即清代漕运终点。清代对各地漕船抵达通州时间都有明确规定。

闸官作为运河沿岸负责各漕船通行过闸的直接管理者，"催趱漕船"是其日常管理中必不可少的工作内容。闸官会根据各漕船的限单日期，以及抵达通州的最终日期催趱漕船，避免各船出现因沿途停靠出售地方特产等原因所产生的贻误漕运的现象。

在闸官催趱漕船的过程中，有时会发生抢板过闸的现象，虽然漕运章程禁止争抢过闸，"务随漕启闭停泊，如有卸锁掀板、任意争闯者，该督指参，该管官严加议处"③。除了闯闸禁令，还详细规定了运河船闸过船规则，即按照各地距离京师的远近来确定过船顺序：山东、河南和江南地区的漕船在前，湖北、湖南和江西地区的漕船在后，前后行船不得僭越。虽然运河船闸有过船顺序的规定，但各省的漕船船帮由于都想节省过闸时间，在争先恐后的过闸过程中就难免会发生抢闸违规的情况。此时需要闸官严格执行漕规章程，才能够保证前后各船帮有秩序地通过而不耽误漕运行程。

闸官如果没有严格履行"催趱漕船"和"有秩序过闸"的职责，将受到罚俸的惩处，甚至连监管闸官的州县官也要一体罚俸："官员催趱漕船，无故容后帮之船前行，前帮之船后行者，其沿河地方系有佐杂等官专管，将专

---

① 《明宣宗实录》卷五三，宣德四年夏四月戊子条。
② 徐宗干：《道光济宁直隶州志》，《中国地方志集成》，凤凰出版社 2005 年版，第 161 页。
③ 李宗昉等修：《钦定户部漕运全书》（第二册），海南出版社 2000 年版，第 131 页。

管佐杂等官及专汛官罚俸九个月，兼管之州县官罚俸六个月。"①

三、疏浚运道

为了防止泥沙淤积，保持运河的畅通，政府都非常重视漕运河道及其周边济运水源的疏浚工作，如清代规定"每年一小挑，间年一大挑"②。在进行运河河道挑淤时，包括闸官、闸夫在内的相关运河从业人员都要投身于该项工作。在疏浚工作完成之前，闸官要保证一切船只都不允许开闸放行，以免耽误疏浚工作的按时完成。

四、维护闸座

闸座的正常运作是漕运通畅的前提，"必须闸身完固，方能启闭得宜"③，因此闸官的重要职责之一就是对闸座进行日常的维护和修缮。运河江苏段进入夏秋多雨时节时，运河水量就会骤涨，闸板在急速的水流冲击下极易被损坏，"各处闸座，专藉收水入湖，即因山水涨发，水势猛骤，恐致闸板鼓裂"④，需要各处闸官对辖区闸座进行日常的巡视，发现问题及时维修，"各闸设立闸官原以职司启闭，理宜常加巡视，加紧提防，如遇闸板损坏，即应随时更换，以保无虞"⑤。

修理闸座需要包括条石、河砖、石灰、杉木等众多材料，以及维修闸座的工具。闸座最容易损坏的地方是闸板，闸板由于经常上启下放，频繁使用，因而容易损坏。破旧损坏的闸板，将由闸官统计上报，"每年开销新板价值，其换下旧板"⑥。闸官需要根据闸板的使用寿命，尽量避免闸板在规定年限

---

① 李宗昉等修：《钦定户部漕运全书》（第一册），海南出版社2000年版，第180页。
② 李宗昉等修：《钦定户部漕运全书》（第二册），海南出版社2000年版，第156页。
③ 中国第一历史档案馆编：《奏为运河闸座滚坝损坏请分别拆修事》，《嘉庆朝朱批奏折》，东河总督叶观潮奏，嘉庆二十二年六月初八日，档号：04-01-05-0149-034。
④ 李宗昉等修：《钦定户部漕运全书》（第二册），海南出版社2000年版，第143页。
⑤ 中国第一历史档案馆编：《参奏闸官失防损坏运河闸板事》，《乾隆朝朱批奏折》，署理仓场侍郎实麟奏，乾隆三十一年六月初八日，档号：03-1005-027。
⑥ 中国第一历史档案馆编：《参奏闸官失防损坏运河闸板事》，《乾隆朝朱批奏折》，署理仓场侍郎实麟奏，乾隆三十一年六月初八日，档号：03-1005-027。

内损坏。一块新闸板，按清代规定，需要有五年的使用期限，如在五年之内闸板损坏，"令原承办闸官赔补"。闸座的修建维护费用所需不菲，其维修所需的人工夫役费用有官府拨款和官绅捐办两种形式，但主要由财政拨款。

五、管理闸夫

闸夫是漕河夫役的一种，夫役是古代个人为国家所服的劳役。"漕河夫役，在闸者，曰闸夫，以掌启闭；溜夫，以挽船上下；在坝者，曰坝夫，以车挽船过坝；在浅铺者，曰浅夫……泉夫，以浚泉……塘夫，以守塘；又有捞沙夫，调用无定。"①其中闸夫和溜夫都是为引导船只过闸而设的。

闸夫主要是职掌船闸的启闭，"必甃石为闸，涸则少节以版，溢则启板通舟，犹梯级以升之，且置官司，飞挽启闭之节"。闸夫需要就近居住，轮流昼夜看守船闸，以便随时准备启闭闸板。溜夫主要是为船只能顺利过闸而设，其主要职责就是拉挽船只过闸，及辅助闸夫操作绞关，启闭闸板，"若河洪之拽溜牵洪、诸闸之绞关执缆者是也"，因此与闸夫一样，需要就近居住。

由于运河沿线地形高低起伏较大，即使设置了降低河水落差的船闸，但在地势较高且地形崎岖陡峭的地方，仍然需要辅以人力挽船才能过闸，"提溜打闸，必须添雇人夫"②。所谓"提溜"，就是在行船过程中遇到激流，仅靠篙竿或橹桨等器具很难使船只行进，必须加用或改用人工拉纤的方式才能使船只在急流中顺利前进。所谓"打闸"，即船只在过闸座时，需要有闸夫帮忙挽绳拉纤助力，船只才能顺利过闸。因此各个闸座可能没有配备专职闸官，但每座运河闸座都会设置一定数量的夫役从事过闸拉纤事宜，人数大约为每闸二十五至三十人不等。此外，漕河夫役还有帮助漕船盘船过坝的坝夫、为防止漕船搁浅而设置的专事挑浚的浅夫、管理济运运河水塘的塘夫、防止大水冲决运道的堤夫、辅助船只过洪的洪夫等等。这些运河夫役职责相对分明，但从实际情况来看，各种夫役所做工作并不完全固定，平时各司其职，遇到重大的运河水利工程或者需要大量夫役的大挑之年，各类役夫就随需要

---

① 王琼：《漕河图志》卷一，水利电力出版社 1990 年版，第 133 页。
② 故宫博物院编：《钦定户部漕运全书》（第二册），海南出版社 2000 年版，第 136 页。

灵活调用。

闸夫由所在闸座的闸官管理，如该闸没有专职闸官，则由邻近闸官兼管。此外，闸官的管理也不单独局限于闸夫，溜夫、纤夫等也在管辖范围内。闸夫等夫役的来源大致可分为徭夫、募夫和白夫三种情况："差役编设曰徭夫，库银召雇曰募夫，郡县借派曰白夫。"[①]徭夫类型的夫役没有工资，花销自理，有时会有点补贴，但是不多，属于为国家服劳役，主要来自运河流经之地的卫所军户和运河沿线州县的民户。募夫是官府拿出库银招募劳工，一些大的运河水利工程所需夫役众多，徭夫不能满足所用，因此会雇募一部分夫役，给予一定的工食银。随着明朝中叶以后均徭法的实行和财政货币化的改革，雇募夫役成为一种趋势。白夫是正常徭役之外的额外劳役，但是由于此种夫役征调弊端太多，民怨极大，后逐渐取消这种夫役。

闸河夫役任务繁重，艰苦辛劳，收入不高，如清乾隆年间"闸夫工食每年例给银十二两……于坐粮厅茶果项下照数补给"[②]，而且这些招募而来的闸夫，各色人等都有，因此经常会出现向往来的漕船额外索要除正常过闸费之外的挽纤费。甚至还有闸夫在收取民船或商船的钱财贿赂后私自启板，因此需要闸官严管闸夫，使其遵照闸规行事。

总之，闸官常年驻守河道闸座，熟悉当地的水势人情，其职位虽然低微，但闸板启闭管理经验丰富，其管理方法更加切合实际，也更具有可操作性，而这关系到国家经济命脉的畅通，其职责与运河漕运息息相关，是运河管理体系中不可或缺的一环，这也是闸官官职虽小，但不可不设的重要原因。

[①] 万恭：《治水筌蹄》卷上，水利电力出版社 1985 年版，第 8 页。
[②] 故宫博物院编：《钦定户部漕运全书》（第二册），海南出版社 2000 年版，第 252 页。

第十一章　江苏水闸题字

　　闸坝一类的水利工程建好以后，通常会请文人题写闸名，或者采用碑刻刻写跟工程相关的上级批示，抑或会在闸体上或护坡上雕刻相关宣传标语。由于这些题字或者宣传标语采用的是当时的字体、用语或者书写习惯，非常具有时代特色、书法艺术价值和历史价值，是一种值得保护的人文景观文化遗存。

　　目前在江苏水闸上保留的题字基本是新中国成立以后的，有繁体字和简体字、书写体和印刷体的区分，有隶书、行书、楷书等不同字体，有从左往右横写、从右往左横写和从上往下竖写等不同书写方式。要了解这些题字为何有如此多的变化，首先要对中国汉字的发展演变和水闸建造的时代背景有基本了解，如此才能认识到这些水闸题字的价值。

第一节　汉字的发展演变和文字改革

一、汉字的演变历史

　　汉字从古到今有篆书、隶书、楷书、行书等几种主要字体。秦始皇统一六国后，推行"书同文"，在秦国原来使用的大篆籀文的基础上，进行简化，创制了小篆的汉字书写形式。虽然后来小篆逐渐被隶书所取代，但因为小篆字体颇有古风古韵，且笔画复杂，形式奇古，所以被书法家青睐，历代封建王朝的官方印章，也一直采用篆书。

　　隶书是篆书的简化形式，将篆书化繁为简、化圆为方、化弧为直，使写更为简便，其字形横式宽扁、中宫紧收、布列均匀、挪移生动，呈现出"蚕头燕尾"的独特艺术风格，深受书法爱好者的喜爱，一直流传至今。随着隶书的广泛使用，人们开始追求更加规范、简洁的书写方式，在隶书的基础上逐渐创造了一种新的字体，称为"楷书"，又称"正书"或"真书"，"正"和"楷"都有"规范"的意思。这种字体笔画平直，结构方正，线条沉实稳健，浑厚饱满，比隶书更加简便易写，更适合于日常书写和印刷。楷书自形成以来，一直是汉字书写和印刷的主要字体。在书法艺术领域，楷书也是重要的书体之一。在石材雕刻中，楷体经常被用于雕刻名人墓志铭和碑文。

草书同样也是为了书写简便，在隶书基础上演变出来的。早期草书打破了隶书的方整、规矩、严谨，是一种草率的写法。早期的草书称为"章草"，其后进一步"草化"，脱去隶书笔画行迹，形成"今草"。由于字形太简单，彼此容易混淆，所以草书不能取代隶书而成为主要的字体。

行书分为行楷和行草两种，它是在楷书的基础上发展而来的，是居于草书、楷书之间的字体。它既不似草书那样草率难认，又不像楷书那样过于规范严谨，因此从它产生之日起，就显示出它的实用性。民国书家大多因为书写便捷而采用行书进行书写。

此外，还有一些常用字体，如明万历以后产生的一种结构方正匀称、便于刀刻印刷、专供阅读的字体，由于它是仿照宋版书上的字体发展而来，所以后来被称作"宋体字"。宋体因为线条简单清晰，易于辨认，在石材雕刻中使用很广泛。宋体因为在字的笔画开始、结束的地方有额外的装饰，而且笔画的粗细会有所不同，所以按照西方国家字母体系分类，归类为"衬线字体"。而与宋体相对应的黑体字，没有衬线装饰，字形端正，笔画横平竖直，笔迹全部一样粗细，所以属于"无衬线体"。汉字的黑体是在现代印刷术传入东方后，依据西文无衬线体中的黑体所创造的。

总之，汉字的演变历史是一部中华民族文化发展的历史，它见证了中华民族从古代到现代的文明进步，正因为如此，水闸题字的存在增加了水利工程设施的文化内涵。

二、新中国成立前后的汉字改革

现存江苏水闸设施上的题字既有繁体字，又有简体字；既有竖写，也有横写。之所以出现这种混杂的现象，与江苏水闸设施建造的时代背景有很大关系。要想认识这些题字的文化价值，就要深入了解新中国成立前后的汉字改革历史。

（一）汉字的简化改革

传统的汉字相对现在的汉字，由于笔画繁，称为"繁体字"。繁体字存在笔画多、难学、难认、难记、难读、难写、难用等问题，因此历代都有简体字在民间流行。其实纵观中国文字发展历史，远在甲骨文时代，汉字就已经有简体，汉字如果要传播影响，要被更多的人接受使用，必然要简化，"在历史上，汉字每当传习扩大，应用频繁，就发生简化"[①]。

但是一直以来，简体字被历代掌控文字话语权的士大夫称为"俗体字"，主要在百姓中流行，而士大夫所用的繁体字则称为"正体字"。真正把简体字作为正统文字即"正体字"来用的主张，直到晚清才有人正式提出。清宣统元年（1909），陆费逵在《教育杂志》创刊号上发表《普通教育当采用俗体字》的文章，公开提倡使用简体字，这是中国历史上第一个正式提出汉字简化主张的人。提倡简体字是清末维新运动中改良主义思潮的产物，对五四运动时期、国民政府时期的简体字运动和新中国的汉字简化工作产生了深远的影响。可以说，简化是汉字发展的固有规律[②]。

五四运动以后，汉字简化作为文字改革的重要内容，受到钱玄同、鲁迅、胡适等新文化运动旗手的倡导和支持。民国时期的政府对汉字简化也持积极态度，并一直在尝试推行，如在民国二十四年（1935）开始第一次大规模推行简化汉字。虽然汉字简化运动受到文化界的普遍欢迎，但遭到考试院院长戴季陶等人的强烈反对，次年不得不暂缓推行。简体字虽然在国统区无法推行，但在中共领导的抗日根据地和解放区却获得了蓬勃的发展，而且随着解放战争的发展，简体字也流行到全国各地，被称为"解放字"。

新中国成立后，文字改革继续进行，其确定的目标是要最终实现文字拼

[①] 周有光：《汉字改革概论》，文字改革出版社1979年版，第11页。

[②] 叶恭绰：《关于汉字简化工作的报告》，《中国文字改革的第一步》，人民出版社1956年版，第35—36页。

音化，当时的文字改革主要有两种办法：一种是先进行简化汉字，再进行拼音文字的改良方法，简化字是文字拼音化的一种过渡；另一种就是直接推行拼音文字以取代汉字的根本方法，认为文字的拼音化是中国走向现代化的一个举措。后在毛主席的建议下，并综合考虑多方意见，最终采用第一种方法："第一个五年计划期间，要搞出简体字来，简体字可以创造。同时要研究注音字母，它有长期历史。将来拼音，要从汉字注音字母中搞出字母来。文字改革，第一步用简体字，注音字母，第二步拼音化。"[①]这为传统汉字繁体字的改革指明了方向。

1952年2月，中国文字改革研究委员会成立，当时的工作重心有两个：第一个是研究并提出中国文字拼音化方案，第二个是整理汉字，包括印刷体和书写体，并提出相应的简化方案。以汉字简化为例，当时的汉字简化工作是将字形的简化工作与汉字字数精简工作相结合，精简汉字笔画和汉字数量，依据毛泽东"利用草书"的指示，形成了"草书楷化"的简化方法。还通过简化偏旁，形成了一些"偏旁类推简化字"。1954年11月，最终形成《汉字简化方案草案》，报送中央。

一开始，《汉字简化方案草案》三个表中的《汉字偏旁手写简化表草案》用的是手写行草书的简化偏旁，但因为初学写字的人写正楷字相对容易，而写行草字却相对困难，造成初学写字的人需要同时学习印刷体和手写体两套书写体。后草案进行了修正，偏旁简化表不再使用行草体的偏旁，而是采用楷化的偏旁，这样就使所有简化字实现了印刷体和手写体的楷书体统一，最终形成《汉字简化方案》。

《汉字简化方案》从1956年2月起至1959年7月分四批正式推行，在民间已经应用了千百年的"俗体字"终于有了合法身份。实际上，自从隶书诞生以来，包括后来的草书、行书演变过程中，民间就已经形成了大量的民间称之为"俗体字"的手写简化字体。新中国的汉字简化改革中很大一部分是通过对民间"俗体字"，采用"草书楷化"等简化方式进行整理和认可的，

[①] 中共中央文献研究室编：《毛泽东年谱（1949—1976）》（第2卷），中央文献出版社2013年版，第98页。

这使得本已长时间存在于民间的"俗体字"成了简化字的主体。可以说，从理论到实践，新中国文字改革自始至终是遵循了汉字由繁到简的自身发展逻辑路径的顺势而为。

1964年5月，中国文字改革委员会又编印出版了《简化字总表》，针对《汉字简化方案》存在的不完善之处，进行了完善，并确认了《汉字简化方案》推行过程中对简化字数量、形体等方面的调整。总表分成三个表：第一表所收的是352个不作偏旁用的简化字，这些简化字的繁体一般都不用作别的字的偏旁。个别能用作别的字的偏旁的，也不依简化字简化。与水利工程有关的简化字和繁体对比，如坝（壩）、板（闆）、电（電）、斗（鬥）、沟（溝）、关（關）、后（後）、积（積）、开（開）、栏（欄）、苏（蘇）等。第二表所收的是可作简化偏旁用的132个简化字和14个简化偏旁，如尝（嘗）、达（達）、单（單）、当（當）、党（黨）、丰（豐）、广（廣）、华（華）、汇（匯）、会（會）、节（節）、门（門）、啬（嗇）、万（萬）等。第三表所收的是应用第二表所列简化字和简化偏旁得出来的1753个简化字。

从1966年5月起，"文化大革命"运动席卷中国大地，严重干扰和破坏包括文字改革工作在内的各项建设事业。随着"文化大革命"的持续，社会上出现乱造简化字、滥用繁体字和异体字、随便写错别字等文字应用混乱的情况。1972年，文字改革工作机构重建，以保证语言文字工作的逐步恢复和正常开展。1975年9月，中国文字改革委员会被确定仍为国务院直属机构，由教育部代管。1977年12月，中国文字改革委员会推出了《第二次汉字简化方案（草案）》，方案中的简化字简称为"二简字"。1986年，召开了新中国成立以来语言文字系统的第二次全国性会议——全国语言文字工作会议，确立新时期语言文字工作方针，并废除了推出后饱受争议的《第二次汉字简化方案（草案）》，重新发表了《简化字总表》。

改革开放后，社会上出现了"繁体字回潮"的现象。之所以出现这种情况，一是由于随着改革开放的发展，来自港、澳地区的带有繁体字商标名称、说明书和商品广告的商品涌入内地；二是当时不少书法家喜欢使用繁体字给商店、饭店、建筑物等题写牌匾，某些名人题字也常用繁体字，无意中起到了示范作用；三是政府的经济部门、宣传部门在出口商品名称、出版报刊等方面也使用繁体字。如此情况下，造成社会用字混乱，亟待全社会规范用字。

实行规范化，就是要求严格遵守 1956 年的《汉字简化方案》和 1964 年的《简化字总表》，严格遵守从左到右书写；除了重印古书外，新的出版物必须使用简体字，中央电视台等媒体、商标招牌和广告等严禁使用繁体字。

1987 年 3 月 27 日，国家语言文字工作委员会等部门联合公布了《关于地名用字的若干规定》，规定各类地名必须按照国家确定的规范简化字书写，严禁使用自造字、已简化的繁体字和已淘汰的异体字。简化字以 1986 年 10 月 10 日重新发表的《简化字总表》为准，繁体字只能用于古籍整理出版、文物古迹、书法艺术方面。2000 年 10 月颁布的《中华人民共和国国家通用语言文字法》对繁体字、异体字和外国语言文字在中国境内的使用作了进一步具体的规定，在文物古迹、姓氏、书法和篆刻等艺术作品、题词和招牌的手书字、出版、教学和研究中需要使用的，以及经国务院有关部门批准的特殊情况等情形下，可以保留或使用繁体字、异体字。[1] 2013 年 6 月，国务院正式发布《通用规范汉字表》，这是继 1986 年国务院批准重新发布《简化字总表》后的又一重大汉字规范，是最新、最权威的规范汉字依据。

（二）汉字的书写和排写方式改革

与推行简化字同步进行的是汉字的书写和排写方式改革。在中华人民共和国成立之前，汉字的书写方式一直是由上向下、由右至左的书写方式。这种书写方式从甲骨文时代开始，已经延续了几千年，其改变同样不是一日之功。

最早提出汉字书写方式改变的，是清宣统元年（1909）的刘世恩，但在当时没有多少社会反响。直到民国六年（1917），新文化运动的倡导者钱玄同在《新青年》1917 年第 3 卷第 3 期上，首次提出了汉字"竖改横"的见解。此后，钱玄同又在《新青年》杂志上连续发表四篇公开信，积极倡导"竖改横"的主张。陈独秀、陈望道等学者也表示赞许，才逐渐形成了较大的社会影响，但遗憾的是这并没有被当时的国民政府采纳而全面推行，只是被一部分文人推崇采用。

---

[1] 教育部语言文字应用管理司编：《新时期语言文字法规政策文件汇编》，语文出版社 2005 年版，第 5 页。

新中国成立后的第二年，中国人民政治协商会议第一届全国委员会第二次会议上，著名的爱国华侨领袖陈嘉庚率先提出了汉字书写应统一由左往右横写的提案，引起了与会代表的高度重视。1955年的元旦，《光明日报》率先开始发行全国第一份左起横排的报纸，这一年有大量书籍报刊采取了左起横排方式。郭沫若、胡愈之等著名学者也很快撰文指出文字横排的科学性，并开始用横排的方式撰写文章。不到一年的时间，国家主办的十三家报纸同时改为横排字版。

1955年10月，全国文字改革会议正式建议"中华人民共和国文化部和有关部门进一步推广报纸、杂志、图书的横排"，同时还"建议国家机关、部队、学校、人民团体推广公文的横排、横写"[①]。1955年12月30日，文化部公布了《关于汉文书籍、杂志横排的原则规定》，规定自1956年起新发排的汉文书籍，除影印中国古籍等特殊原因外，一律采用横排。今后新创刊的汉文杂志除特殊者外，也一律采用横排。

1956年1月1日《人民日报》执行汉字横排印刷，这在当时是一个重要的改革，除了生理上横看视野比竖看视野要宽的原因，与西方国家接轨也是一个重要原因，因为西方国家的文字都是横排。

从此，中国大陆新出版的报纸、杂志、书籍几乎全部改为横排了，这标志着中国汉字数千年的竖写的传统规范被全面替代，这也影响了水利工程中的题字形式。

第二节　江苏水闸设施上的题字

江苏水闸设施上的题字按照书写方式可以分为手写体和印刷体，两者的区别主要体现在书写工具、书写方式和字形规范上。手写体比较灵活多变，能体现书写者的个性和书写习惯，而印刷体强调规范性和一致性，适合大规模生产和复制。

如果是请名人题写或者是引用的名人语录，通常采用手写书法体。传统书法体题字采用比较多的字体是隶书、楷书、行书和草书，以及两种字体的

---

① 全国文字改革会议秘书处编：《全国文字改革会议文件汇编》，1956年版，第217页。

结合，特别是隶书和楷书这两种字体，因为结构清晰、易于辨识的特性，在视觉上较为突出，被视为"大字体"，适合于公共设施的名称题字。此外也有一些名人形成了独特的字体风格，如毛主席的毛体。手写书法体通常都是用于闸名的题写。

普通的宣传标语要求具有书写简单、易于辨识、快速直接的文字风格，所以通常采用的是宋体和黑体一类的印刷字体，楷体兼具手写书法体和印刷体性质，有时也会被用于宣传标语。水闸等水工设施上常见的各个时期的红色宣传标语，绝大部分都是采用宋体、黑体一类的印刷字体，以及在宋体和黑体基础上改良的宋体美术字、黑体美术字、黑宋体美术字等变化字体。

这些红色宣传标语兴起于革命斗争年代的土地革命时期，发展成熟于抗日战争和解放战争时期，新中国成立之初至"文革"时期达到了鼎盛，甚至一直延续到改革开放的经济建设时期。在艰苦朴素的革命斗争年代，红色宣传标语以有限的技术条件和传播手段，形成了丰富的标语形式，其主要载体有墙体、纸张、条幅、石壁、木板等；书写工具主要有毛笔、笔刷、粉笔、木炭、石工和瓦工工具等；绘写材料有墨水、石灰水、颜料、油漆，以及水泥、青石等。在土地革命时期，主要是依靠毛笔等书写工具书写，所以通常采用正楷、行楷等易写、易认、亲民和通俗的字体。到了抗日战争时期，标语字体除了传统的毛笔书写字体，出现了用板刷或大毛笔绘写的以黑体字、宋体字为基础的宋体美术字和黑体美术字，以及结合黑体和宋体字特征的黑宋体美术字。

宋体和黑体都属于汉字常用的印刷字体，而宋体美术字、黑体美术字，以及结合两者特征的黑宋体美术字属于在传统宋体和黑体的基础上，加入了美术字的一些特征，经过美化、装饰、加工、设计后形成的字体。如宣传标语用到的宋体美术字是加粗了印刷宋体字的横画，使其视觉饱满，并省去部分细节装饰，使字体既简洁有力，又有利于板刷绘写。标语中的黑体美术字也是舍弃了印刷黑体字的一些细节和规范，以适合板刷绘写。同样，黑宋体美术字则是结合了黑体字与宋体字的优点，摒弃了各自的缺点。宋体字的风格特征是端正庄严，是一种表达严肃、正式态度的官方使用文字体式，但其笔画粗细变化不利于当时简陋书写工具，如板刷的绘写。而黑体字虽然笔画均匀、字形饱满，却又不及宋体字正式，因此黑宋体美术字便应运而生了，其在黑体字浑厚醒目的基础上加入一些宋体字的转折角等特征，以体现出标语字体的威严与正式。这些经过美化的黑体和宋体字体简洁有力、容易识别，有视觉冲击力，具有号召性，大众接受度高，非常适合用作标语。因此，解放战争时期、新中国成立初期、"文革"时期、改革开放时期，甚至一直延续到现代，包括水闸设施在内的各种建设设施上的宣传标语字体基本上是此类字体的沿袭和发展。

下面就从新中国成立前后建造水闸的题字中去感受汉字的演变史和蕴含的历史内涵。

一、新中国成立之前的江苏水闸工程题字

新中国成立之前的江苏水闸，由于年代久远，留存下来的并不多，有题字的水闸就更加稀有。新中国成立之前的江苏水闸工程的题字，根据材料，主要分两种，一种是以条石、青砖和木材为主要建闸材料建造的传统水闸，其中条石和青砖适合刻字。刻字内容多种多样，既有修建时间、地点、用途等工程信息，也有表彰修建者、记录重要事件等纪念性文字。这些带有题字的条石或者青砖有的是直接镶嵌在闸体上，有的是以碑刻形式单独存放于闸体附近，如三河闸景区内的"乾隆阅示河臣碑"和"乾隆三次题字碑"的有关洪泽湖水利工程建设的御碑题字。另外一种是以晚清民国时期出现的钢筋混凝土建造的新式水闸，其题字通常就浇筑在闸体上。下面以民国镇江赤山闸为例，简单介绍民国时期水闸题字的特点。

赤山闸位于镇江市句容境内的赤山湖与句容河交汇处的赤山东麓，是秦淮河流域上游的控制性枢纽工程——赤山湖水利枢纽工程的主体，也是句容境内有史以来兴建的最大节制闸。民国二十五年（1936），由江南水利工程处兴建，后改称"赤山东闸"，这是句容地区最早使用钢筋混凝土新技术建造的闸，其建成对消减句容河洪峰、提高赤山湖调蓄控制能力发挥了重要作用。

赤山闸的闸顶从右往左刻有"民國二十五年冬建"八个大字，采用繁体楷书刻写。字的两侧还有突起物，将题字围成类似匾额的效果。因此，无论是书写习惯、采用的字体，还是装饰效果，都符合民国时期的公共设施题字风格。

图 77　民国镇江赤山东闸题字

二、新中国成立至 20 世纪 60 年代中期的江苏水闸工程题字

这段时期属于从繁体字向简体字、竖写方式向横写方式转换的过渡时期，这一时期，可以看到很多水闸设施上面的题字属于繁简混合、横竖混合的情况。

（一）南通如东掘苴河闸题字

掘苴河闸位于南通市如东县掘苴河北端的海堤上，是如东中部重要的水利设施，平时担负着如东如泰河以北、马丰河以东 50 万亩农田旱涝保收的重任。1957 年，江苏省水利厅勘测设计院进行掘苴河闸的设计，同年 11 月由南通专署水利局组织施工，1958 年 6 月 30 日竣工。该闸采用钢筋混凝土建造，共 12 孔。

掘苴河闸工程竣工后，时任全国人民代表大会常务委员会副委员长的郭沫若题写"掘苴河闸"四个大字，采用的是行草手写字体。另有两块水泥板题词碑：郭沫若题词碑位于闸东边北侧向南，内容为"面临黄海背长江，南通水闸叠成双。此闸新成腔十二，偃吹横笛水龙降"；南京军区副司令员陶勇的题词碑位于闸东边北侧向南，内容为"昔建如东根据地，抗日灭寇得胜利。今日兴建幸福闸，誓争农业大跃进"。同样都是采用行草手写体。虽然从 1956 年开始，正式的公文书写已经要求采用从左往右的横写方式，但对非公文的场合，要求还没有这么严格。大家还是保持原有的书写习惯，文字

图78　南通如东掘苴河闸题字

中也是简体字和繁体字混合，如陶勇的题字中，"兴"和"胜"仍然采用的繁体字"興"和"勝"。

（二）淮安杨庄活动坝节制闸题字

杨庄活动坝节制闸位于淮安市淮阴区王家营街道杨庄村，建于民国二十五年（1936），其建设目的是排泄淮、沭、泗河洪水入海。1952年杨庄活动坝节制闸进行重修，修复完成以后，为纪念该次重修工程，在活动坝闸墩排架下游一侧刻上了"楊莊活動壩 一九五二年六月蘇北水利局脩建"几个纪念题字。题字采用嵌入式阳刻方式，从左往右采用繁体行楷字体书写。题字外侧是底部带弧度的矩形外框，宽66厘米，高85厘米。从题字的书写形式和采用的字体，并结合新中国的文字改革时间点来分析，可以看出，当时撰写杨庄活动坝节制闸闸名还是基本使用民国时期的繁体行楷字体的常用字体，但书写方式与民国时期不同，已经采用了当时比较流行的从左往右的横写方式。题字右侧采用繁体隶书竖写修建者名称和修建时间，无论是书写方式还是采用的字体，都保持了民国时期的风格。

题名中的"脩建"是现代简体字"修建"的繁体或异体字形式。题名中采用的是公历纪年，又称"公元纪年"。1949年9月27日，经过中国人民政治协商会议第一届全体会议通过，新成立的中华人民共和国使用国际社会上大多数国家通用的公历和公元作为历法与纪年。因此，杨庄活动坝节制闸的题字中也已经采用了新的公元纪年。

图 79　淮安杨庄活动坝节制闸题字

（三）连云港原善后闸和善后新闸题字

善后闸，现称"车轴河闸"，建成于1953年，位于连云港灌云县车轴河上。其胸墙上刻有原闸名、建成时间和建设单位等文字："善後閘 一九五三年八月江蘇省人民政府水利廳建。""善後閘"每个题字高0.98米、宽0.88米，18个小字每个字高0.22米、宽0.19米，采用的是行楷字体。1953年还没有正式推行简化字，所以该闸名还是采用繁体字书写。虽然1953年也没有正式推广横写方式，但各种场合早已把横写方式作为一种时髦，这说明民众对横写方式早就比较适应和认可。在题字中提到的"善後閘"建设单位"江蘇省人民政府水利廳"，是善后闸建成当年才正式组建的。

善后新闸位于连云港市徐圩新区与灌云县圩丰镇交界处的东陬山脚下，建成于1958年，其下游混凝土护坡上题有"开山建闸 蓄淡挡潮"八个字的宣传标语。每个字高2米、宽2米，采用阳刻法，刻好后再喷涂红色真石漆涂料于字体上，字的四周是正方形字堂，刷白色乳胶漆，这已经区别于民国时期常用的圆框。

"开山建闸 蓄淡挡潮"采用的是行草字体，其作为楷书的一种快写形式，不及楷书的工整，也没有草书的潦草。"开山建闸 蓄淡挡潮"几个字中还保留了相当比例的繁体字，但与传统的繁体字又有区别，已经有简化的迹象，但没有完全简化，如"开"字，偏旁已经简化，但还保留了"门"的偏旁。说明当时采用行书书写繁体字时，很多简化的偏旁已经被民众广泛接受，这种书写简化习惯被当时的简化字文字改革所吸收，逐渐形成规范。此外"开山建闸 蓄淡挡潮"采用的排写方式是横写，说明到1958年时，公共场合的宣传标语应该已经按照要求，全部采用横写方式。

图80 连云港善后闸和善后新闸题字

（四）宿迁沭阳闸题字

沭阳闸于1958年8月开始建设，1959年10月工程完工。为纪念沭阳闸落成，邀请沭阳县原县委书记张聘三题写闸名，并用四块直径为2米的混凝土圆盘，以凸字的形式，放大布置在沭阳闸启闭机房正中两侧外墙。这种在字的外圈采用圆框的形式是民国时期常见的题字表现形式。

"沭阳闸"三个字采用的是当时文人常用的行草字体，虽然简体字在当时已经推行了几年，但由于繁体字的简化是分批公布的，而且人的书写习惯不能马上转变，因此闸名题字中的"阳"依然采用的是繁体，而"闸"已经是简体形式了。同时根据建闸的时代背景，当时已经开始推行从左往右的横写模式，所以该题字已经采用横写的模式。特别是"一九五九年九月建"几个字已经从民国时期的分左右两列的竖写形式，转变成了现在的上下两行的横写形式。

图 81　宿迁沭阳闸题字

（五）宿迁泗阳庄滩闸

宿迁泗阳的庄滩节制闸建成于 1959 年，共有 12 个闸孔，作为新中国成立之后泗阳县第一座中大型水闸，见证了泗阳人民治理水患的历史。在庄滩节制闸闸顶刻有"泗阳县庄滩节制闸"八个大字和"泗阳县人民委员会一九五九年建"十四个小字，采用隶书刻写。"泗阳县庄滩节制闸"八个大字基本采用了简体字，说明到 1959 年时按照国家推行简体字的要求，在公共设施上新增题字时已经基本采用了简体字。唯一与现代简体字不一样的是"节"字，但与繁体字"節"又不完全相同，说明简体字的定型也不是一步到位的。此外，虽然是采用了文字外围加圆框的民国题字风格，但已经采用从上到下、从左往右的现代书写方式了。

图 82　宿迁庄滩闸题字

（六）徐州贾汪区解台运河船闸

解台运河船闸位于徐州市东北郊的京杭运河与徐贾公路的交会处，是徐州地区重要的水上交通枢纽之一，目前是江苏省不可移动文物。

解台船闸一号闸始建于 1958 年，于 1962 年建成投入使用，由江苏省水利厅第二工程队施工，是一座桥闸一体的交通航运设施。解台船闸的闸名题字反映了时代特色：首先，字体采用的是当时流行的行楷字体，其次是按照国家规定，采用了横写的书写方式，最后是延续了圆框凸字、白底黄（红）字的民国风格。

图 83　徐州贾汪解台运河船闸题字

（七）常州市新北区孟河镇小河水闸

小河水闸位于常州市新北区孟河镇小河宝善街 6 号，是新中国成立后治理太湖骨干工程中湖西高片治理的主要工程之一，目前是江苏省不可移动文

图 84　常州新北区孟河镇小河水闸题字

物。小河水闸是一座闸桥一体建筑，南北向跨新孟河，南连大运河，北距入江口约 3 千米，1958 年 12 月开工，1960 年 10 月竣工，具有防洪、排涝、灌溉和航运等功能。

小河水闸工作桥的桥栏杆上刻有"小河水闸"四字闸门题字。采用行草书法手写字体，从左往右书写，方框凹字、白底红字。"小河水闸"四字题字是邀请常武地区著名书法家郭志忠题写，他擅长多种书体，尤以行楷和草书见长。

（八）扬州广陵区头桥镇跃进闸

头桥镇跃进闸位于扬州市广陵区头桥镇新华村四组仁义港入江口处，1958 年春建设，是头桥地区主要排涝闸口，目前是江苏省不可移动文物。

跃进闸的闸体上有一处采用楷体、从左往右书写的关于建闸日期的题字"一九五八年春砧"，其中的"砧"字很有时代特征。"砧"原本是民间使用

图 85　扬州广陵区头桥镇跃进闸题字

的一种不规范的简体字，在 1956 年国务院公布的《汉字简化方案》中，并没有将"玷"作为"建"的简化字公布，但在 1977 年 12 月 20 日提出的《第二次汉字简化方案（草案）》（简称"二简字"）中却被吸纳为"建"的简化字，但由于二简字存在诸多问题，1986 年就被国务院宣布废除。因此"玷"只是作为"建"的一种民间简化体，短暂地被吸纳为官方正式简化体，后又被取消。

（九）扬州市宝应县山阳镇山阳大闸

山阳大闸位于扬州市宝应县山阳镇杨和村双闸组的双闸河上，开建于 1959 年 10 月，1960 年 5 月建成。山阳大闸东通大运河，西经双闸河通向白马湖，是宝应大运河以西至白马湖之间防洪排涝的重要闸口。目前是江苏省不可移动文物。

山阳大闸的启闭机房外墙上是闸名和建设日期题字，闸名"山阳大闸"采用繁体楷体字体、从左往右书写，是圆框凸字、白底红字的民国风格。"1960 年 5 月中旬玷"，采用美黑字体、从左往右书写，其中的"玷"是当时习惯使用，但最终没有被采纳为官方正式简体字的"建"字。题字体现了当时的文字使用习惯、书写特点和装饰风格。

图 86　扬州宝应山阳镇山阳大闸题字

(十）扬州市高邮市送桥镇郭集闸

郭集闸位于扬州市高邮市送桥镇郭集村湖边，又名"皮道闸"。送桥镇三面环湖，北部和东部是高邮湖，南部的老郭集临近邵伯湖。每到洪水泛滥季节，郭集受灾最为严重。20世纪60年代，政府为了缓解水患，根据郭集村实地情况因地制宜建造了郭集水闸，目前是江苏省不可移动文物。

郭集大闸是典型的"文化大革命"时期的产物，题字具有典型的时代特征。如大闸闸门顶部中间是用隶书刻的"敬祝毛主席万寿无疆"字样，每个字都刻在灯笼图案外框的中心位置。下方的闸名"郭集闸"是采用美黑印刷字体、从左往右横写阴刻。左右两侧分别是采用毛体竖写阴刻的毛主席语录："一定要把淮河修好"和"水利是农业的命脉"。语录四周是带有圆弧四角的矩形字堂，有一种古典美。

图 87　扬州高邮送桥镇郭集闸题字

三、20世纪60年代中期至改革开放前的江苏水闸工程题字

江苏的很多水闸是闸桥一体结构，桥作为人来人往的公共设施，往往会成为宣传时代口号的重要阵地，如20世纪60年代中期至改革开放前的很多江苏闸桥上的题字带有浓厚的"文化大革命"时代色彩。如建于1969年的

扬州仪征城河西闸的闸口两侧石壁上刻有"遵照毛主席的指示办事""听毛主席的话"等标语；又如建于1971年的徐州铜山区三堡街道团结桥闸的栏杆上刻有"人民，只有人民才是创造世界历史的动力""穷则思变，要干，要革命""共产党万岁""毛主席万岁"等标语口号；再如宿迁的山东河地下涵洞（闸），也是一处修建于"文革"早期的水利灌溉工程，其闸体西墙刻"山东河地下涵洞、伟大的领袖毛主席万岁、伟大的中国共产党万岁"，东墙刻毛泽东语录"水利是农业的命脉，我们也应予以极大的注意"等等，都深刻反映了20世纪60年代中期至改革开放前的一段历史。

下面就介绍几座在这段时期内建造的江苏水闸的题字，并通过题字回顾这段历史。

（一）徐州八义集公社大寨闸题字

八义集公社大寨闸位于徐州邳州八义集镇单庄村。该闸之所以取名"大寨闸"，来源于20世纪60年代开展的"农业学大寨"全国性运动。大寨是山西省晋中市昔阳县大寨公社的一个大队，原本是一个自然条件恶劣的小山村。从1953年开始，大寨人在党支部的领导下，大搞农田基本建设，把深沟变良田，将坡地垒成水平梯田，实现了粮食大丰收的奇迹。毛泽东主席于1963年发出"工业学大庆，农业学大寨，全国学人民解放军"的指示，大寨一度成为中国政治版图上的重要地标。此后，全国农村兴起了"农业学大寨"运动，各地农村开始轰轰烈烈兴修水闸等农田水利基本建设工程，"农业学大寨"的口号一直流传到改革开放前。

在这样的社会大背景下，1971年，邳州八义集修建了一座七孔节制闸，闸门上刻有"毛主席万岁"五个高约1米、宽约0.5米的大字。在闸的南侧是桥长约50米、宽约5米的七孔石桥，桥身上刻有"八义集公社大寨闸"八个大字，字体采用的是当时流行的美黑印刷字体。同时，在桥的两端各自竖立了两座类似桥头堡的柱状建筑物，顶部是石质三面红旗，象征着1958年中共中央提出的"社会主义建设总路线、'大跃进'和人民公社"。在桥两端南侧的桥头堡上正面刻有"伟大的领袖毛主席万岁"，侧面则刻有"备战备荒为人民"；北侧桥头堡上正面刻有"伟大的中国共产党万岁"，侧面刻有"自力更生，艰苦奋斗"等字样。这些宣传标语都是采用美黑印刷字体，

图 88　徐州八义集公社大寨闸题字

具有浓厚的"文化大革命"时代色彩。

（二）徐州铜山向阳闸

向阳闸位于徐州市铜山区房村镇西王村东，是郭集大沟上的一座以防洪调度为主，兼顾灌溉、排涝等功能的小型节制闸，也是用当地的石材作为主要建筑材料建成的闸桥一体的水利设施，现被称为"西王闸"。

向阳闸建成于"文化大革命"时期的 1971 年，因此闸体上的题字和装饰都带有典型的时代特征。如向阳闸闸北栏杆立柱上刻有"向阳闸"三个美黑体字和一颗五角星，闸上栏杆上还刻有"听毛主席话""跟共产党走""战天斗地"等宣传用语，闸下的闸墙上也刻有"斗私批修"等宣传标语。这些宣传用语文字都是采用简体美宋字体和从左往右的横写方式，刻写在当时的院墙、电线杆、水塔等各种公共设施上。

（三）扬州邗江桥头套闸

桥头套闸位于扬州市邗江区公道镇湖滨村梁方组与太平组交界处，1974

图 89　徐州铜山区房村镇向阳闸题字

年 7 月建成。

在桥头套闸东侧立有类似闸门柱的标示牌，标示牌两侧立柱的东西两面均刻有毛泽东诗词"四海翻腾云水怒，五洲震荡风雷激"，采用的是毛体竖写。标示牌横梁朝邵伯湖一面用繁体楷体刻写"毛主席萬歲"，另一面用简繁混合楷体刻写"橋頭套闸"，右下角书"一九七四年七月建成"。桥头套闸建造的年代，简体字已经推行了将近二十年，作为公共设施的题字，除了直接引用名人的书写体时可以出现繁体外，按照规定必须使用简体字。之所以出现简繁混合的情况，也许与"文革"期间出现乱造简化字、滥用繁体字和异体字、随便写错别字等文字应用混乱现象的社会大环境有很大关系。

桥头套闸作为邗江"文革"时期建造的重要的水利设施，带有明显的"文革"时期的时代特征。除了引用毛主席诗词外，标示牌的立柱顶端还有象征社会主义建设总路线、"大跃进"和人民公社的三面红旗雕塑，横梁中间是五角星雕塑，这象征着毛主席永远和群众在一起，体现亿万中国人民群众围绕党中央，永远听毛主席的话，永远跟党走的主题思想。

图90 扬州邗江区公道镇桥头套闸题字

（四）扬州仪征月塘镇光明水库溢洪道（闸）

光明水库溢洪道（闸）位于扬州市仪征市月塘镇苏营村光明水库南侧，1973年7月1日建成，属光明水库配套工程。目前是江苏省不可移动文物。

溢洪道北端靠近水库的一侧原有一座闸门，现已拆除，仅留有一道闸槽。溢洪道东西两侧坝体上刻有建成时期的时代标语，东侧坝体为"伟人领袖毛主席万岁"，西侧坝体为"伟大的中国共产党万岁"，采用的是规范的美宋字体，从左往右书写。面朝水库的一侧还刻有"光明水库"四个大字，采用的是美黑字体，同样是从左往右书写。下方还有"一九七三年七月一日建"

字样，同样是美黑字体。

图 91　扬州仪征月塘镇光明水库溢洪道（闸）题字

　　总之，江苏水闸设施上的题字往往具有较高的观赏价值、历史价值和艺术价值。这些题字有的是由著名书法家或政要人物书写，有的具有明显的时代特征。题字中常常蕴含着水利前辈的奋斗精神和无私奉献，激励着后人继续发扬水利精神，为国家的水利事业贡献力量。随着岁月的流逝和自然环境的影响，一些水闸设施上的题字已经出现了不同程度的磨损和损坏，需要相关部门采取更加有力的措施，修缮和保护这些珍贵的文化遗产。

附录

江苏省首批省级水利遗产中的水闸名录

序号	市别	遗产名称	所属区县
1	南京（3处）	武庙闸	玄武区
2		茅东闸	高淳区
3		永定陡门	高淳区
4	无锡（1处）	双泾闸	江阴市
5	徐州（1处）	华沂闸	邳州市
6	苏州（2处）	白茆闸遗址	常熟市
7		浏河节制闸	太仓市
8	南通（2处）	西被三闸	通州区
9		九圩港闸	崇川区
10	淮安（10处）	矶心闸	淮安区
11		双金闸	淮阴区
12		三闸遗址	淮阴区
13		板闸遗址	清江浦区
14		清江大闸	清江浦区
15		淮阴闸	淮阴区
16		杨庄闸	淮阴区
17		二河闸	洪泽区
18		高良涧闸	洪泽区
19		三河闸	洪泽区

序号	市别	遗产名称	所属区县
20	盐城（5处）	草堰石闸	大丰区
21		丁溪闸	大丰区
22		新洋港闸	亭湖区
23		斗龙港闸	大丰区
24		射阳河闸	射阳县
25	扬州（12处）	刘堡减水闸	宝应县
26		高邮灌区（含界首小闸、子婴闸）	高邮市
27		瓜洲闸	邗江区
28		刘公闸	广陵区
29		茱萸湾闸	广陵区
30		邵仙洞闸	广陵区
31		万福闸	广陵区
32		邵伯节制闸	江都区
33		江都西闸	江都区
34		江都水利枢纽（含一站、二站、三站）	江都区
35		芒稻闸	江都区
36		太平闸	江都区
37	镇江（3处）	练湖闸	丹阳市
38		赤山闸	句容市
39		京口闸遗址	润州区
40	宿迁（3处）	庄滩闸	泗阳县
41		洋河滩闸	宿豫区
42		沭阳闸（含柴米地涵）	沭阳县
43	连云港（3处）	烧香河闸	连云区
44		善后新闸	灌云县
45		临洪闸	海州区
46	盐城（1处）	阜宁腰闸	阜宁县

江苏省不可移动文物中的水闸名录

市别/单位	遗产名称	所属区县
南京（3处）	杨家湾节制水闸	高淳区阳江镇
	下坝茅东进水闸	高淳区东坝街道
	星塘桥水闸	江宁区江宁街道
苏州（2处）	七浦塘浮桥水闸	太仓市浮桥镇
	浏河节制闸	太仓市浏河镇
常州（3处）	午塘闸	新北区西夏墅镇
	小河水闸	新北区孟河镇
	魏村伟东水闸	新北区春江街道
南通（2处）	北凌闸	海安市海安街道
	掘苴河闸	如东县
扬州（43处）	扬州闸	邗江区竹西街道
	团结闸	邗江区公道镇
	白马闸	邗江区公道镇
	滨湖套闸	邗江区公道镇
	桥头套闸	邗江区公道镇
	光明水库溢洪道（闸）	仪征市月塘镇
	塔山水库溢洪道（闸）	仪征市陈集镇
	城河西闸	仪征市真州镇
	泗源沟节制闸	仪征市真州镇
	仪征船闸	仪征市真州镇
	卧虎闸	仪征市新城镇
	朴席船闸	仪征市新集镇
	土桥闸	仪征市新集镇
	小龙涧闸	仪征市新集镇
	方桥闸	仪征市新集镇

续表

市别/单位	遗产名称	所属区县
扬州（43处）	十二圩翻水站灌溉闸	仪征市新城道
	山阳大闸	宝应县山阳镇
	南运西闸	宝应县氾水镇
	宝应船闸	宝应县
	北洲东闸	广陵区头桥镇
	太平闸	广陵区头桥镇
	跃进闸	广陵区头桥镇
	头桥闸	广陵区头桥镇
	霍桥套闸	广陵区沙头镇
	运盐闸	广陵区泰安镇
	金湾闸	广陵区泰安镇
	卫东大闸	高邮市菱塘回族乡
	高邮船闸	高邮市高邮街道
	郭集大闸	高邮市送桥镇
	金湾闸	江都区仙女镇
	红旗闸	江都区郭村镇
	盐邵船闸	江都区邵伯镇
	邵伯船闸旧址	江都区邵伯镇
	江都东闸	江都区仙女镇
	江都西闸	江都区
	樊川三里套闸	江都区樊川镇
	樊川船闸	江都区樊川镇
	延寿闸	江都区樊川镇
	三阳河节制闸	江都区宜陵镇
	大桥镇大桥闸	江都区大桥镇
	嘶马通江闸	江都区大桥镇
	三阳船闸	江都区丁沟镇
	宜北闸	江都区宜陵镇

续表

市别/单位	遗产名称	所属区县
徐州（16处）	庆安水库泄洪闸	睢宁县古邳镇
	凌城节制闸	睢宁县凌城镇
	红旗防洪闸	贾汪区汴塘镇
	李楼闸	丰县常店镇
	赵庄桥闸	丰县赵庄镇
	华山闸	丰县华山镇
	五段闸	沛县五段镇
	顺堤河七段闸	沛县五段镇
	八义集公社大寨闸	邳州市八义集镇
	蔺家坝节制闸	铜山区柳新镇
	幸福桥闸	铜山区单集镇
	向阳闸	铜山区房村镇
	永丰涵闸	铜山区三堡街道
	团结桥闸	铜山区三堡街道
	解台运河船闸	贾汪区
	张埝闸桥	贾汪区塔山镇
宿迁（4处）	泗阳船闸和泗阳节制闸	泗阳县
	嶂山闸	宿豫区
	山东河地下涵洞（闸）	宿豫区
	皂河老船闸	湖滨新区皂河镇
淮安（6处）	盐闸	淮阴区王家营街道
	金码梯级闸	涟水县梁岔镇
	朱码节制闸和朱码船闸	涟水县
	涟水引黄闸	涟水县石湖镇
	浔河套闸	洪泽区高良涧街道
	竹络坝灌溉闸	淮阴区三树镇